离心叶轮内流数值计算基础

张启华　著

科学出版社
北京

内 容 简 介

本书根据作者多年来在叶轮机械与流体力学相关领域的积累和研究成果提炼而成。主要内容包括流体基本属性、基本方程组的推导、网格生成的代数法与微分法、网格量的计算、模型方程的分类及求解特征、差分及其稳定性分析、有限体积法的基本原理、不可压缩 N-S 方程的离散计算、边界条件的实施、代数方程系统的迭代法、动–静子耦合流动模型与算法，以及并行编程基础等。本书注重理论体系的完整、系统和实用性，将抽象的理论与具体实例相结合、数理基础与当前热点相结合，强调研究思路与解决方法的贯通，既可作为教学用书，也可供科研参考。

本书可作为叶轮机械、流体力学及相关理工科专业本科生和研究生的教材，也可供高等院校教师和科研院所技术人员在理论研究和工程实践中参考。

图书在版编目（CIP）数据

离心叶轮内流数值计算基础/张启华著. —北京：科学出版社, 2014.12
ISBN 978-7-03-042469-3

Ⅰ. ①离… Ⅱ. ①张… Ⅲ. ①离心叶轮–数值计算–教材 Ⅳ. ①TH452

中国版本图书馆 CIP 数据核字 (2014) 第 263069 号

责任编辑：惠 雪 高慧元／责任校对：韩 杨
责任印制：徐晓晨／封面设计：许 瑞

科 学 出 版 社 出版
北京东黄城根北街 16 号
邮政编码：100717
http://www.sciencep.com

北京凌奇印刷有限责任公司 印刷
科学出版社发行 各地新华书店经销
*
2014 年 12 月第 一 版 开本：720 × 1000 1/16
2020 年 5 月第三次印刷 印张：14 1/4
字数：270 000

定价：99.00 元

(如有印装质量问题，我社负责调换)

前　　言

自 20 世纪 70 年代以来，随着计算物理及计算机技术的高速发展，一些复杂计算成为可能。目前，计算流体力学已快速发展成一门独立的学科，强有力地推进了流体力学及交叉学科的发展。同时，它也成为许多工程设计的辅助工具。

离心叶轮机械涵盖泵、风机 (通风机、压缩机)、(水力、气体、风力、海洋) 透平，甚至 (飞机、船舶) 螺旋桨等，都有着悠久的发展历史，同时又具有朝气蓬勃的发展态势。伴随人类社会的高度工业化，为满足日益提高的性能要求，对叶轮内流的理论研究及试验提出了新的任务。同时，计算流体力学与叶轮机械的交叉融合也为这门传统学科注入了新鲜血液，提供了新的发展机遇。对于叶轮机械水力设计或气动设计人员，较系统地掌握叶轮内流数值计算基础知识是非常必要的。

计算流体力学在叶轮机械中的实际应用始于 20 世纪 70 年代，当时，主要以差分及有限元为数值方法，求解简化的三维势流方程。到 20 世纪 80 年代初，以有限体积法为基础的国外商业软件包的兴起，求解瞬态及稳态三维雷诺时均方程已经普遍。然而，由于叶轮内流的特殊性，现有的教材中还没有专门介绍叶轮内流数值计算基础的书籍。为便于从事泵、风机、透平等相关叶轮机械专业的学生及工程技术人员学习，提供一本专业的叶轮内流数值计算基础教材显得尤为必要。

本书取材源自作者多年来在流体机械科研实践中总结的理论方法、技术及思考，力求做到推导详细、思路清晰，同时把当前最新技术呈现给读者。

由于作者水平有限，书中难免存在疏漏之处，恳请广大读者批评指正。

作　者

2014 年 8 月 1 日

目　　录

符　号　表

希腊字符

ε：湍动能耗散率，$\mathrm{m}^2\cdot\mathrm{s}^{-3}$

$\varGamma$：质量源

μ：动力黏度，$\mathrm{kg}\cdot\mathrm{m}^{-1}\cdot\mathrm{s}^{-1}$

μ_l：分子动力黏度，$\mathrm{kg}\cdot\mathrm{m}^{-1}\cdot\mathrm{s}^{-1}$

$\varOmega_i$：单元 i

$|\varOmega_i|$：单元 i 的体积，m^3

ρ：密度，$\mathrm{kg}\cdot\mathrm{m}^{-3}$

σ：总应力张量，Pa

τ：黏性压力张量，Pa

运算符

(:)：双点积

$\mathrm{tr}(\cdot)$：张量的迹

罗马字符

f：内部或边界单元表面

F：相邻单元 i 和 j 的交界面 f_{ij} 的中心

g：重力加速度，$\mathrm{m}\cdot\mathrm{s}^{-2}$

h：比焓，$\mathrm{J}\cdot\mathrm{kg}^{-1}=\mathrm{m}^2\cdot\mathrm{s}^{-2}$

I：单元 i 的中心

k：湍动能，$\mathrm{m}^2\cdot\mathrm{s}^{-2}$

P：压力，Pa

R：雷诺应力张量，$\mathrm{m}^2\cdot\mathrm{s}^{-2}$

S：应变率张量，s^{-1}

t：时间步长，s

T：温度，K

u：速度，$\mathrm{m}\cdot\mathrm{s}^{-1}$

Y：其他变量

上标

exp：显式

imp：隐式

in：注入

θ：空间离散格式

下标

ext：外部

f_b：边界面

F：面中心

int：内部

I：单元中心

Nei (i)：与 Ω_i 相邻的单元

$\gamma b(i)$: Ω_i 的边界面

第1章 流体基本概念

1.1 概　　况

一般而言，计算流体力学属于流体力学的一个分支领域，也习惯将其称为计算流体动力学 (computational fluid dynamics)，因其所涉及的主要是流体运动问题的数值求解。计算流体力学实质上是在流体力学的基础上，通过与计算技术的融合，拓宽了我们认识新的流动现象的深度和广度。

从另一个视角，计算流体力学也属于偏微分方程理论和数值计算的范畴，由这些严格的数学分析和计算技术作为基础，才有可能顺利地开展流动问题的求解，在这个过程中，自然也离不开如偏微分方程的理论分析、数值算法以及程序设计等具体内容。

因此，首先从了解流体的物理背景开始，理解并熟悉流体运动的描述方法，熟练掌握流动控制方程的推导，由此建立正确运用流动方程并灵活进行数值计算的必需基础。

1.2 流 体 属 性

热力学上，通常将物质分为固体、液体和气体三态，很容易通过观察由其形态判别和相互区分。在流体力学中，只有两类物质，即流体和非流体 (固体)。固体能够承受外部施加的剪切力并保持静止，而流体是不能的。但这也不是完全清晰的区分，例如，在室温下的一桶沥青，看起来硬得像石头，在上面放一块砖头，也丝毫不受影响。但是，若是把砖头一直放着，则过几天沉到桶底，再要取出来就困难了。因此，沥青通常划归流体。再看金属铝，在室温下，铝是固态的，可以做成任何形状，并且只要不超过材料极限它可以承受任意的外加剪应力。然而，一旦加热以后，铝就呈现液态，在外加剪应力作用下铝液作连续的变形。但是，也不能将高温作为区分金属流体特征的标准，因为金属铅在室温下就呈现出类似的黏性蠕动流特征。同时，我们还可以看到，水银也是一种流体，而且在常见的物质里面，相对于其密度而言，其黏度 (运动黏度) 是最小的。

这里所探讨的是公认为流体的介质，例如，所有的气体都可以认为是真正的流体，还包括一些常见液体，如水、油、酒精等。

在真正流体的范畴内，我们来定义和解释它们的属性。大致有如下四类：

(1) 运动属性 (线速度、角速度、涡、加速度以及应变率)，严格地讲，这些是流场属性，而非流体属性；

(2) 传输属性 (黏度、导热系数、质量扩散度)；

(3) 热力学属性 (压力、密度、温度、焓、熵、比热容、普朗特数、体积模量、热膨胀系数)；

(4) 其他各种属性 (表面张力、汽化压力、涡扩散系数、适应系数)。

第四项中的某些不属于真正的属性，但取决于流动条件、表面条件以及流体中的所含杂质。使用第三项中的属性也需要注意场合。严格意义上讲，处于运动中的黏性流体并不处于热平衡状态，这些属性并不适用。所幸的是，其偏离平衡态并不远，除了流体的弛豫时间很短且分子数较少，如稀薄气体超音速流。其原理可以这样理解，例如，从统计意义上，常压下的气体也是非常浓的，以 1μm 边长立方体内气体为例，其中大约含有 10^8 个分子，对于这一体积的气体，当状态发生变化，甚至在发生激波变化时，它也能迅速恢复平衡态。这是因为如此多的分子在短距离内将发生大量的分子碰撞，碰撞后很快又恢复平衡，而液体更浓，所以完全可以假设它们是处于热平衡态的。

1.2.1　运动属性

对于流体，首先涉及的是流体的速度。而固体力学中，首先涉及的是质点位移，这是因为固体中，质点间以相对刚性的方式相联系。

由刚体动力学考虑火箭运动轨迹，只需求解出任意三个不共线的质点运动轨迹就可以了，因为任意其他质点的运动轨迹都可以由已知三点轨迹推算而得出。这种追溯单个质点轨迹的方法称为拉格朗日运动描述，在固体力学中非常有用。

但是，考察火箭喷管排出的流体流动时，显然不可能追溯上百万的质点轨迹。这里考察方式就很重要了，地面上的观察者看到的是复杂的非定常流，而与火箭一同飞行的观察者看到的是几乎非常规则的定常流动。因此，在流体力学中采用如下措施通常是非常有用的：① 选择最便利的坐标系，使得观察时的流动是定常的；② 只研究作为位置和时间函数的速度场，而不追溯任何质点轨迹。这种描述流动在每个固定点随时间变化的函数方式，称为欧拉方法。欧拉速度向量场可定义为如下直角坐标形式：

$$\boldsymbol{V}(\boldsymbol{r},t)=\boldsymbol{V}(x,y,z,t)=\boldsymbol{i}u(x,y,z,t)+\boldsymbol{j}v(x,y,z,t)+\boldsymbol{k}w(x,y,z,t) \tag{1-1}$$

求解三个随 (x,y,z,t) 变化的标量函数 u、v、w，通常是流体力学的主要任务。与固体力学采用位移分量描述不同，流体通常采用 (u,v,w) 三个速度分量来表征。

相对而言，位移在流体中没有太多实际用途，因此，也很少给出位移的变量描述。

欧拉方法，或者速度场无疑是描述流体力学问题的合适选择，但又存在一个矛盾，即三个基本物理守恒定律：质量守恒、动量守恒和能量守恒，它们都以质点为研究对象，即它们是拉格朗日属性的。这三个定律都与一个质点的某种属性随时间的变化率有关。令 Q 代表流体的任意属性，而 $\mathrm{d}x$、$\mathrm{d}y$、$\mathrm{d}z$、$\mathrm{d}t$ 分别代表这四个变量的任意变化，这样，Q 的总微元变化如下：

$$\mathrm{d}Q=\frac{\partial Q}{\partial x}\mathrm{d}x+\frac{\partial Q}{\partial y}\mathrm{d}y+\frac{\partial Q}{\partial z}\mathrm{d}z+\frac{\partial Q}{\partial t}\mathrm{d}t \tag{1-2}$$

因为我们追踪一个质点，那么空间增量如下：

$$\mathrm{d}x=u\mathrm{d}t,\quad \mathrm{d}y=v\mathrm{d}t,\quad \mathrm{d}z=w\mathrm{d}t \tag{1-3}$$

代入式 (1-2)，可以得到一个质点的 Q 属性的时间导数为

$$\frac{\mathrm{d}Q}{\mathrm{d}t}=\frac{\partial Q}{\partial t}+u\frac{\partial Q}{\partial x}+v\frac{\partial Q}{\partial y}+w\frac{\partial Q}{\partial z} \tag{1-4}$$

其中，$\mathrm{d}Q/\mathrm{d}t$ 的名称可以是物质导数、质点导数，名字不同，意义都是要让读者产生一种感觉，即我们是追踪一个质点的。为加强这种感觉，通常给它一个特殊符号 $\mathrm{D}Q/\mathrm{D}t$，主要是便于记忆，而无其他意义。式 (1-4) 右端后三项称为对流导数，因为，当速度为 0，或者 Q 没有空间变化时，这三项就消失了。$\dfrac{\partial Q}{\partial t}$ 项称为局部导数。注意到，式 (1-4) 可以写为

$$\frac{\mathrm{D}Q}{\mathrm{D}t}=\frac{\partial Q}{\partial t}+(\boldsymbol{V}\cdot\boldsymbol{\nabla})\,Q \tag{1-5}$$

其中，$\boldsymbol{\nabla}$ 为梯度算子，展开如下：

$$\boldsymbol{i}\frac{\partial}{\partial x}+\boldsymbol{j}\frac{\partial}{\partial y}+\boldsymbol{k}\frac{\partial}{\partial z} \tag{1-6}$$

1.2.2　质点加速度

如果 Q 就是 $\boldsymbol{V}$ 本身，可以得到第一个运动属性，质点的加速度矢量为

$$\frac{\mathrm{D}\boldsymbol{V}}{\mathrm{D}t}=\frac{\partial \boldsymbol{V}}{\partial t}+(\boldsymbol{V}\cdot\boldsymbol{\nabla})\,\boldsymbol{V}=\boldsymbol{i}\frac{\mathrm{D}u}{\mathrm{D}t}+\boldsymbol{j}\frac{\mathrm{D}v}{\mathrm{D}t}+\boldsymbol{k}\frac{\mathrm{D}w}{\mathrm{D}t} \tag{1-7}$$

注意到，该加速度与 u、v、w，以及 12 个标量导数有关，如 $\dfrac{\partial u}{\partial t}$、$\dfrac{\partial v}{\partial t}$、$\dfrac{\partial w}{\partial t}$，还有空间导数，形如 $\dfrac{\partial u_i}{\partial x_j}$，这里，$i$、$j$ 代表三个坐标轴方向。

D/Dt 中的对流导数项不幸地遇到数学上的困难，因为这些是关于速度变量的非线性项。于是，存在有限对流加速度的黏性流动方程在数学上是非线性的，并且从解析的角度也令人头疼，例如，即使是稳态层流，也存在非唯一解、叠加原理不适用等问题。需要注意的是，这些非线性项是加速度，不是黏性应力。具有讽刺意味的是，黏性流动的主要障碍竟然是一个无黏项，而假设黏度为常数时，黏性应力本身反而是线性的。

假设流体无黏，即无摩擦，同时又无旋，这时，加速度项仍然存在，但情况会发生乐观的转变：

$$(\boldsymbol{V}\cdot\boldsymbol{\nabla})\boldsymbol{V}=\boldsymbol{\nabla}\left(\frac{\boldsymbol{V}^2}{2}\right)-\boldsymbol{V}\times(\boldsymbol{\nabla}\times\boldsymbol{V}) \tag{1-8}$$

此时，$\boldsymbol{\nabla}\times\boldsymbol{V}$ 消失，剩下的对流加速度正好等于熟悉的伯努利方程的动能项。无黏流也是非线性的，但这种非线性可以转换为静压力的计算，不需要确定速度场，而压力项是线性的。

1.2.3　其他运动属性

与固体力学一样，流体力学中，我们关注一般的流体微团运动、变形以及变形率。与固体力学类似，一个流体微团也同样会有以下四种基本运动和变形：平移、旋转、拉伸应变或膨胀、剪应变。可以通过图形来描述这四种形式。熟悉固体力学的读者会发现，这里所介绍的与固体力学完全一样。假设，在初始时刻 t 考察一个正方形流体微团，在 t+dt 时刻变为四边形，如图 1-1 所示。为了简便，图中我们简写 $\partial u/\partial x=u_x$ 及 $\partial u/\partial y=u_y$，类似地，记 $\partial v/\partial x=v_x$ 及 $\partial v/\partial y=v_y$。我们来

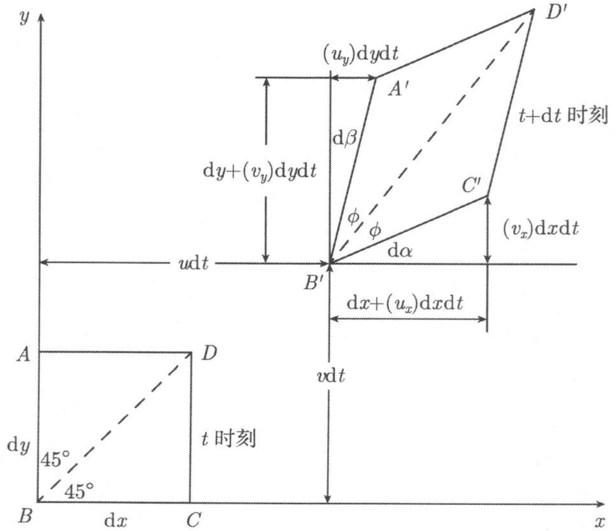

图 1-1　流体微团的变形

分析这里所发生的变化。首先，由于平移运动，四边形的角点由 B 点移到 B' 点。其次，由于旋转，对角线从 BD 变到 $B'D'$。再次，由于膨胀，微元体变得稍微大一点。最后，由于剪应变，正方形变成菱形。

下面从定量角度进一步讨论。这里为帮助理解，我们给出一个简单的函数变化率，具体如下：

$$u_i(x+\Delta x)-u_i(x)=\frac{\partial u_i}{\partial x}\Delta x=\frac{\partial u_i}{\partial x}\mathrm{d}x \tag{1-9}$$

其中，u_i 表示 u 的任一坐标分量。

下面进入正题，平移由 B 点的位移量 $u\mathrm{d}t$ 和 $v\mathrm{d}t$ 来表示，平移速率分别为 u 和 v。三维情形，分别为 u、v 和 w。

对角线 BD 的旋转率为 $\mathrm{d}\boldsymbol{\Omega}_z=\phi+\mathrm{d}\alpha-45°$。注意到，$2\phi+\mathrm{d}\alpha+\mathrm{d}\beta=90°$，代入前式消去 ϕ，可得

$$\mathrm{d}\boldsymbol{\Omega}_z=\frac{1}{2}(\mathrm{d}\alpha-\mathrm{d}\beta) \tag{1-10}$$

其中，下标 z 表示旋转轴平行于 z 轴。还可以推断旋转是逆时针的，因为从图中观察 $\mathrm{d}\alpha$ 略大于 $\mathrm{d}\beta$。下面给出 $\mathrm{d}\alpha$ 和 $\mathrm{d}\beta$ 的具体计算：

$$\mathrm{d}\alpha=\arctan\left(\frac{\dfrac{\partial v}{\partial x}\mathrm{d}x\mathrm{d}t}{\mathrm{d}x+\dfrac{\partial u}{\partial x}\mathrm{d}x\mathrm{d}t}\right)=\arctan\left(\frac{\dfrac{\partial v}{\partial x}\mathrm{d}t}{1+\dfrac{\partial u}{\partial x}\mathrm{d}t}\right)\approx\arctan\left(\frac{\partial v}{\partial x}\mathrm{d}t\right)=\frac{\partial v}{\partial x}\mathrm{d}t \tag{1-11}$$

$$\mathrm{d}\beta=\arctan\left(\frac{\dfrac{\partial u}{\partial y}\mathrm{d}y\mathrm{d}t}{\mathrm{d}y+\dfrac{\partial v}{\partial y}\mathrm{d}y\mathrm{d}t}\right)=\arctan\left(\frac{\dfrac{\partial u}{\partial y}\mathrm{d}t}{1+\dfrac{\partial v}{\partial y}\mathrm{d}t}\right)\approx\arctan\left(\frac{\partial u}{\partial y}\mathrm{d}t\right)=\frac{\partial u}{\partial y}\mathrm{d}t \tag{1-12}$$

将式 (1-11) 和式 (1-12) 代入式 (1-10)，可得

$$\mathrm{d}\boldsymbol{\Omega}_z/\mathrm{d}t=\frac{1}{2}\left(\frac{\partial v}{\partial x}-\frac{\partial u}{\partial y}\right) \tag{1-13}$$

类似地，沿 x 和 y 轴的旋转率为

$$\mathrm{d}\boldsymbol{\Omega}_x/\mathrm{d}t=\frac{1}{2}\left(\frac{\partial w}{\partial y}-\frac{\partial v}{\partial z}\right),\quad \mathrm{d}\boldsymbol{\Omega}_y/\mathrm{d}t=\frac{1}{2}\left(\frac{\partial u}{\partial z}-\frac{\partial w}{\partial x}\right) \tag{1-14}$$

这刚好是角速度向量 $\mathrm{d}\boldsymbol{\Omega}/\mathrm{d}t$ 的三个分量。因为系数 $\dfrac{1}{2}$ 容易令人费解，习惯上常用一个 2 倍于它的量 $\boldsymbol{\omega}$ 来表示，如下：

$$\boldsymbol{\omega}=2\frac{\mathrm{d}\boldsymbol{\Omega}}{\mathrm{d}t} \tag{1-15}$$

这个新的量 $\boldsymbol{\omega}$，在流体力学中是有重要物理意义的，称为流体的涡量。将 (1-13) 和式 (1-14) 代入式 (1-15)，这样，就将速度向量与涡量构建了关联：

$$\boldsymbol{\omega} = \mathrm{rot}\boldsymbol{V} = \boldsymbol{\nabla} \times \boldsymbol{V} \tag{1-16}$$

因此，涡量的散度为 0，即

$$\mathrm{div}\boldsymbol{\omega} = \boldsymbol{\nabla} \cdot \boldsymbol{\omega} = \mathrm{div}\left(\mathrm{rot}\boldsymbol{V}\right) = 0 \tag{1-17}$$

因此，纯数学角度的涡向量代表无源场。如果 $\boldsymbol{\omega} = \boldsymbol{0}$，那么流动就是无旋的。

下面讨论剪应变，通常将它定义为初始两垂线之间夹角的平均增量，如图 1-1 所示，AB 线和 BC 线为初始两垂线，那么平均角度增量，即剪应变率为

$$\varepsilon_{xy} = \frac{1}{2}\left(\frac{\mathrm{d}\alpha}{\mathrm{d}t} + \frac{\mathrm{d}\beta}{\mathrm{d}t}\right) = \frac{1}{2}\left(\frac{\partial v}{\partial x} + \frac{\partial u}{\partial y}\right) \tag{1-18}$$

类似地，另两个剪应变率分量分别为

$$\varepsilon_{yz} = \frac{1}{2}\left(\frac{\partial w}{\partial y} + \frac{\partial v}{\partial z}\right), \quad \varepsilon_{zx} = \frac{1}{2}\left(\frac{\partial u}{\partial z} + \frac{\partial w}{\partial x}\right) \tag{1-19}$$

同样，类似固体力学原理，剪应变率是对称的，即 $\varepsilon_{ij} = \varepsilon_{ji}$。

第四个也是最后一个微团运动为膨胀或者拉伸应变。同样参考图 1-1，沿 x 方向的拉伸定义为微团水平方向边长的增长率：

$$\varepsilon_{xx}\mathrm{d}t = \frac{\left(\mathrm{d}x + \dfrac{\partial u}{\partial x}\mathrm{d}x\mathrm{d}t\right) - \mathrm{d}x}{\mathrm{d}x} = \frac{\partial u}{\partial x}\mathrm{d}t \tag{1-20}$$

同样可得另两个分量，这样，所有三个分量为

$$\varepsilon_{xx} = \frac{\partial u}{\partial x}, \quad \varepsilon_{yy} = \frac{\partial v}{\partial y}, \quad \varepsilon_{zz} = \frac{\partial w}{\partial z} \tag{1-21}$$

将应变率 (包括拉伸和剪切) 集中到一个对称二阶张量，可写为

$$\boldsymbol{\varepsilon}_{ij} = \begin{pmatrix} \varepsilon_{xx} & \varepsilon_{xy} & \varepsilon_{xz} \\ \varepsilon_{yx} & \varepsilon_{yy} & \varepsilon_{yz} \\ \varepsilon_{zx} & \varepsilon_{zy} & \varepsilon_{zz} \end{pmatrix} \tag{1-22}$$

尽管各分量大小随所取坐标轴 x、y、z 而不同，应变率张量与弹性体应力张量和应变率张量类似，遵循对称张量的坐标变换原理。尤其是无论坐标轴怎么取，或

者说与坐标无关的，有三个不变量，具体如下：

$$
\begin{aligned}
I_1 &= \varepsilon_{xx} + \varepsilon_{yy} + \varepsilon_{zz} \\
I_2 &= \varepsilon_{xx}\varepsilon_{yy} + \varepsilon_{yy}\varepsilon_{zz} + \varepsilon_{zz}\varepsilon_{xx} - \varepsilon_{xy}^2 - \varepsilon_{yz}^2 - \varepsilon_{zx}^2 \\
I_3 &= \begin{vmatrix} \varepsilon_{xx} & \varepsilon_{xy} & \varepsilon_{xz} \\ \varepsilon_{yx} & \varepsilon_{yy} & \varepsilon_{yz} \\ \varepsilon_{zx} & \varepsilon_{zy} & \varepsilon_{zz} \end{vmatrix}
\end{aligned} \tag{1-23}
$$

进一步，对称张量的另一个属性是存在唯一一组坐标轴，在该坐标系下，张量的非主对角元素消失，即剪应变为 0。这些坐标轴构成一组主轴，其下的应变率张量变为

$$
\begin{pmatrix} \varepsilon_1 & 0 & 0 \\ 0 & \varepsilon_2 & 0 \\ 0 & 0 & \varepsilon_3 \end{pmatrix} \tag{1-24}
$$

ε_1、ε_2、ε_3 也称为主应变率。对这种特殊情况，对应的张量不变量为

$$
\begin{aligned}
I_1 &= \varepsilon_1 + \varepsilon_2 + \varepsilon_3 \\
I_2 &= \varepsilon_1\varepsilon_2 + \varepsilon_2\varepsilon_3 + \varepsilon_3\varepsilon_1 \\
I_3 &= \varepsilon_1\varepsilon_2\varepsilon_3
\end{aligned} \tag{1-25}
$$

反过来，若已知三个不变量，则可以反求出三个主应变率。

最后，简记 $u_{i,j} = \dfrac{\partial u_i}{\partial x_j}$，注意到，这一速度导数张量可以分解为对称部分和反对称部分，即

$$
u_{i,j} = \frac{1}{2}(u_{i,j} + u_{j,i}) + \frac{1}{2}(u_{i,j} - u_{j,i}) \tag{1-26}
$$

对比式 (1-26)、式 (1-13)、式 (1-14)、式 (1-18)、式 (1-19) 和式 (1-21)，可以看出，式 (1-26) 也可写为

$$
\frac{\partial u_i}{\partial x_j} = \varepsilon_{ij} + \frac{\mathrm{d}\Omega_{ij}}{\mathrm{d}t} \tag{1-27}
$$

也就是说，每个速度导数张量可以分解为一个应变率加上一个角速度。角速度并不会弯曲流体微团，因此，只有应变率会改变黏性应力。

1.2.4　流体的黏性系数

考虑两平行平板间的剪切流动，采用这样的两个平板目的就是让剪应力 τ_{xy} 保持不变。流体运动方向只沿着 x 方向，而大小沿 y 方向变化，即 $u = u(y)$。这样，就仅有一个变形率，具体如下：

$$
\varepsilon_{xy} = \frac{1}{2}\left(\frac{\partial u}{\partial y} + \frac{\partial v}{\partial x}\right) = \frac{1}{2}\frac{\partial u}{\partial y} = \frac{1}{2}\frac{\mathrm{d}u}{\mathrm{d}y} \tag{1-28}
$$

假如做一下两平板间剪切流动实验，就会发现，对于常见的流体，在其上所施加的剪应力是应变率的唯一函数，即

$$\tau_{xy} = f\left(\varepsilon_{xy}\right) \tag{1-29}$$

考虑到，对于以常速度 V 运动的上层平板，τ_{xy} 是一个常数，于是，在这样的流动场合中，ε_{xy}(即 $\dfrac{\mathrm{d}u}{\mathrm{d}y}$) 也是常数，这样，速度沿平板法向的分布就是线性的，无论式 (1-29) 的具体形式如何，这一点都是正确的。同时，如果符合壁面无滑移条件，速度剖面就是从下平板的 0 逐渐线性变化到上平板的 V，那么通过变化实验中的 τ_{xy} 值，即可确定式 (1-29) 的函数关系。对于简单流体，如水、油或者气体，这一关系是线性的，或者说是牛顿型的，具体如下：

$$\tau_{xy} \propto \varepsilon_{xy} \quad \text{或} \quad \tau_{xy} = \mu\frac{V}{h} = 2\mu\varepsilon_{xy} = \mu\frac{\mathrm{d}u}{\mathrm{d}y} \tag{1-30}$$

其中，μ 称为牛顿流体黏度系数。

第 2 章　流动方程的推导

2.1　概　　况

黏性流体方程已经问世 100 多年，若要求解完整的方程组是相当困难的，即使是在拥有超级计算机的今天也是如此。事实上，在高雷诺数时 (湍流)，就目前的数学方法是无法求解的，因为边界条件呈现随机性，随时间变化。尽管如此，推导并讨论这些基本方程也是有一定启发意义的，因为它能加深我们对方程的物理意义的理解和认识，还可以得到一些特殊解，这些过程中的一些知识还可以用于检验流体建模方法的对与错。另外，这些方程组还可以通过边界层近似获得简化，由此产生出的简化模型非常实用，在工程中得到广泛的运用。

2.2　方程组的分类

大家都了解流动方程组，但确切的方程数量要看每个人的需要，因为其中一些比另一些更为基础。有人认为基本方程有九个，对应九个基本未知量。我们认为，只有三组基本方程，再加上一些辅助方程 (或图表)。

我们所说的基本方程，即三大物理守恒定律如下。

(1) 质量守恒定律 (连续性)。

(2) 动量守恒定律 (牛顿第二定律)。

(3) 能量守恒定律 (热力学第一定律)。

必须由上述三组方程同时解出的三个基本量为速度 $\boldsymbol{V}$、热力学压力 p 和热力学温度 T。将 p 和 T 作为两个必需的独立变量。我们注意到，最终的方程中还含有其他四个热力学变量：密度 ρ、焓 h(或内能 e) 和两个传输属性 μ 和 k。考虑到热力学平衡态，上述四个变量都可以由 p 和 T 唯一确定。这样，给出如下四个状态关系式，整个方程组就封闭了：

$$\begin{aligned} &\rho=\rho(p,T), \quad h=h(p,T) \\ &\mu=\mu(p,T), \quad k=k(p,T) \end{aligned} \tag{2-1}$$

这些关系式可以是图表，也可以是半理论公式。许多分析场合通常假设 ρ、μ 和 k 是常数，而 h 正比于 $T(h=c_pT)$。

最后，要完整刻画一个特定问题，必须已知流动区域的每个边界点上 $\boldsymbol{V}$、p 和 T 的边界条件。

以上描述适用于均匀、均质的混合物，即不存在扩散和化学反应的混合物。多组分反应流还需考虑至少两个额外的基本关系。

(1) 组分守恒。

(2) 化学反应定律。

加上辅助关系，如扩散系数 $D = D(p, T)$、化学平衡常数、反应率、生成热。

如果流体还受到磁力作用，还需要更多的关系式，这里不进行讨论。

下面就来推导单一流体的三个基本方程，注意到，它们也适用于均一非反应混合物，如气体和液体溶液。

2.3　质量守恒 —— 连续性方程

在给出式 (1-2) 时提到过三个守恒律都是拉格朗日属性的，即以一个质点为考察对象。因此，在适合流体流动的欧拉系统里，还是需要用到质点导数：

$$\frac{\mathrm{D}}{\mathrm{D}t} = \frac{\partial}{\partial t} + (\boldsymbol{V} \cdot \boldsymbol{\nabla})$$

这是一个令人费解的复杂表达式。而在拉格朗日角度，质量守恒却出人意料的简单：

$$m = \rho v = \text{const} \tag{2-2}$$

其中，v 表示流体质点体积。从欧拉角度，等价于

$$\frac{\mathrm{D}m}{\mathrm{D}t} = \frac{\mathrm{D}(\rho v)}{\mathrm{D}t} = 0 = \rho \frac{\mathrm{D}v}{\mathrm{D}t} + v \frac{\mathrm{D}\rho}{\mathrm{D}t} \tag{2-3}$$

可以将 $\dfrac{\mathrm{D}v}{\mathrm{D}t}$ 与流体速度相关联，同时注意到，流体总的膨胀或者法应变率等于单位体积流体的体积增量：

$$\varepsilon_{xx} + \varepsilon_{yy} + \varepsilon_{zz} = \frac{1}{v} \frac{\mathrm{D}v}{\mathrm{D}t} \tag{2-4}$$

将应变率代入式 (2-4) 可得

$$\varepsilon_{xx} + \varepsilon_{yy} + \varepsilon_{zz} = \frac{\partial u}{\partial x} + \frac{\partial v}{\partial y} + \frac{\partial w}{\partial z} = \mathrm{div}\boldsymbol{V} = \boldsymbol{\nabla} \cdot \boldsymbol{V} \tag{2-5}$$

从式 (2-3) 和式 (2-5) 中消去 v，可得

$$\frac{\mathrm{D}\rho}{\mathrm{D}t} + \rho \mathrm{div}\boldsymbol{V} = 0 \quad \text{或} \quad \frac{\partial \rho}{\partial t} + \mathrm{div}(\rho \boldsymbol{V}) = 0 \tag{2-6}$$

如果密度是常数 (不可压缩流)，则式 (2-6) 简化为

$$\mathrm{div}\boldsymbol{V}=0 \tag{2-7}$$

也就是说，流体质点需保持体积不变。

若对于某些特定问题，如二维稳态可压缩流，则可引入流函数 ψ，使如下连续方程成立：

$$\frac{\partial(\rho u)}{\partial x}+\frac{\partial(\rho v)}{\partial y}=0 \tag{2-8}$$

如果定义流函数 ψ，则使得

$$\rho u=\frac{\partial\psi}{\partial y}\quad 且 \quad \rho v=-\frac{\partial\psi}{\partial x} \tag{2-9}$$

将式 (2-9) 代入式 (2-8)，可以看到 ψ 满足二阶可导。这样连续方程就不再需要，并且变量也减少为一个，弊端在于导数增加了一阶。

流函数不仅简单，而且具有重要的物理意义：

$$\mathrm{d}\psi=\frac{\partial\psi}{\partial x}\mathrm{d}x+\frac{\partial\psi}{\partial y}\mathrm{d}y=-\rho v\mathrm{d}x+\rho u\mathrm{d}y=\rho\boldsymbol{V}\cdot\mathrm{d}\boldsymbol{A}=\mathrm{d}\dot{m} \tag{2-10}$$

这表明，对于常数 $\psi(\mathrm{d}\psi=0)$ 表示的线，沿垂直这些线方向没有质量流量 $(\mathrm{d}\dot{m}=0)$；也就是说，这些线是流线。而且，任意两根不同流线的 ψ 值之差，数值上等于这两根流线间的质量流量。

2.4　动量守恒——Navier-Stokes 方程

动量守恒也常称为牛顿第二定律，即外力正比于质量为 m 的质点的加速度：

$$\boldsymbol{F}=m\boldsymbol{a} \tag{2-11}$$

如果考察对象是流体质点，则可以将式 (2-11) 除以质点的体积，这样，我们直接采用密度，不用质量。习惯上，把两端对调下，将加速度放在左边，于是可以写出

$$\rho\frac{\mathrm{D}\boldsymbol{V}}{\mathrm{D}t}=\boldsymbol{f}=\boldsymbol{f}_{\mathrm{body}}+\boldsymbol{f}_{\mathrm{surface}} \tag{2-12}$$

其中，$\boldsymbol{f}$ 是单位体积流体微团上作用的力。注意，从欧拉角度，质点加速度是复杂的式 (1-7)。这里把作用力 $\boldsymbol{f}$ 分为两类：表面力和体力。

所谓体力，即这个力作用于整个流体单元。这些力往往是由外在的场引起的，如重力、电磁势。这里忽略电磁作用，仅考虑重力引起的体力，对于单位体积流体，有

$$\boldsymbol{f}_{\mathrm{body}}=\rho\boldsymbol{g} \tag{2-13}$$

其中，$\boldsymbol{g}$ 是重力加速度矢量。

表面力即作用于流体单元每个面上的应力。与应变率 $\boldsymbol{\varepsilon}_{ij}$ 一样，应力 $\boldsymbol{\tau}_{ij}$ 也是一个张量，在正交直角坐标系下，应力分量示意图如图 2-1 所示。

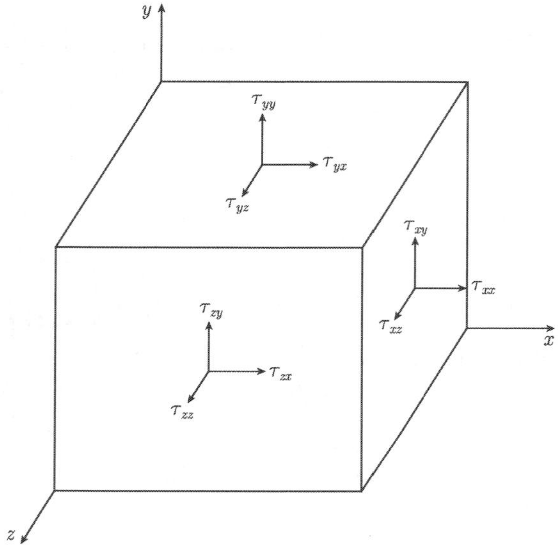

图 2-1　应力分量示意图

图中，所有的应力都是正的，这是惯用的描述方式。应力张量可以写为

$$\boldsymbol{\tau}_{ij}=\begin{pmatrix}\tau_{xx} & \tau_{xy} & \tau_{xz}\\ \tau_{yx} & \tau_{yy} & \tau_{yz}\\ \tau_{zx} & \tau_{zy} & \tau_{zz}\end{pmatrix} \tag{2-14}$$

与应变率类似，$\boldsymbol{\tau}_{ij}$ 也是对称张量，即 $\boldsymbol{\tau}_{ij}=\boldsymbol{\tau}_{ji}$。

在式 (2-14) 中，$\boldsymbol{\tau}$ 的元素位置并不是任意的。每一行对应着作用于一根坐标轴方向的力，观察图中三个前侧表面的应力，可得各轴向的合力如下：

$$\begin{aligned}\mathrm{d}F_x&=\tau_{xx}\mathrm{d}y\mathrm{d}z+\tau_{xy}\mathrm{d}x\mathrm{d}z+\tau_{xz}\mathrm{d}x\mathrm{d}y\\ \mathrm{d}F_y&=\tau_{yx}\mathrm{d}y\mathrm{d}z+\tau_{yy}\mathrm{d}x\mathrm{d}z+\tau_{yz}\mathrm{d}x\mathrm{d}y\\ \mathrm{d}F_z&=\tau_{zx}\mathrm{d}y\mathrm{d}z+\tau_{zy}\mathrm{d}x\mathrm{d}z+\tau_{zz}\mathrm{d}x\mathrm{d}y\end{aligned} \tag{2-15}$$

注意到，应力保持在式 (2-14) 中的对应位置。对于处于平衡的流体单元，必然有一个对应的力，其大小相等，方向相反，作用在后侧表面。如果单元处于加速，那么前后侧面上的应力将存在微小的差，例如：

$$\tau_{xx,\mathrm{front}}=\tau_{xx,\mathrm{back}}+\frac{\partial\tau_{xx}}{\partial x}\mathrm{d}x \tag{2-16}$$

那么，沿 x 方向的合力，将由三个导数项产生：

$$\mathrm{d}F_{x,\mathrm{net}}=\left(\frac{\partial\tau_{xx}}{\partial x}\mathrm{d}x\right)\mathrm{d}y\mathrm{d}z+\left(\frac{\partial\tau_{xy}}{\partial y}\mathrm{d}y\right)\mathrm{d}x\mathrm{d}z+\left(\frac{\partial\tau_{xz}}{\partial z}\mathrm{d}z\right)\mathrm{d}x\mathrm{d}y$$

或者，以单位体积的力来计算，除以 $\mathrm{d}x\mathrm{d}y\mathrm{d}z$，得

$$f_x=\frac{\partial\tau_{xx}}{\partial x}+\frac{\partial\tau_{xy}}{\partial y}+\frac{\partial\tau_{xz}}{\partial z}\tag{2-17}$$

容易看出，这个式子相当于对第一行应力矢量 $(\tau_{xx},\tau_{xy},\tau_{xz})$ 取散度。类似地，f_y 和 f_z 分别为应力张量 $\boldsymbol{\tau}_{ij}$ 的第二和第三行的散度。这样，总的表面力矢量为

$$\boldsymbol{f}_{\mathrm{surface}}=\boldsymbol{\nabla}\cdot\boldsymbol{\tau}_{ij}=\frac{\partial\boldsymbol{\tau}_{ij}}{\partial x_j}\tag{2-18}$$

其中，张量 $\boldsymbol{\tau}_{ij}$ 进行散度运算后，得到的是一个向量。

现在，牛顿定律，即式 (2-12) 变为

$$\rho\frac{\mathrm{D}\boldsymbol{V}}{\mathrm{D}t}=\rho\boldsymbol{g}+\boldsymbol{\nabla}\cdot\boldsymbol{\tau}_{ij}\tag{2-19}$$

剩下的就是将 $\boldsymbol{\tau}_{ij}$ 表示为速度。这是通过黏性变形率的假设，例如，牛顿流体，将 $\boldsymbol{\tau}_{ij}$ 与 ε_{ij} 建立关联。

2.4.1　静止流体

根据流体的定义，如果流体静止，那么黏性应力必须消失。这样，剪应力为 0，法向应力等于流体静压力：

$$\tau_{xx}=\tau_{yy}=\tau_{zz}=-p\tag{2-20}$$

且

$$\boldsymbol{\tau}_{ij}=0,\quad i\neq j\tag{2-21}$$

应注意一点，即任何一般流体当其速度为 0 时，其应力都应简化为上述形式。

2.4.2　牛顿流体变形定律

模仿弹性体胡克定律，我们假设黏性流体应力变量与变形率之间符合线性关系。当然，这是最简单的假设。最早作出这样假设的是 Stokes，事实上，到今天，就我们所了解的所有气体，以及大多数的常见液体介质，基本上是满足这一关系的。Stokes 有如下三点假设：

(1) 流体是连续的，其应力张量 $\boldsymbol{\tau}_{ij}$ 与应变率张量 ε_{ij} 间满足线性关系；

(2) 流体是各向同性的，即流体属性与方向无关，这样，流体变形关系式与采用什么样的坐标系来表示是无关的；

(3) 当应变率为 0 时，流体变形关系必须简化为流体静压情形，即 $\tau_{ij} = -p\delta_{ij}$，其中，$\delta_{ij}$ 是 Kronecker 记号 (当 $i = j$ 时，$\delta_{ij} = 1$；当 $i \neq j$；$\delta_{ij} = 0$)。

由假设 (2) 可知，各向同性条件要求主应力轴与主应变同轴，下面可以从主应力、主应变来推导变形定律。设 x_1、y_1、z_1 为主坐标轴，在该坐标系下，剪应力和剪应变均不存在。给出三个常数 C_1、C_2、C_3，可以写出变形定律关系如下：

$$\tau_{11} = -p + C_1\varepsilon_{11} + C_2\varepsilon_{22} + C_3\varepsilon_{33} \tag{2-22}$$

加入 $-p$，是为了满足假设 (3)。而根据假设 (2)，对各向同性流体，材料性质不随坐标轮换而改变，要求 $C_2 = C_3$。这样，对各向同性牛顿流体，只有两个独立变量。将式 (2-22) 重写为

$$\tau_{11} = -p + K\varepsilon_{11} + C_2\left(\varepsilon_{11} + \varepsilon_{22} + \varepsilon_{33}\right) \tag{2-23}$$

其中，$K = C_1 - C_2$。同时注意到，$\varepsilon_{11} + \varepsilon_{22} + \varepsilon_{33} = \mathrm{div}\boldsymbol{V}$。

现在，将式 (2-23) 转换到任意坐标 x、y、z 轴下，在新坐标系中剪应力不再为 0，这样可以推导出一般形式的变形关系。相对于主坐标轴 x_1、y_1、z_1，x 轴有三个方向余弦 l_1、m_1、n_1，y 轴有三个方向余弦 l_2、m_2、n_2，z 轴有三个方向余弦 l_3、m_3、n_3，同时注意到，$l_1^2 + m_1^2 + n_1^2 = 1$，对另两组方向余弦也一样。

已知 x 轴在主坐标轴 x_1、y_1、z_1 中的三个方向余弦，将主应力投影到 x 轴，就可以写出 x 平面上的应力，仍然采用主坐标轴下的分量表示，即

$$\sigma_{x_1} = \tau_{11}l_1, \quad \sigma_{y_1} = \tau_{22}m_1, \quad \sigma_{z_1} = \tau_{33}n_1 \tag{2-24}$$

其中，方向余弦 $l_1 = \cos\left(x_1, x\right); m_1 = \cos\left(y_1, x\right); n_1 = \cos\left(z_1, x\right)$。实际上，$x$ 平面上的应力 σ 只是为了便于推导，并无实际用处。注意到，这仍然是主坐标系下的平面应力，而最终我们要进一步写出新坐标系下的 x 平面上的应力。由式 (2-24) 平面应力分量，已知 x 轴方向，可写出 x 平面上的法应力，注意到三个方向的分量 σ_{x_1}、σ_{y_1}、σ_{z_1} 均对法应力有贡献，得到

$$\tau_{xx} = \sigma_{x_1}l_1 + \sigma_{y_1}m_1 + \sigma_{z_1}n_1 \tag{2-25}$$

最后，变换以后，新坐标系下的应力和应变率可以用主坐标系下的应力和应变率表示为

$$\begin{aligned} \tau_{xx} &= \tau_{11}l_1^2 + \tau_{22}m_1^2 + \tau_{33}n_1^2 \\ \varepsilon_{xx} &= \varepsilon_{11}l_1^2 + \varepsilon_{22}m_1^2 + \varepsilon_{33}n_1^2 \end{aligned} \tag{2-26}$$

新 (x, y, z) 和旧 (x_1, y_1, z_1) 坐标方向余弦可表示为

$$\begin{array}{cccc} & x_1 & y_1 & z_1 \\ x & l_1 & m_1 & n_1 \\ y & l_2 & m_2 & n_2 \\ z & l_3 & m_3 & n_3 \end{array} \tag{2-27}$$

将式 (2-23) 代入式 (2-26)，得到

$$\begin{aligned}\tau_{xx} = &\left(-p + K\varepsilon_{11} + C_2\mathrm{div}\boldsymbol{V}\right) l_1^2 + \left(-p + K\varepsilon_{22} + C_2\mathrm{div}\boldsymbol{V}\right) m_1^2 \\ &+ \left(-p + K\varepsilon_{33} + C_2\mathrm{div}\boldsymbol{V}\right) n_1^2\end{aligned}$$

注意到 $l_1^2 + m_1^2 + n_1^2 = 1$，可得

$$\tau_{xx} = -p + K\varepsilon_{xx} + C_2\mathrm{div}\boldsymbol{V} \tag{2-28}$$

同理，由 x 平面上的应力分量 σ_{x_1}、σ_{y_1}、σ_{z_1}，易得 y 方向的应力为

$$\tau_{xy} = \sigma_{x_1}\cos\left(x_1, y\right) + \sigma_{y_1}\cos\left(y_1, y\right) + \sigma_{z_1}\cos\left(z_1, y\right) \tag{2-29}$$

将式 (2-24) 代入式 (2-29)，切应力 (应变) 与主应力 (应变) 有如下关系：

$$\begin{aligned}\tau_{xy} &= \tau_{11}l_1l_2 + \tau_{22}m_1m_2 + \tau_{33}n_1n_2 \\ \varepsilon_{xy} &= \varepsilon_{11}l_1l_2 + \varepsilon_{22}m_1m_2 + \varepsilon_{33}n_1n_2\end{aligned} \tag{2-30}$$

将式 (2-23) 代入式 (2-30) 得到

$$\begin{aligned}\tau_{xy} = &\left(-p + K\varepsilon_{11} + C_2\mathrm{div}\boldsymbol{V}\right) l_1l_2 + \left(-p + K\varepsilon_{22} + C_2\mathrm{div}\boldsymbol{V}\right) m_1m_2 \\ &+ \left(-p + K\varepsilon_{33} + C_2\mathrm{div}\boldsymbol{V}\right) n_1n_2\end{aligned}$$

注意到 x、y、z 轴两两正交，有 $l_1l_2+m_1m_2+n_1n_2 = 0$(还有另外两组 $l_1l_3+m_1m_3+n_1n_3 = 0, l_2l_3 + m_2m_3 + n_2n_3 = 0$), 可得

$$\tau_{xy} = K\left(\varepsilon_{11}l_1l_2 + \varepsilon_{22}m_1m_2 + \varepsilon_{33}n_1n_2\right) = K\varepsilon_{xy} \tag{2-31}$$

注意到，上述推导最终结果中方向余弦均消失，最后的结果是很简单的，式 (2-28) 和式 (2-31) 是所需的一般变形关系式。

对比式 (1-30) 和式 (2-31)，常数 K 等于前述黏性系数的 2 倍，即 $K = 2\mu$，系数 C_2 是与 μ 无关的系数，也常称为第二黏性系数。在线弹性场合，C_2 也称为 Lame 常数，用符号 λ 表示。因为 λ 只跟体积膨胀有关，习惯上常称为体积黏度 λ。

可以将式 (2-28) 和式 (2-31) 写为一个式子，对于牛顿黏性流体，存在

$$\boldsymbol{\tau}_{ij} = -p\delta_{ij} + \mu\left(\frac{\partial u_i}{\partial x_j} + \frac{\partial u_j}{\partial x_i}\right) + \delta_{ij}\lambda\mathrm{div}\boldsymbol{V} \tag{2-32}$$

前面提到过，上述变形关系最早由 Stokes 于 1845 年提出。

2.4.3　热力学压力与平均压力

根据式 (2-32)，Stokes 指出，三个法应力之和 $\tau_{xx}+\tau_{yy}+\tau_{zz}$ 为一个张量不变量。定义平均压力为该和的 $-\dfrac{1}{3}$，即平均压应力，由式 (2-32) 累加三个主应力，可得

$$\bar{p}=-\frac{1}{3}\left(\tau_{xx}+\tau_{yy}+\tau_{zz}\right)=p-\left(\lambda+\frac{2}{3}\mu\right)\mathrm{div}\boldsymbol{V} \tag{2-33}$$

这样，平均压力 $\bar{p}$ 并不等于热力学意义的压力 p。但它们的差别又是很小的，因为一般场合下 $\mathrm{div}\boldsymbol{V}$ 通常很小，两者近乎一样。但实际上，一个多世纪以来式 (2-33) 确切的物理意义仍是一个谜，Stokes 为消除这个问题，提出以下假设，即

$$\lambda+\frac{2}{3}\mu=0 \tag{2-34}$$

这就是 Stokes 假设。一些场合下，并不能采用这一假设，如存在激波情形。而一些热力学实验也表明 λ 并不等于 $-\dfrac{2}{3}\mu$。

第二种假设也能消除该问题，使得 $\bar{p}=p$，即

$$\mathrm{div}\boldsymbol{V}=0 \tag{2-35}$$

这是不可压流情形。可见，体积黏度并不会影响不可压缩流体。

人们不免担心由线性关系推导出的 Navier-Stokes 方程 (简称 N-S 方程) 在实际应用中存在问题，但事实上，直至今天，在大多数的实际生活遇到的流动现象中，N-S 方程的应用基本符合实际，这是出乎意料的。

2.4.4　Navier-Stokes 方程

将变形关系式 (2-32) 代入牛顿运动方程式 (2-19)，结果就是著名的流体运动方程，被冠以 Navier 和 Stokes 二人之名，这就是 N-S 方程，即

$$\begin{aligned}
\rho\frac{\mathrm{D}u}{\mathrm{D}t}&=\rho g_x-\frac{\partial p}{\partial x}+\frac{\partial}{\partial x}\left(2\mu\frac{\partial u}{\partial x}+\lambda\mathrm{div}\boldsymbol{V}\right)\\
&\quad+\frac{\partial}{\partial y}\left[\mu\left(\frac{\partial u}{\partial y}+\frac{\partial v}{\partial x}\right)\right]+\frac{\partial}{\partial z}\left[\mu\left(\frac{\partial w}{\partial x}+\frac{\partial u}{\partial z}\right)\right]\\
\rho\frac{\mathrm{D}v}{\mathrm{D}t}&=\rho g_y-\frac{\partial p}{\partial y}+\frac{\partial}{\partial x}\left[\mu\left(\frac{\partial v}{\partial x}+\frac{\partial u}{\partial y}\right)\right]\\
&\quad+\frac{\partial}{\partial y}\left(2\mu\frac{\partial v}{\partial y}+\lambda\mathrm{div}\boldsymbol{V}\right)+\frac{\partial}{\partial z}\left[\mu\left(\frac{\partial v}{\partial z}+\frac{\partial w}{\partial y}\right)\right]\\
\rho\frac{\mathrm{D}w}{\mathrm{D}t}&=\rho g_z-\frac{\partial p}{\partial z}+\frac{\partial}{\partial x}\left[\mu\left(\frac{\partial w}{\partial x}+\frac{\partial u}{\partial z}\right)\right]\\
&\quad+\frac{\partial}{\partial y}\left[\mu\left(\frac{\partial v}{\partial z}+\frac{\partial w}{\partial y}\right)\right]+\frac{\partial}{\partial z}\left(2\mu\frac{\partial w}{\partial z}+\lambda\mathrm{div}\boldsymbol{V}\right)
\end{aligned} \tag{2-36(a)}$$

考虑书写的经济性，可以用一个矢量方程来表示，采用指标方式，具体如下

$$\rho\frac{\mathrm{D}\boldsymbol{V}}{\mathrm{D}t}=\rho\boldsymbol{g}-\boldsymbol{\nabla}p+\frac{\partial}{\partial x_j}\left[\mu\left(\frac{\partial u_i}{\partial x_j}+\frac{\partial u_j}{\partial x_i}\right)+\delta_{ij}\lambda\mathrm{div}\boldsymbol{V}\right] \tag{2-36(b)}$$

2.4.5 不可压缩流动

如果假设流体密度为常数，$\mathrm{div}\boldsymbol{V}$ 自动消失，系数 λ 也自动消失，由于第一黏度 μ 仍然可以随温度和压力 (及空间位置) 而变化，式 (2-36) 并没有获得大的简化。假如 μ 是一个常数，许多项消失，最后只剩下一个大为简化的方程：

$$\rho\frac{\mathrm{D}\boldsymbol{V}}{\mathrm{D}t}=\rho\boldsymbol{g}-\boldsymbol{\nabla}p+\mu\boldsymbol{\nabla}^2\boldsymbol{V} \tag{2-37}$$

式 (2-37) 是进入黏性不可压缩流的一个起点方程，但需记住，它是进行了定常黏度假设的。对于非等温流，尤其是液体，此时，流体黏度随温度较快变化，这个假设就不尽合理了。然而，对于气体，其黏度对温度的敏感程度略小，仍然可以进行这样的假设，但当可压缩性很明显时，即 $\mathrm{div}\boldsymbol{V}\neq 0$，这个假设也就失效了。

2.5 惯性坐标系与旋转坐标系

在第 1 章中曾列举火箭喷管流动，说明坐标系选取对于流体分析的便利性。类似地，与一般的流体运动相比，叶轮内流也有其特殊之处。对站在地面上的观察者而言，旋转叶轮的内部流动必然是非定常的，这里的地面坐标系即为惯性参考系。而对于随叶轮一同旋转的观察者而言，旋转叶轮内的流动则是定常的，这就是旋转坐标系。

对于叶轮内流运动，采用旋转坐标系对研究是便利的。此时，不能直接运用牛顿定律，而需进行转换。下面，介绍定轴转动、常转速情形的基本方程推导。

首先，对于绕 z 轴，以固定转速 ω 旋转，其角速度矢量表示为

$$\boldsymbol{\omega}=\omega\boldsymbol{k}=\{0,0,\omega\} \tag{2-38}$$

用矢径 $\boldsymbol{r}$ 表示起点位于原点处的任意位置矢量，有

$$\boldsymbol{r}(t)=\{r\cos\omega t,r\sin\omega t,z\},\quad t\in\left(0,\frac{2\pi}{\omega}\right) \tag{2-39}$$

式 (2-39) 对时间的导数为

$$\boldsymbol{r}'(t)=\omega\{-r\sin\omega t,r\cos\omega t,0\} \tag{2-40}$$

注意到

$$\frac{\mathrm{d}\boldsymbol{r}}{\mathrm{d}t}=\boldsymbol{\omega}\times\boldsymbol{r} \tag{2-41}$$

即刚体动力学中任一点处的圆周速度。

将 $\boldsymbol{r}'(t)$ 再对时间 t 求导，有

$$\boldsymbol{r}''(t) = -\omega^2 r\{\cos\omega t, \sin\omega t, 0\} \tag{2-42}$$

同样注意到

$$\frac{\mathrm{d}^2\boldsymbol{r}}{\mathrm{d}t^2} = \boldsymbol{\omega}\times(\boldsymbol{\omega}\times\boldsymbol{r}) \tag{2-43}$$

根据刚体动力学，$-\boldsymbol{\omega}\times(\boldsymbol{\omega}\times\boldsymbol{r})$ 称为离心加速度。从惯性系观察，式 (2-41) 是旋转系中任一矢量 $\boldsymbol{r}$ 的时间变化率，式 (2-43) 则是产生的向心加速度。

第二步，从流体质点角度，它不仅相对于惯性系中固定观察者做运动，还将相对于其相邻质点做运动。那么，假设 $\boldsymbol{r}(t)$ 表示的是流体质点轨迹，从惯性系中固定观察者的角度度量，它的速度 $\boldsymbol{r}'$ 还应加上相对速度 $\boldsymbol{W}$，即对固系于旋转系的观察者而言的速度。这样，流体质点的绝对速度为

$$\boldsymbol{V} = \boldsymbol{W} + \boldsymbol{\omega}\times\boldsymbol{r} \tag{2-44}$$

对于叶轮内流，相对速度 $\boldsymbol{W}$ 描述了叶轮流道中的速度场，观察和分析该速度场对于研究人员掌握流动规律至关重要。

第三步，用 D_i 表示惯性系下任一矢量 $\boldsymbol{A}$ 的时间变化率，用 D_r 表示该矢量在旋转系下的时间变化率，通过上述引导，不难得出

$$\mathrm{D}_i\boldsymbol{A} = \mathrm{D}_r\boldsymbol{A} + \boldsymbol{\omega}\times\boldsymbol{A} \tag{2-45}$$

若矢量 $\boldsymbol{A}$ 就是 $\boldsymbol{r}$，式 (2-45) 变为

$$\mathrm{D}_i\boldsymbol{r} = \mathrm{D}_r\boldsymbol{r} + \boldsymbol{\omega}\times\boldsymbol{r} = \boldsymbol{W} + \boldsymbol{\omega}\times\boldsymbol{r} \tag{2-46}$$

即式 (2-44)。

第四步，将 D_i 算子运用于绝对速度 $\mathrm{D}_i\boldsymbol{r}$，得

$$\mathrm{D}_i(\mathrm{D}_i\boldsymbol{r}) = \mathrm{D}_r(\mathrm{D}_i\boldsymbol{r}) + \boldsymbol{\omega}\times(\mathrm{D}_i\boldsymbol{r}) \tag{2-47}$$

这就是流体质点的绝对加速度，根据式 (2-46) 可得

$$\mathrm{D}_r(\mathrm{D}_r\boldsymbol{r} + \boldsymbol{\omega}\times\boldsymbol{r}) + \boldsymbol{\omega}\times(\mathrm{D}_r\boldsymbol{r} + \boldsymbol{\omega}\times\boldsymbol{r}) = \mathrm{D}_r^2\boldsymbol{r} + 2\omega\times\mathrm{D}_r\boldsymbol{r} + \boldsymbol{\omega}\times(\boldsymbol{\omega}\times\boldsymbol{r}) \tag{2-48}$$

其中，右端第一项为旋转系中的加速度。根据质点导数式 (1-5) 有

$$\mathrm{D}_r^2\boldsymbol{r} = \frac{\mathrm{D}\boldsymbol{W}}{\mathrm{D}t} = \frac{\partial\boldsymbol{W}}{\partial t} + \boldsymbol{W}\cdot\nabla\boldsymbol{W} \tag{2-49}$$

式 (2-48) 右端第二项为 $2\boldsymbol{\omega}\times\boldsymbol{W}$，称为 Coriolis 加速度，第三项为向心加速度。

综上所述，由于旋转系与惯性系间存在上述关联，在定轴、定转速的基本方程中增加了 Coriolis 和向心加速度项，这样，式 (2-37) 变为

$$\rho\frac{\mathrm{D}\boldsymbol{W}}{\mathrm{D}t}+\rho\left[2\boldsymbol{\omega}\times\boldsymbol{W}+\boldsymbol{\omega}\times(\boldsymbol{\omega}\times\boldsymbol{r})\right]=\rho\boldsymbol{g}-\boldsymbol{\nabla}p+\mu\boldsymbol{\nabla}^2\boldsymbol{W} \tag{2-50}$$

对于叶轮内流，求解相对速度 $\boldsymbol{W}$ 就成为主要任务。对比可见，N-S 方程在不同参考系下的形式是不一样的，也就是说它不满足标架无差异原理。

第3章　网格生成与计算基础

3.1　概　　述

从核心技术层面，网格生成、算法构造以及湍流模拟无疑是构成复杂流动数值计算最关键的三个要素，要成功开展流场的数值模拟，合理的网格构造往往对计算结果起着关键的作用。

根据第 1 章，流动方程都基于欧拉方法，流动变量通常需要在一系列离散空间点上进行求解，这些空间点的位置就是通过网格来关联定义的，因此，网格是流动方程离散的基础，它将计算区域分割成有限数目的子区域 (单元或者控制体等)，在这些单元上将控制流动的偏微分方程离散为一组近似的代数方程，求解代数方程组获得一组离散的变量值，此即为控制方程的近似解。

网格技术的发展与计算机技术的发展有着紧密的联系，早期由于计算机速度和内存容量的限制，只能生成较简单的规则网格。由于工程流动区域的复杂性，已经不是较简单的网格生成方法所能够解决的。伴随计算速度和内存容量的快速增长，现代编程语言，如 Fortran、C 和 C++的出现，促使研究转向网格生成算法、计算机编程、图形处理和存储等方向，从而使网格生成变为一门计算科学技术。20 世纪 70 年代，随着 CAD 系统和有限元法技术成为工程设计基本工具，面向土木、桥梁、航空结构工程的非结构网格生成技术开始盛行。而当时的流动数值计算领域，具有代表性的是 Thompson 等 (1974) 提出的微分法获得广泛应用。进入 20 世纪 80 年代，类似的数值方法，如有限体积、边界元等开始在流动计算领域推广，促使多块网格为代表的网格技术的成熟和广泛应用，例如，Thompson 等 (1985) 形成了较为完善的理论。20 世纪 90 年代，自动网格生成技术，尤其是非结构网格的应用成为主流，当然，其理论和技术的发端可以追溯到 20 世纪 70 年代。随着以面向对象为特征的软件工程的普及，各种网格自动生成软件包层出不穷。然而，从网格生成的理论和方法角度，现有的技术还存在许多不尽如人意的地方，因此，对网格质量、生成效率以及算法的优化仍然将是一个重要的课题。本书将介绍网格生成及计算的基本理论、算法及实现技术，这些基础知识是我们开展新理论、算法、软件体系开发的重要基础。

3.2　网格生成方法的演变

结构网格是基于映射原理，采用代数方法就可以生成一些简单的规则网格，优点是易于编程实现，效率高，但是它的缺点是难以处理复杂边界，例如，难以将一架飞机映射到一个规则立方体。另外，网格节点布置不易于控制，如局部几何加密困难。

那么，当几何不规则之后，仍然从结构网格角度出发，可行的办法就是把大结构分解为更小的结构，根据几何形状本身所具有的自然特征，分割为彼此毗邻的独立小块，各个小块仍然采用映射法，生成各自结构网格，这就是多块结构网格的基本思想。它的优点在于对局部网格的可控性增强，缺点在于，执行这种分块的过程仍然依赖于人工，需要花费较长时间来处理。

那么，既不受分块的限制，又要易于局部网格加密，这就是非结构网格形成的背景。非结构网格生成无需分块，也不需要手工干预，它更依赖于计算几何理论和数值方法的实现，经典的为 Delaunay 三角剖分法，它的优点是算法稳定、效率高，缺点是对非凸边界的网格生成可能存在缺陷；另一种较广的方法是阵面推进法，由边界逐步向区域内部推进，这样避免了边界单元生成的问题，但推进过程要不断搜索判断与其他推进单元是否存在相交，导致效率降低。

3.3　代数生成法

为便于理解，先由代数法开始介绍网格生成方法，这类方法所适用的范围比较小，通常适用类似于矩形的规则几何，或者对称型几何边界形状。

3.3.1　解析法

考虑一个绕圆柱平面环状区域，如图 3-1(a) 所示。

$$\begin{aligned} &r = r_1, \quad \theta \in [0, 2\pi] \\ &r = r_2, \quad \theta \in [0, 2\pi] \end{aligned} \tag{3-1}$$

对这种对称的几何域，用极坐标表示非常便利，其网格坐标可由式 (3-2) 计算。

$$\begin{aligned} &r_i = r_1 + (r_2 - r_1)\frac{i}{m}, \qquad i \in [0, m] \\ &\theta_j = (2\pi)\frac{j}{n}, \quad j \in [0, n] \end{aligned} \tag{3-2}$$

只要给定半径方向网格分段数 m 及角度分段数 n，即可计算出网格节点坐标。当然，这种情形是比较简单的。

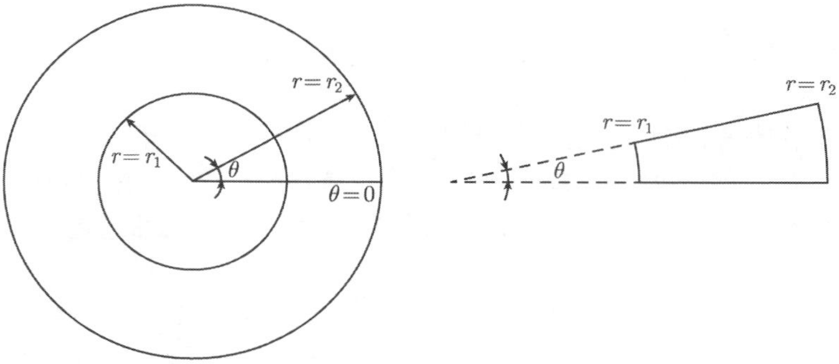

(a) 绕圆柱平面区域　　(b) 平面渐扩管上半区域

图 3-1　简单几何区域图

同理，对图 3-1(b) 的平面渐扩管区域，此时网格坐标的角度范围变为 θ，计算方法类似。假如边界略微复杂，例如，考虑更一般的边界定义：

$$y=\sqrt{x}, \quad 1 \leqslant x \leqslant 4 \tag{3-3}$$

此时，由上述曲线给定一个简单的渐扩管上半边界外轮廓，如图 3-2 所示。

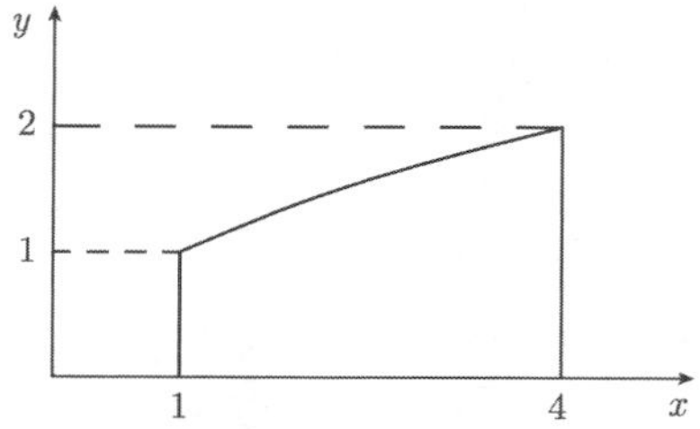

图 3-2　渐扩管上半平面示意图

对这种边界的网格生成，采用一般的解析法就不再可行。下面介绍代数插值法，利用它可以进行有效的求解。

3.3.2　代数插值法

考虑由四条曲线边界构造的平面区域，将其称为物理区域，四条曲线记为 $C_i(i \in [1,4])$，假设曲线 C_i 与曲线 C_j 相交于点 $P_{i,j}$。

然后，假设通过某种映射，将上述物理区域映射到另一个边长为 1 的正方形区域内。这里的正方形区域称为计算区域。

根据一一对应的映射关系，物理区域的四条边依次对应于计算区域的正方形四条边，即曲线 C_1 和 C_3 分别对应于 $\eta=0$ 和 $\eta=1$ 两条水平线段，曲线 C_4 和 C_2 分别对应于 $\xi=0$ 和 $\xi=1$ 两条垂直线段，如图 3-3 所示。

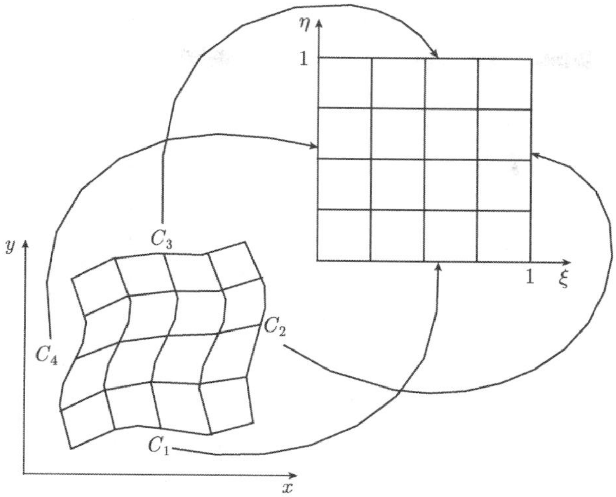

图 3-3　物理平面与计算平面的映射示意图

通过观察，可以构造出一个简单函数关系来表示这个映射关系：

$$M(\xi,\eta)=(1-\eta)C_1(\xi)+\eta C_3(\xi)+(1-\xi)C_4(\eta)+\xi C_2(\eta) \tag{3-4}$$

然后，将不同的 ξ 和 η 值代入式 (3-4)，有

$$\begin{aligned}M(\xi,0)&=C_1(\xi)+(1-\xi)C_4(0)+\xi C_2(0)\\M(\xi,1)&=C_3(\xi)+(1-\xi)C_4(1)+\xi C_2(1)\\M(0,\eta)&=(1-\eta)C_1(0)+\eta C_3(0)+C_4(\eta)\\M(1,\eta)&=(1-\eta)C_1(1)+\eta C_3(1)+C_2(\eta)\end{aligned} \tag{3-5}$$

严格的映射关系要求边与边、角点与角点一一对应关系，参考图 3-3。

再观察图 3-3 中角点的对应关系，以 C_1 曲线段为例，左侧端点 $C_1(0)$ 为曲线 C_1 和曲线 C_4 的交点 $P_{1,4}$，右侧端点 $C_1(1)$ 为曲线 C_1 和曲线 C_2 的交点 $P_{1,2}$，其他以此类推，有

$$\begin{aligned}C_1(0)&=C_4(0)=P_{1,4}\\C_1(1)&=C_2(0)=P_{1,2}\\C_2(1)&=C_3(1)=P_{2,3}\\C_3(0)&=C_4(1)=P_{3,4}\end{aligned} \tag{3-6}$$

代入式 (3-5) 有

$$\begin{aligned}M(\xi,0)&=C_1(\xi)+(1-\xi)P_{1,4}+\xi P_{1,2}\\M(\xi,1)&=C_3(\xi)+(1-\xi)P_{3,4}+\xi P_{2,3}\\M(0,\eta)&=(1-\eta)P_{1,4}+\eta P_{3,4}+C_4(\eta)\\M(1,\eta)&=(1-\eta)P_{1,2}+\eta P_{2,3}+C_2(\eta)\end{aligned} \tag{3-7}$$

注意到，式 (3-7) 中第一式 $M(\xi,0)\neq C_1(\xi)$，其他各式也不满足一一对应关系。这样，为将多余的项消除，构造以下函数关系式：

$$\begin{aligned}M(\xi,\eta)=&(1-\eta)C_1(\xi)+\eta C_3(\xi)+(1-\xi)C_4(\eta)+\xi C_2(\eta)\\&-\left[(1-\xi)(1-\eta)P_{1,4}+\eta(1-\xi)P_{3,4}+\xi(1-\eta)P_{1,2}+\xi\eta P_{2,3}\right]\end{aligned}\tag{3-8}$$

再将不同的 ξ 和 η 值代入式 (3-8)，有

$$\begin{aligned}M(\xi,0)&=C_1(\xi)\\M(\xi,1)&=C_3(\xi)\\M(0,\eta)&=C_4(\eta)\\M(1,\eta)&=C_2(\eta)\end{aligned}\tag{3-9}$$

可见式 (3-8) 是满足一一对应映射关系的。该式即为代数插值公式，有时也称为无限插值公式。

图 3-3 中物理区域的内部节点坐标 $(x，y)$ 可由边界点 $(\xi，\eta)$ 插值获得：

$$\begin{aligned}x(\xi,\eta)=&(1-\eta)C_{1,x}(\xi)+\eta C_{3,x}(\xi)+(1-\xi)C_{4,x}(\eta)+\xi C_{2,x}(\eta)\\&-\left[(1-\xi)(1-\eta)P_{1,4,x}+\eta(1-\xi)P_{3,4,x}+\xi(1-\eta)P_{1,2,x}+\xi\eta P_{2,3,x}\right]\end{aligned}\tag{3-10}$$

其中，下标 x 表示计算的是 x 坐标。同理，采用相同公式计算 y 坐标，具体如下：

$$\begin{aligned}y(\xi,\eta)=&(1-\eta)C_{1,y}(\xi)+\eta C_{3,y}(\xi)+(1-\xi)C_{4,y}(\eta)+\xi C_{2,y}(\eta)\\&-\left[(1-\xi)(1-\eta)P_{1,4,y}+\eta(1-\xi)P_{3,4,y}+\xi(1-\eta)P_{1,2,y}+\xi\eta P_{2,3,y}\right]\end{aligned}\tag{3-11}$$

根据边界特征，可选择从 ξ 或者 η 方向插值，如图 3-4 所示，从而获得合理的网格。

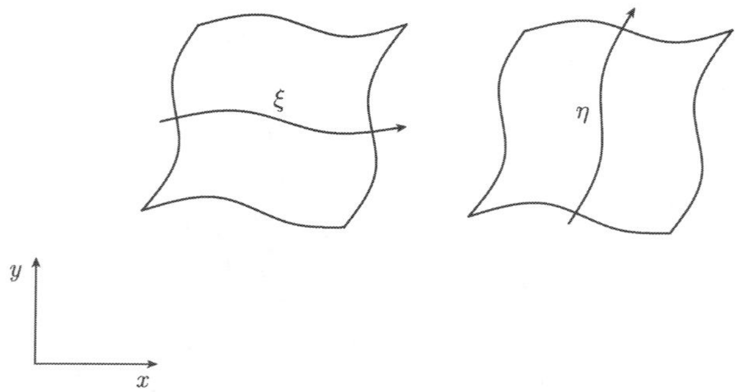

图 3-4　代数法插值方向示意图

对于平面问题，代数插值法对凸四边形 (任意两点连线在区域内) 较为有效，对于凹四边形，插值过程可能越出边界，导致生成不正确的网格，下面介绍的微分法能生成较好符合边界形状的网格。

3.4　微分生成法

代数法生成网格过程，对边界的正交性及贴体性并没有严格的保证，而在这方面，微分法更有理论基础，相比而言，应用面更广。

3.4.1　微分法

将 (ξ, η) 平面向 (x, y) 平面映射的过程，可以用泊松方程表示，它也可代表一种微分方程的边值问题，可由此来映射生成网格：

$$\begin{aligned}\nabla^2\xi = \xi_{xx} + \xi_{yy} = P \\ \nabla^2\eta = \eta_{xx} + \eta_{yy} = Q\end{aligned} \tag{3-12}$$

其中，方程右端项 P 和 Q 为已知网格控制函数，影响网格光滑、疏密及正交性。导出其反函数为

$$\begin{aligned}\alpha x_{\xi\xi} - 2\beta x_{\xi\eta} + \gamma x_{\eta\eta} + J^2\left(P x_\xi + Q x_\eta\right) = 0 \\ \alpha y_{\xi\xi} - 2\beta y_{\xi\eta} + \gamma y_{\eta\eta} + J^2\left(P y_\xi + Q y_\eta\right) = 0\end{aligned} \tag{3-13}$$

其中，相关系数如下：

$$\begin{aligned}&\alpha = x_\eta^2 + y_\eta^2 \\ &\beta = x_\xi x_\eta + y_\xi y_\eta \\ &\gamma = x_\xi^2 + y_\xi^2 \\ &J = \frac{\partial\left(x, y\right)}{\partial\left(\xi, \eta\right)} = x_\xi y_\eta - x_\eta y_\xi\end{aligned} \tag{3-14}$$

上述映射关系本质上是根据给定 Dirichlet 边界条件，数值求解泊松方程的过程。即计算边界上 (ξ, η) 与物理边界上各点 (x, y) 满足映射对应的二阶微分方程，这样问题转换为计算平面上的第一类边界条件的边值问题。

对上面的偏微分方程可以通过有限差分法求解，采用中心差分，泊松变换方程离散格式如下：

$$\begin{aligned}&\alpha\left(\frac{x_{i+1,j} - 2x_{i,j} + x_{i-1,j}}{\Delta\xi^2}\right) - 2\beta\left(\frac{x_{i+1,j+1} - x_{i+1,j-1} - x_{i-1,j+1} + x_{i-1,j-1}}{4\Delta\xi\Delta\eta}\right) \\ &+\gamma\left(\frac{x_{i,j+1} - 2x_{i,j} + x_{i,j-1}}{\Delta\eta^2}\right) + J^2\left[P\left(\frac{x_{i+1,j} - x_{i-1,j}}{2\Delta\xi}\right) + Q\left(\frac{x_{i,j+1} - x_{i,j-1}}{2\Delta\eta}\right)\right] = 0\end{aligned} \tag{3-15}$$

其中，相关系数离散如下：

$$\alpha=\left(\frac{x_{i,j+1}-x_{i,j-1}}{2\Delta\eta}\right)^2+\left(\frac{y_{i,j+1}-y_{i,j-1}}{2\Delta\eta}\right)^2 \tag{3-16}$$

$$\beta=\left(\frac{x_{i+1,j}-x_{i-1,j}}{2\Delta\xi}\right)\left(\frac{x_{i,j+1}-x_{i,j-1}}{2\Delta\eta}\right)+\left(\frac{y_{i+1,j}-y_{i-1,j}}{2\Delta\xi}\right)\left(\frac{y_{i,j+1}-y_{i,j-1}}{2\Delta\eta}\right) \tag{3-17}$$

$$\gamma=\left(\frac{x_{i+1,j}-x_{i-1,j}}{2\Delta\xi}\right)^2+\left(\frac{y_{i+1,j}-y_{i-1,j}}{2\Delta\xi}\right)^2 \tag{3-18}$$

$$J=\left(\frac{x_{i+1,j}-x_{i-1,j}}{2\Delta\xi}\right)\left(\frac{y_{i,j+1}-y_{i,j-1}}{2\Delta\eta}\right)-\left(\frac{x_{i,j+1}-x_{i,j-1}}{2\Delta\eta}\right)\left(\frac{y_{i+1,j}-y_{i-1,j}}{2\Delta\xi}\right) \tag{3-19}$$

取 $\Delta\xi=\Delta\eta=1$，整理为

$$\begin{aligned}(2\alpha+2\gamma)\,x_{i,j}=&\alpha\left(x_{i+1,j}+x_{i-1,j}\right)-0.5\beta\left(x_{i+1,j+1}-x_{i+1,j-1}-x_{i-1,j+1}+x_{i-1,j-1}\right)\\&+\gamma\left(x_{i,j-1}+x_{i,j+1}\right)+\frac{J^2}{2}\left[P\left(x_{i+1,j}-x_{i-1,j}\right)+Q\left(x_{i,j+1}-x_{i,j-1}\right)\right]\end{aligned} \tag{3-20}$$

其中，函数 P 和 Q 的合适选择需根据具体问题而定，如果将 P 和 Q 均取 0，则变为求解 Laplace 方程。上述迭代过程可以采用亚松弛系数加快迭代收敛速度，最终解出计算域内所有点坐标 $(x,\ y)$ 对应的物理域上的点坐标 $(\xi,\ \eta)$，生成贴体坐标网格。

3.4.2　网格实例

图 3-5 所示为 NACA 机翼绕流网格实例。相关的 VC++6.0 程序下载地址为 www.sciencep.com/downloads。

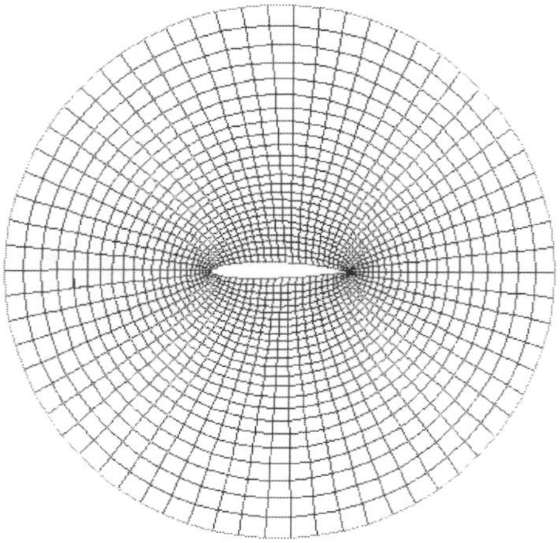

图 3-5　翼型外流场网格

这种方法对复杂曲面边界具有较好的适用性，而且函数 P 和 Q 能够控制网格的疏密，但选择合适的函数是困难的。

块结构化网格的贴体、正交性通常比较好，以翼型绕流为例，此时，流场具有较明显的主流方向，即贴近翼型表面方向流速往往接近与表面方向平行，此时，结构网格可以布置得与流动方向平行，即在局部网格坐标下，近似为一维流动。显然，此时的数值误差将最小化。此外，块边界网格可以尽量正交化，这不仅有利于边界条件的实施，也有利于提高计算的精度。对于高级的湍流模型或者直接数值模拟，边界层必须提供足够的解析度，也就是说，在特定场合，绕边界的贴体结构网格是必不可少的。

3.5　非结构网格生成方法

当给定一个平面点集时，Dirichlet 提出一个理论可将该平面划分为有限个凸多边形，Delaunay 利用该理论，要求将计算区域划分为彼此不重叠的 Voronoi 子区域。非结构网格由各个 Voronoi 子区域内的节点来构造。这样，Delaunay 方法的核心就是 Voronoi 子区域的构造设计，下面介绍 Voronoi 相关基本原理。

3.5.1　Voronoi 图

Voronoi 图是图论的一个重要基础理论，在计算几何中有着非常广泛的应用。Voronoi 分割原理是 Delaunay 网格生成的基础，下面介绍其基本原理。

首先，给定一个任意平面点集，且需满足任意三点不共线、任意四点不共圆，这些点称为 Voronoi 点。

其次，以任意给定两点 A、B 为例，求出到这两点距离相等的点集，实际上就是两点间线段的平分线。此时，以该平分线为界将平面分割为两部分，如图 3-6 所示。这样，只要作出任意两点间线段的平分线，即可完成对平面的分割。

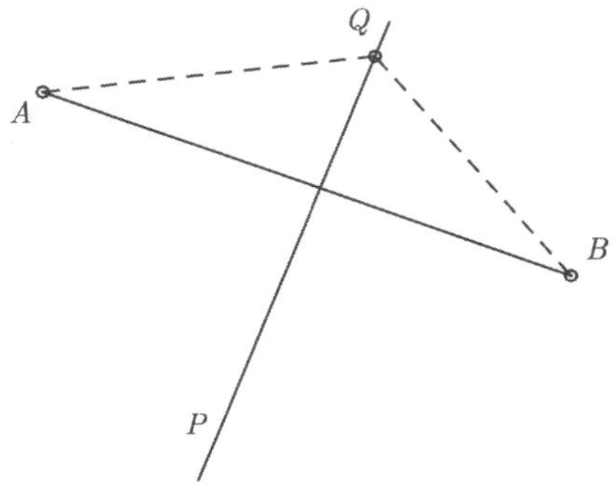

图 3-6　通过两点分割平面

然后，以分割线左侧包围 A 点的区域为例，在该分割区域内，很明显，任意点到 A 点的距离肯定是小于到 B 点的距离的。

第四，推广到平面内多点的情形，此时，依次作出线段的平分线，平分线的交点称为 Voronoi 角点，如图 3-7(a) 所示。图 3-7(b) 就是形成的 Voronoi 基本单元，单元的每条边称为 Voronoi 边。以图 3-7 为例，我们也注意到，Voronoi 单元实际上相当于寻找一个特殊的凸包区域边界，此时，该凸包区域内的任意点到中心点的距离，与任意点到外围点的距离相比，前者的距离肯定更小。换言之，凸包离中心点更近。

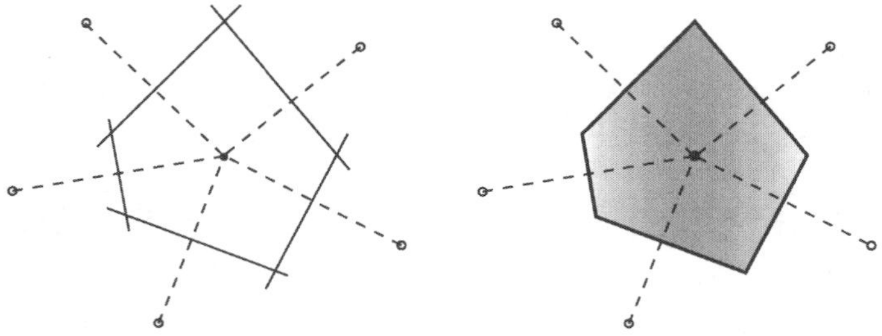

(a) 绘制平分线　　(b) 一个单元

图 3-7　Voronoi 单元示意图

最后，应用到多单元的情形，形成图 3-8 所示的图形，这种由一系列 Voronoi 单元组成的图形称为 Voronoi 图。

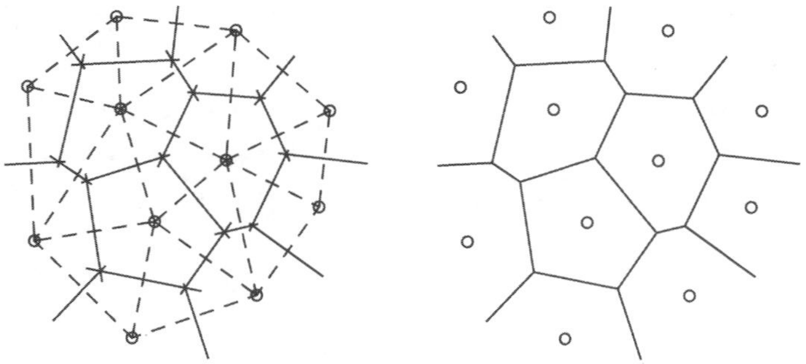

(a) 绘制平分线　　(b) 多个单元

图 3-8　多单元示意图

Voronoi 图的构造算法有半平面分割法，即上述过程，还有增量法、分治法等。总结划分过程，可得 Voronoi 图有如下属性：

(1) Voronoi 单元为多边形；

(2) Voronoi 单元为凸包；

(3) Voronoi 角点通常为三条分割线交点；

(4) Voronoi 单元可以为封闭或开放的，但开放单元只能位于凸壳边界上；

(5) Voronoi 图具有唯一性。

3.5.2　三角化

给定一个 Voronoi 图，下面介绍区域三角化的方法。

如图 3-9 所示，同一个图形的三角化方法有多种，也就是说具有不唯一性，这显然不是我们所需的。反之，如果从 Voronoi 点入手，依次连接任意两相邻 Voronoi 单元的 Voronoi 点，从所得图形不难看出，Delaunay 三角化的过程就是 Voronoi 图的伴随过程，只是此时我们得到的是图 3-10(b) 中的虚线三角单元。

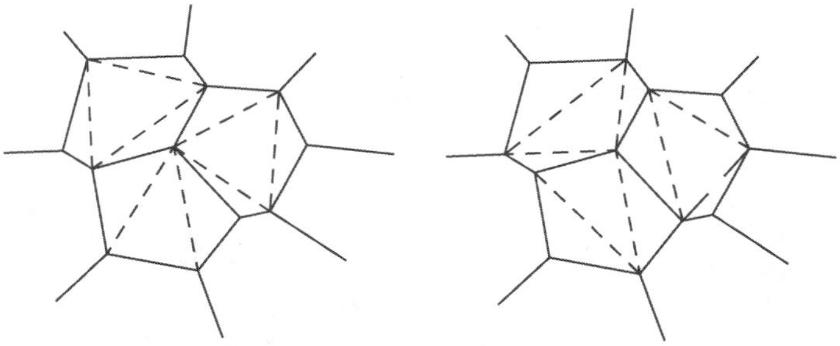

(a) 第一种方案　(b) 第二种方案

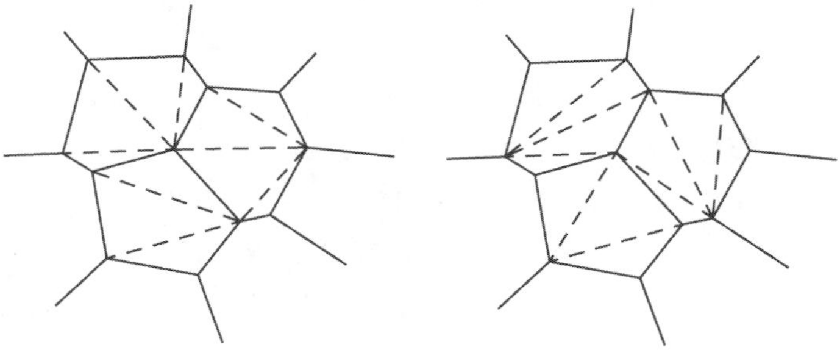

(c) 第三种方案　(d) 第四种方案

图 3-9　三角化示例图

这样，以图 3-10(b) 中虚线三角形单元组成的区域图就是 Delaunay 三角化图形。而 Delaunay 三角化方法是保证唯一性的，因为其过程基于 Voronoi 图的原理。

Delaunay 三角化方法具有如下的属性：

(1) 空圆特性。任一三角形的外接圆范围内不能有其他点存在。

(2) 三角形顶角最大化特性。由 Delaunay 三角剖分形成的三角形，其最小的顶角具有最大化的特征。也就是说，生成的三角形接近于正三角形。

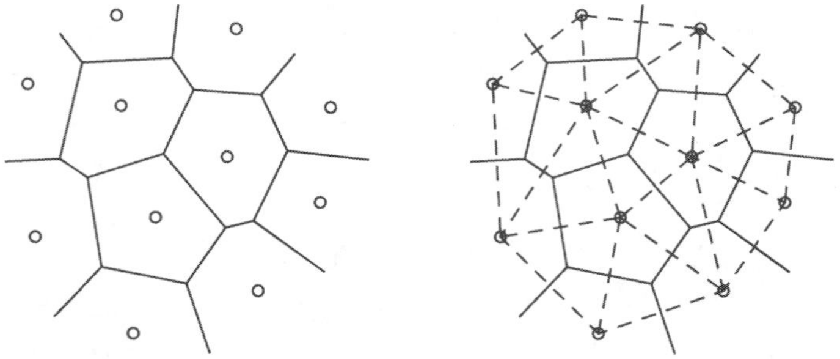

(a) Voronoi图　　(b) 三角化

图 3-10　Delaunay 三角化示意图

(3) 与 Voronoi 图间的双重性。观察可见，每个 Delaunay 三角形顶点对应于一个 Voronoi 点，三角形的外接圆心对应于 Voronoi 单元的角点。Delaunay 三角化是与 Voronoi 图产生的伴随过程。

3.5.3　阵面推进法

阵面推进法基于一种顺序创建网格单元的网格生成策略，即逐个创建单元，再创建点，将新点与之前生成的单元相连接，新连接线相当于某种虚拟的分界面，即已生成的网格单元与未知区域的界面，该阵面不断推进的过程就是网格生成的过程。阵面推进法出现于 20 世纪 70 年代，得到了许多改进，演化至今天已经非常成熟稳定。

首先，将边界离散，作为初始阵面。例如，在图 3-11(a) 中，先将边界圆分点，依次连接相邻点，形成的线段就是初始的阵面。

其次，向区域内增加单元，如图 3-11(a) 中的三角形 P，并更新阵面，此时，新的阵面变为线段 AB 和 BC；然后，再增加一个三角形 Q，此时的阵面变为线段 AB 和 BD。

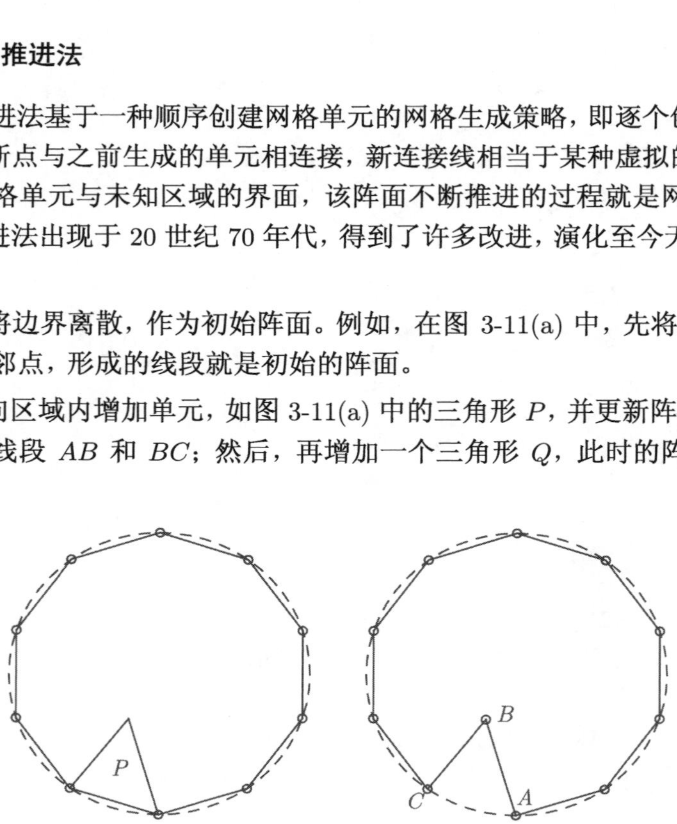

(a) 第一步　　(b) 第二步

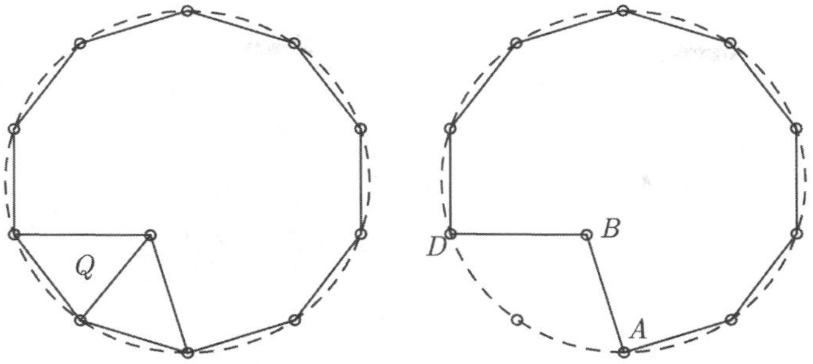

(c) 第三步　(d) 第四步

图 3-11　阵面推进法示意图

重复类似动作，依次完成图 3-11(b)~ 图 3-11(d)，当全部区域填满时，阵面自动消失，推进过程结束。

阵面推进法从边界开始生成，因此，可以生成较高质量的边界网格。另外，它能够高质量的还原真实边界形状。然后，一层一层地向区域内部推进，但这样产生的内部网格质量就不一定高，这也是个缺点。至此，非结构网格的基本生成方法介绍完毕。

类似地，这里也作一个简单的总结，同样以机翼绕流为例，此时的网格单元没有形成与流向接近平行的特征，这样，需要针对非正交进行校正，从而用到更多的数值技术来保证计算的精度。同时，基于非结构网格离散形成的代数方程矩阵，也不再像结构网格那样形成较窄的规则对称带状矩阵，此时，代数方程的系数更多，且可能散布在距离对角线较远的位置，这样的数据结构更不规则，存储和访问量也增加，而且矩阵的求逆需要花费更多的计算时间。另外，要保持边界层较高的解析度，此时的非结构网格在边界附近的网格单元，必然形成细长状三角形网格 (三角形的底边很长，而高必须很小)，这种网格质量显然非常差，也会降低计算精度。对于这一点，目前已经有了较好的解决方法，即在边界层附近生成细长状的结构化网格，这样可以保证单元的贴体性和边界的正交性，因此，基于非结构网格的算法精度仍然可以得到保证。

3.5.4　面三角化实现

1. 面三角化

这里再介绍一下多边形的三角化实现方法，它分为两种方法，第一种采用 ear clipping 算法，这种算法简单且能三角化任意平面多边形，不管是凸或凹多边形。该三角化的过程较为任意，因为它取决于循环操作中，循环起始点的选取。第二种，称为边交换算法，这样，最终的三角化是满足 Delaunay 约束条件的。

2. 初始三角化

它的原理可以用图 3-12 来表示。我们先检查由点 $\{P_0, P_1, P_2\}$ 定义的三角形是否为一个“耳朵”，即这个三角形是否为位于多边形边界内的，同时与多边形不存在相交。在该示例中，$\{P_0, P_1, P_2\}$ 符合条件，构成第一个“耳朵”。把这个耳朵去掉，然后，再处理余下的部分。第二步，我们考虑 $\{P_0, P_2, P_3\}$，容易看出它也是一个“耳朵”，同样去除掉。

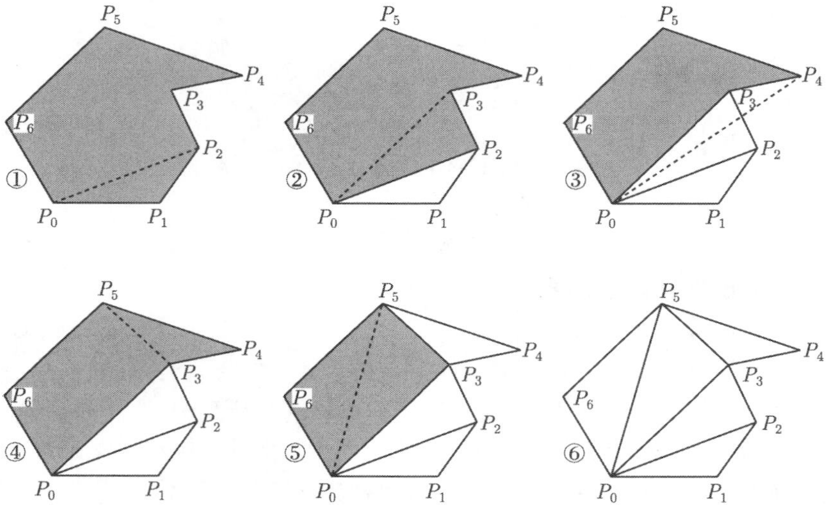

图 3-12　面三角化过程示意图

第三步，我们考虑 $\{P_0, P_3, P_4\}$，注意到，它不是一个“耳朵”，因为它超出了余下的多边形边界。这里，第四步我们轮换角点序号，观察可见，此时三角形 $\{P_3, P_4, P_5\}$ 满足条件，类似地，将其去掉。

这个算法的特点是，每一个新步的角点选取，应包含之前最后一个三角形的最后一个角点。因此，我们在第五步，取包含 P_5 角点的三角形，即三角形 $\{P_0, P_3, P_5\}$，类似去掉。这样，余下的就是最后一个三角形，整个三角化过程完毕。

3. 改进三角化

图 3-13 和图 3-14 给出了两种三角化的例子。这两个角点采用了不同的编号方式。

注意到，不仅三角化结果差别显著，而且所得三角形都比较扁。因此，在第一次三角化的基础上，将通过边交换算法，使得生成的三角形尽量符合 Delaunay 边属性。

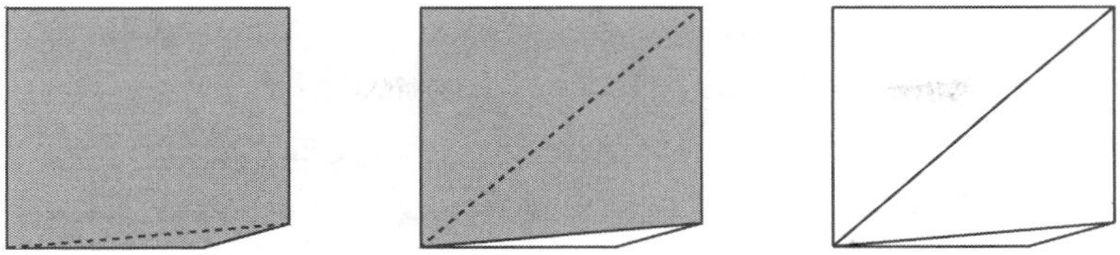

(a) 第一步　(b) 第二步　(c) 第三步

图 3-13　面三角化示例 1

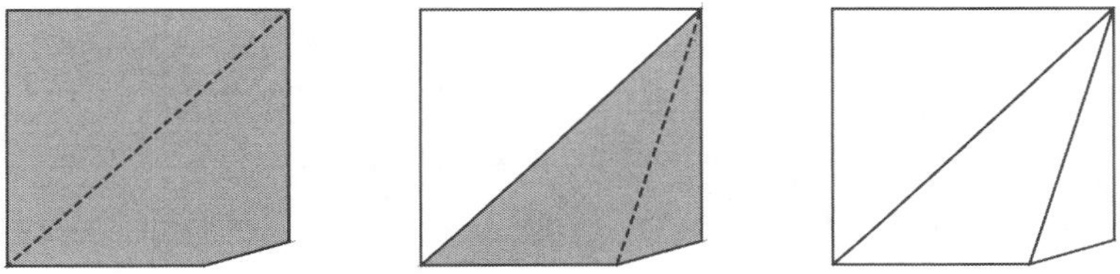

(a) 第一步　(b) 第二步　(c) 第三步

图 3-14　面三角化示例 2

关于 Delaunay 边属性，可参考图 3-15。首先，图 3-15(a) 中取四边形的对角边 P_0P_2，我们来分析它是否满足 Delaunay 边属性。这里，我们通过 P_0、P_1、P_2 三点作圆，注意到，P_3 点包含在该圆内，显然不满足 Delaunay 三角化空圆属性。

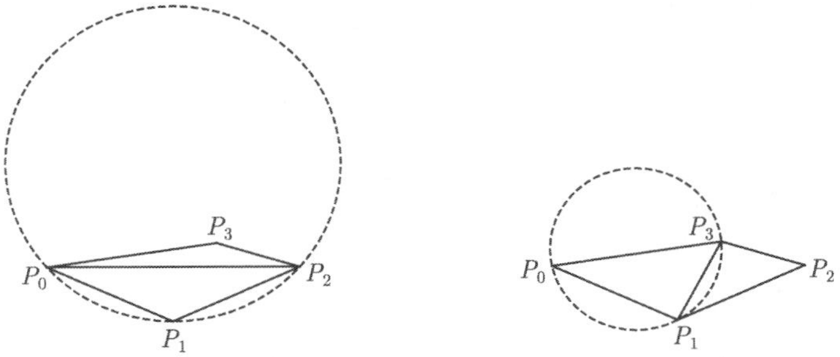

(a) 非Delaunay边　(b) Delaunay边

图 3-15　Delaunay 边属性示意图

交换四边形的对角边，分析 P_1P_3 的属性，同样，通过 P_0、P_1、P_3 三点作圆，此时，P_2 点位于圆外，可以判断它是满足 Delaunay 边属性的。

也就是说，在同一个四边形内，如果把三角形 $\{P_0, P_1, P_2\}$ 和三角形 $\{P_0, P_2, P_3\}$ 通过对调四边形对角边，则转变为三角形 $\{P_0, P_1, P_3\}$ 和三角形 $\{P_1, P_2, P_3\}$，从而使新的三角形满足 Delaunay 三角化属性。

当然，对于简单四边形这是很容易的，而对于更为复杂的多边形，类似地，可以将一部分三角形转换为其他三角形，下面，我们将四边形的换边算法应用于

图 3-13 和图 3-14 两个三角化示例。

首先，对图 3-13(c) 的应用边交换，得到图 3-16(a)，即调换图 3-16 阴影区域内的对边。然后，再考虑图 3-16(b) 中的左图阴影区域，交换对边后得到右边的图形。

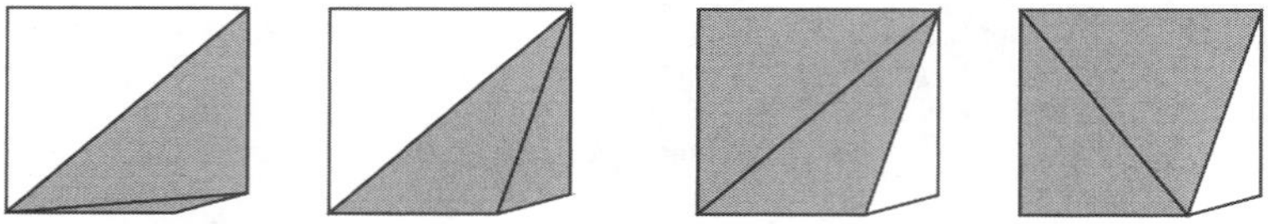

(a) 第一次边交换　　(b) 第二次边交换

图 3-16　边交换示例 1

同理，对图 3-14(c) 考虑阴影区域，交换对边后得到图 3-17(b)。我们注意到，两种交换示例的最终结果都是一样的，可见，这种交换算法始终都能保证获得收敛结果。

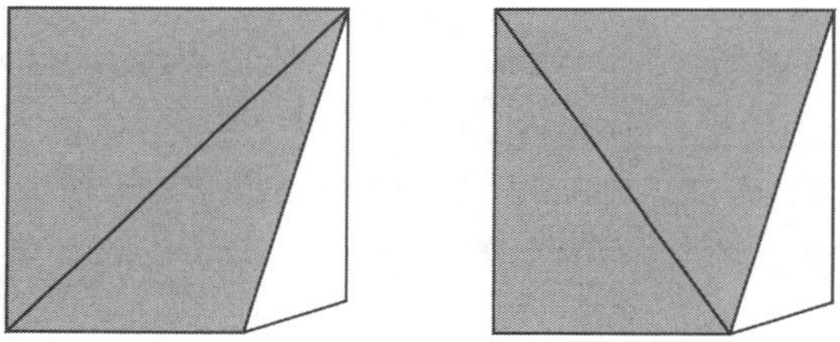

(a) 原图　　(b) 变换边后

图 3-17　边交换示例 2

3.6　几何量计算

本节介绍基本几何量的计算，特别是不一致交界面的处理方法，它们是处理复杂几何网格非常重要的技术。

3.6.1　法向量和面中心

1. 面法向量

首先，计算面法向量，这种算法对简单多边形，甚至非凸多边形也适用。其基本原理为：在与该多边形共面的平面上，任意一点 P_a，计算三角形 $\{P_a, P_i, P_{i+1}\}$，其中，$\{P_1, P_2, \cdots, P_i, \cdots, P_n\}$ 为多边形的顶点，且 $P_{n+1} \equiv P_0$，如图 3-18 所示。注意，法向量有正有负，最终的法向量的模等于多边形的面积。

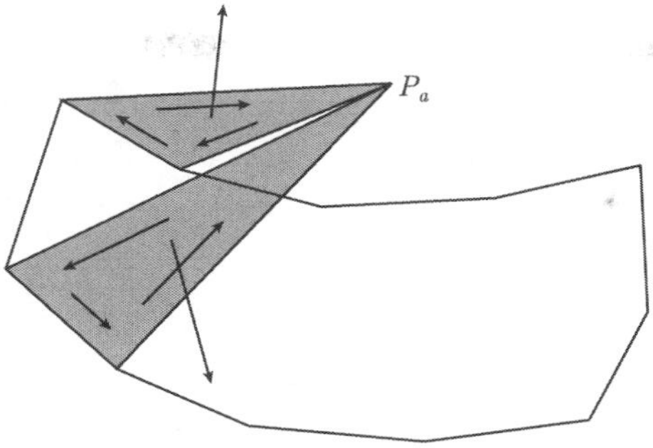

图 3-18　面法向量计算示意图

为避免截断误差造成精度问题，计算过程中，一般将 P_a 取为多边形的中心，并且，选择的点应位于多边形所在的平面上。

多边形中心按三角形 T_i 的定义 $\{P_a, P_i, P_{i+1}\}$，其中心为 G_i，计算加权中心坐标。取 O 为坐标系统原心，$\boldsymbol{n}_f$ 表示面法向量，有

$$\overline{OG} = \frac{\sum_{i=1}^{n} \text{surf}\,(T_i) \cdot \overline{OG}_i}{\sum_{i=1}^{n} \text{surf}\,(T_i)} \tag{3-21}$$

其中，$\text{surf}(T_i) = \dfrac{\boldsymbol{n}_{T_i} \cdot \boldsymbol{n}_f}{\|\boldsymbol{n}_f\|}$。

需要注意，应确保计算采用的面矢量是有向的，以保证对非凸曲面有效，如图 3-19 所示。

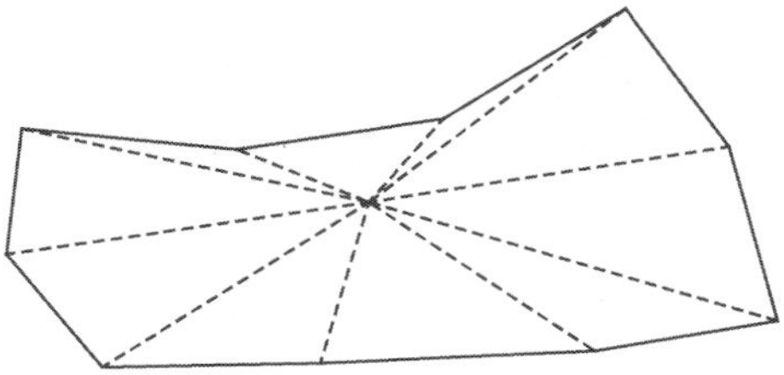

图 3-19　计算面几何量的三角形单元

在实际中，有些面未必保证是平面，即在实际中，有时不能保证所有的边都共面，这样很难正确定义其为一个严格的多边形，这种情况下，是避免不了误差的。

所以，为避免这种翘曲的面，用一个给定面的各三角形 $\{P_a, P_i, P_{i+1}\}$，计算对相邻体积单元的贡献，然后，沿着面法向平移初始中心位置，保证对相邻单元具有相同的贡献。

2. 单元中心

理论上，有限体积法采用体积单元上变量的平均化方法，因此，可以任选单元内部点，无需准确知道单元的中心，实际上，空间精度与单元中心的位置是有关系的，因为该点将用于计算面上的变量值及其梯度。我们并不是用外切球心作为单元中心，因为这种方式通常与四面体网格相关联，不便于一般多边形的计算。

考虑一个单元 $\mathcal{C}$，它有 p 个面，各个面的中心位于 G_k，面法向量的模为 S_k，如果 O 为坐标系统原心，则单元 $\mathcal{C}$ 的中心定义为

$$\overline{OG}=\frac{\sum\limits_{k=1}^{p}S_k\cdot\overline{OG}_k}{\sum\limits_{k=1}^{p}S_k} \tag{3-22}$$

也可以用坐标为 X_l 的顶点 q 的中心来计算单元 $\mathcal{C}$ 的中心：

$$\overline{OG}=\sum_{l=1}^{q}\frac{\overline{OX_l}}{q} \tag{3-23}$$

大多数情况下，式 (3-22) 更为精确。

如图 3-20 所示，我们给出两种算法计算的二维单元中心。图 3-20(a) 为一个简单的单元，图 3-20(b) 中出现了一些额外的点，这些点是由非一致网格单元交汇产生的点，采用第一种算法，得到的中心是稳定的 (空心圆点)，而采用后一种算法 (实心圆点)，中心的位置朝着交汇点方向偏移，导致网格质量变差。

(a) 第一种算法　　(b) 第二种算法

图 3-20　不同算法产生的单元中心

图 3-21 中，由于非一致网格单元在边界的交汇，由此造成中心的偏移。从图中也可以看出，后一种方法有可能增加面的非正交性。

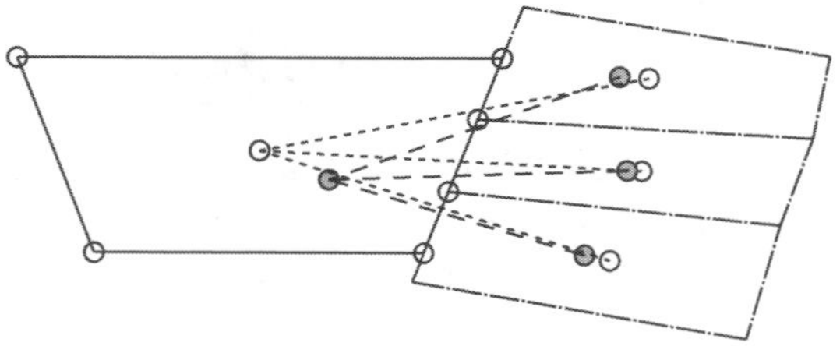

图 3-21　不同算法产生的单元中心及面正交特征示意图

3.6.2　单元交汇处理

1. 单元一致交汇

某些时候，由于两侧单元并不一致，通过交汇处理，使两侧保持一致，但是，被交汇的一侧单元的面数量必须大于或等于另一侧的数量，如图 3-22 所示。交汇后生成四个新的面。

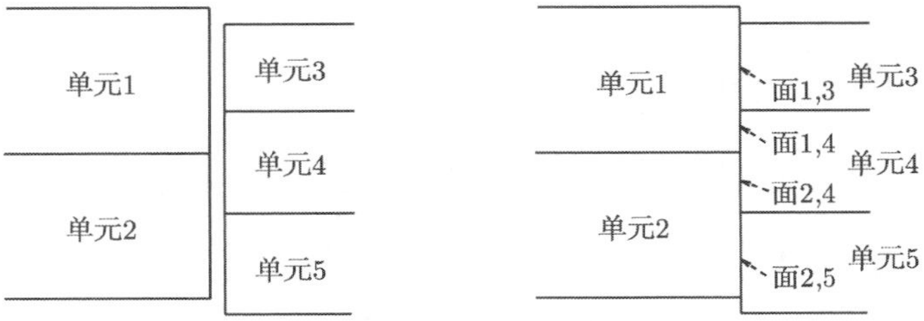

图 3-22　面交汇原理示意图

需要注意的是，图 3-23(a) 所示的情形，交汇产生的拉伸可能穿过左侧的界面，交汇形成孔，这是不合理的，而在图 3-23(b) 中，当右侧单元与左边的面交汇后，自动将左边的面分割为两个，这样就避免了交汇成孔的情形。

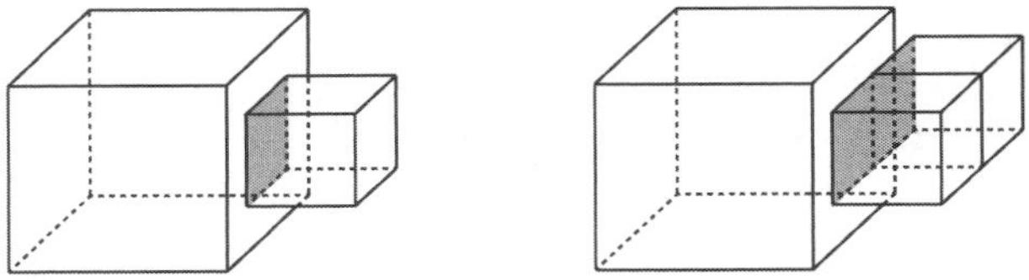

(a) 交汇成孔　　(b) 避免交汇成孔

图 3-23　交汇示例

2. 算法鲁棒性

为了构造一个统一的交汇处理算法，在不影响适用性前提下，尽量减少所需输入的参数。应满足以下三个方面。

(1) 确定性。算法的行为特征应具有确定性。也就是说，用这种算法应该能够产生相同的结果，无论 A 与 B 交汇，还是 B 与 A 交汇。当然，由于截断误差，这不一定绝对相同。这样，无论网格先后，均应保证结果一致。

(2) 非平面表面。算法必须能够处理弯曲表面网格，以及由一系列分段平面构造的曲面网格，但不必保证面法向量是空间坐标的连续函数，如图 3-24 所示。

(3) 不容许有网格间隙。由于截断误差、精度差别，或者由一系列连续平面构造的近似曲面，导致待交汇的两个面不一定完全匹配，但算法不能在其间留下缝隙。

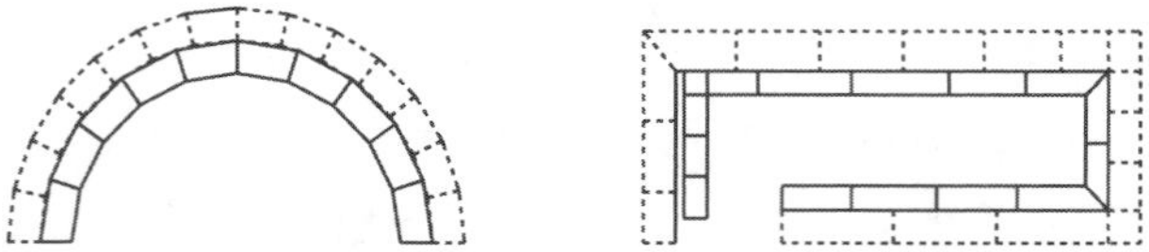

图 3-24　交汇示例图

3. 计算原理

首先，考虑两个初始曲面，如图 3-25 所示。我们来确定网格面的交点，然后，用交点分割边，如图 3-26 所示。后面再准确说明如何处理两条边的相交。

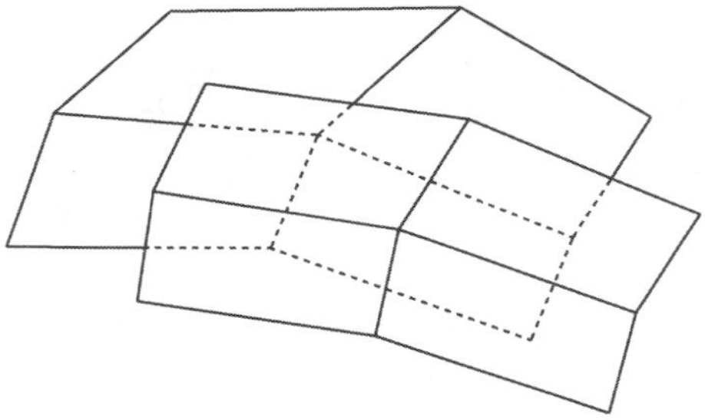

图 3-25　初始曲面

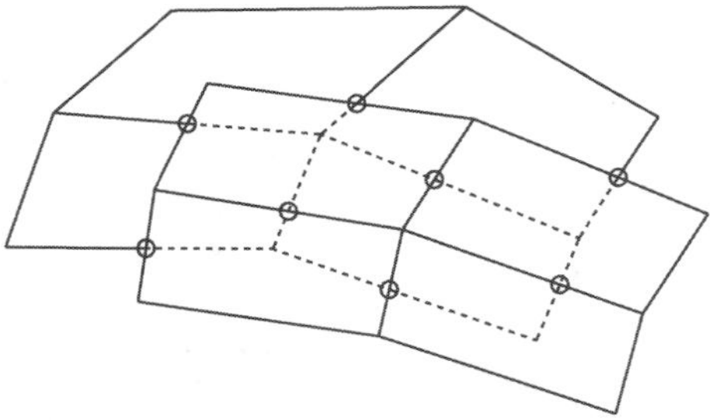

图 3-26　全部边求相交点

下一步，由原始面重构子面，从原始面的边开始，寻找封闭的循环，在每个顶点选择最左边的边，直到回到起始的顶点。用这种方法，我们找到最短的循环，如图 3-27 所示，每个待交汇的面被替换为重构的子面。

一旦所有子面构建完毕，我们得到两个拓扑相同的子面，分别属于两个相切的原始平面，每个子面继承自一个原始面，因此，各属于一个单元。到这里，可以对两个子面进行合并，并保证各自的特征。这样，合并后的子面属于不同的两个单元，且变为一个内部面。交汇工作完成。

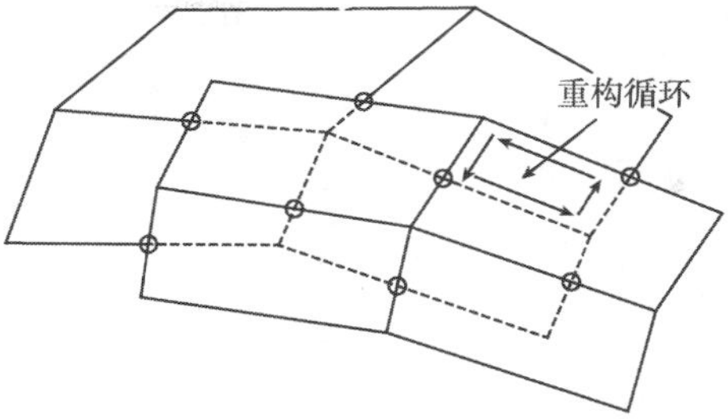

图 3-27　重构子面

4. 面交汇简化

对于有限体积法，最好是保证属于同一个单元的面具有相近的面大小。当采用面交汇对非一致边界进行分割时，这一点是比较难保证的。从图 3-27 中也可看出，当做面分割后，往往生成尺寸变化很大的子面。

于是，可以实施一种覆盖面简化方法，通过在覆盖面每侧微量移动顶点，来减小这种效果。这里，通过移动顶点，简化覆盖面的同时，保证尽量减小网格的变形。

图 3-28 给出了一种覆盖的例子。其中，给出了几种简化的途径。我们注意到，所有的途径都与给定的边有关。简化之后，可以得到图 3-29。

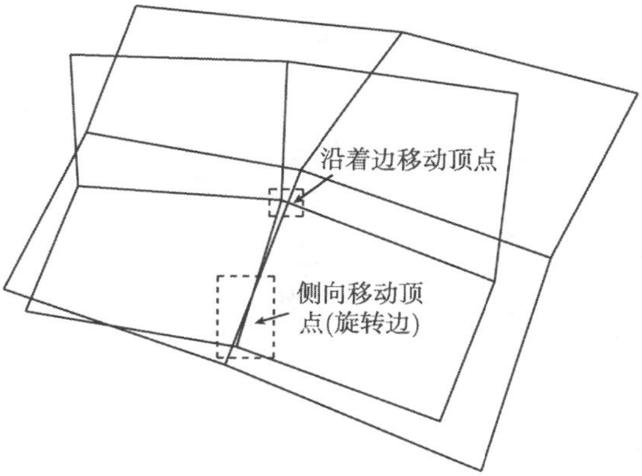

图 3-28　简化途径

5. 边相交的处理

首先，搜索属于面的边，在实际三维场合，我们并不追求真正意义上的相交，而是，只要两条边的距离满足一定的允差，那么，就认为它们相交，如图 3-30 所示。

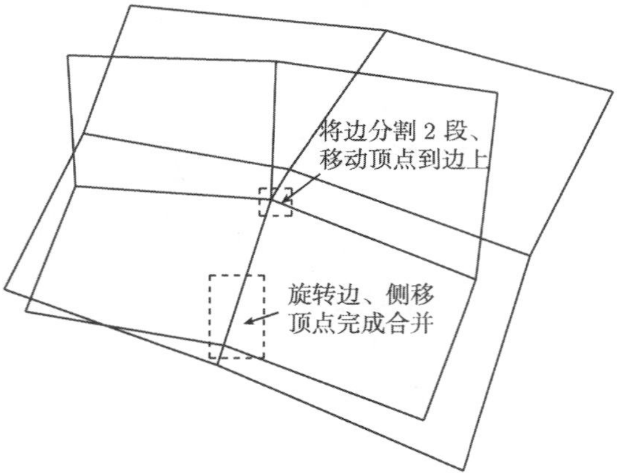

图 3-29　简化后的曲面

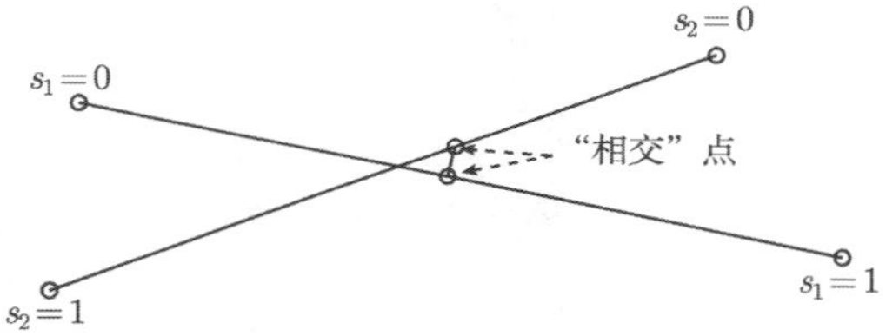

图 3-30　三维边的交点

对于每个顶点，我们都设置一个最大距离，即取与该点有关的最短边长，乘以一个系数。这个系数是可调的 (如可以选 0.1)，但取值通常应取小于 0.5。默认情形，该系数还要乘以边与边最小夹角的正弦值，这样，允差就接近于高度/宽度/深度的最小值。

图 3-31 中，我们用二维的例子说明允差系数的作用，这时，采用系数值为 0.25，大的圆圈 (实线) 表示没有用正弦值修正的允差区间，小的圆圈 (虚线) 表示采用正弦值修正的允差区间。

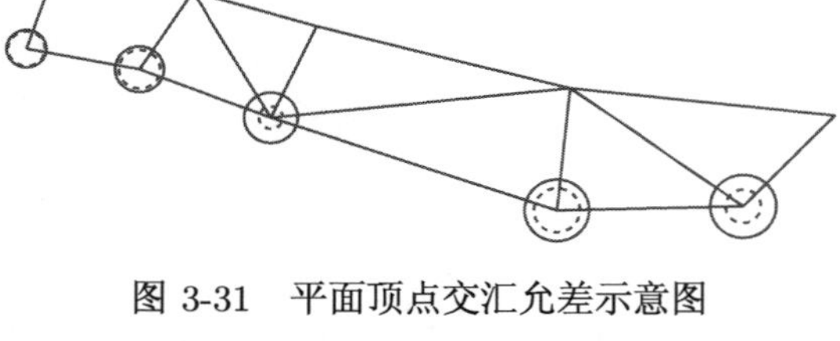

图 3-31　平面顶点交汇允差示意图

以每个顶点的最大距离作为通过该点的圆球半径，这样，就可以构建一个与这两个圆球均相切的外筒面，如图 3-32 所示。此时，通过线段上任一点，都可作出一个

与该外筒面相切的圆球，这个圆球半径可以用线性插值 $d_{\max}(s) = (1-s)\, d_{\max}|_{s=0} + s\, d_{\max}|_{s=1}$ 计算，它也称为最大相关距离。其中，s 可以用 x 坐标 (也可 y 或 z) 来计算。

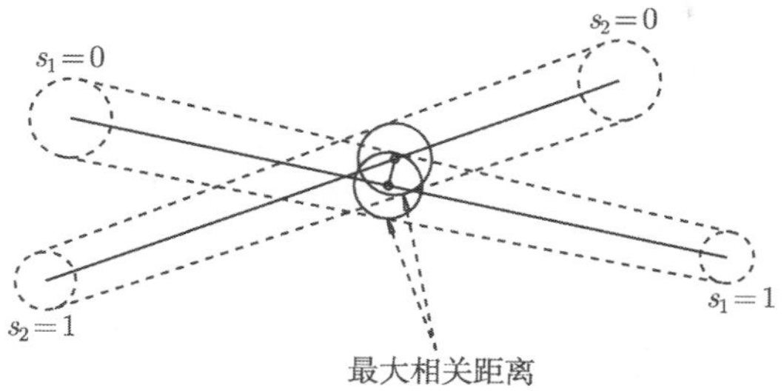

图 3-32　最大相关距离示意图

这样，就把位于所谓的“相交”点处的圆球作为交点的限制空间，换句话说，当“交点”满足条件时，其中第一条边的点应离第二条边尽可能的近，即该点应位于第二条边的限制空间内；同时，第二条边上的点也应位于第一条边规定的限制空间内。

3.7　网格质量探讨

3.7.1　基本要素

一般地，能够在有限时间内，生成足够复杂的网格，同时又能够保证不存在质量差的网格，这种技术还是不存在的。因此，在流场计算之前，把这些质量差的网格标记出来，作出一个合理的评估，从而尽可能将差网格的影响限制在较小的程度，这就是网格质量评估的意义所在。

这里，仅仅通过一些要素的计算，给出哪些单元存在问题，从而清楚有可能在哪些地方存在问题，以便于评估和实施改进措施。主要有以下四个因素：

(1) 单元的非正交性；

(2) 单元的偏移率；

(3) 单元扭曲度；

(4) 单元体积比。

这里需要注意的是，差的网格有可能导致求解质量降低，甚至导致求解失败。通常，网格质量由于非一致网格交汇，尤其当不同大小、厚度的单元交汇时，甚至，即使花费精力生成了块结构网格，也会由于翘曲、各向异性以及网格加密变化，导致网格质量问题。

3.7.2 单元非正交性

这里，主要针对为有限体积法所准备的网格，网格单元应尽可能的正交。为了避免求解质量降低，特别要注意这一点。

单元的非正交可以通过面参数来计算：

$$Q_{\text{orth}} = \frac{\boldsymbol{d} \cdot \boldsymbol{S}}{\|\boldsymbol{d}\| \cdot \|\boldsymbol{S}\|} \tag{3-24}$$

其中，$\boldsymbol{d}$ 为两个连续单元中心距离向量；$\boldsymbol{S}$ 为面法向量。

两个正交的单元，有 $Q_{\text{orth}} = 1$。当单元的各个面都有 $Q_{\text{orth}} < 0.1$ 时，我们把这个单元记为质量差的网格单元。

3.7.3 单元偏移率

单元的偏移率 (相对于一个面)，可以用式 (3-25) 来表征：

$$Q_{\text{offset}} = 1 - \left(\frac{\overline{OF} \cdot \boldsymbol{S}}{V}\right)^{1/3} \tag{3-25}$$

其中，V 为单元体积；$\boldsymbol{S}$ 为面法向量；$\overline{OF}$ 表示两点间的差向量 (图 5-1)，其中，一个点为面中心点，另一个点为连接两单元中心的线段与面的交点。

若两个单元正交，则 $Q_{\text{offset}} = 1$，当单元有一个面符合 $Q_{\text{offset}} < 0.1$ 时，则说明这是一个质量差的单元。

3.7.4 单元扭曲度

单元的扭曲度也需采用最小二乘梯度法计算，第一步，先构建包含相邻单元间的距离向量 (参最小二乘的 $\boldsymbol{C}$ 矩阵构造，详见 5.4.4 节) 的几何矩阵；第二步，由 Jacobi 变换法计算矩阵主值，将最小主值/最大主值的比值作为单元扭曲度的衡量尺度：

$$Q_{\text{LSQ}} = \frac{\min\left(|C_{\text{egv}}|\right)}{\max\left(|C_{\text{egv}}|\right)} \tag{3-26}$$

其中，C_{egv} 为根据最小二乘梯度计算的几何矩阵主值。

对于立方体单元，$Q_{\text{LSQ}} = 1$，类似地，当 $Q_{\text{LSQ}} < 0.1$ 时，说明是质量差的单元。

3.7.5 单元体积比

单元体积比用来表征网格单元特征尺度的连续性。按式 (3-27) 计算：

$$Q_{\text{vol}} = \min\left(\frac{V_1}{V_2}, \frac{V_2}{V_1}\right) \tag{3-27}$$

其中，V_1、V_2 分别表示相邻两个单元体积。

若相邻两单元体积相同，$Q_{\text{vol}} = 1$，若 $Q_{\text{vol}} < 0.1^2$，则表示这是两个质量差的单元。

3.7.6 扭曲校正

在不排除存在质量差的网格的情况下，可以通过网格质量的平均化来减轻局部的缺陷，扭曲校正算法就是一种光滑算法，它通过迭代计算调整网格节点，来获得更好的平均扭曲特征。

设 $P_{i=1:N}\ (N > 3)$ 表示空间不共面 N 个点。用 $P_{i=1:Nbv(f)}$ 为顶点表示一个面 f，其面中心点为 O_f，面法向为 $\boldsymbol{n}_f$。$\forall i \in [1, Nbv(f)]$ 及 $P_{Nbv(f)+1} = P_1$，计算每个平面 $\overline{P_iP_{i+1}}$ 与 $\boldsymbol{n}_f^{\perp}$ 之间夹角的最大值，这样，我们用参数 warp_f 来定义网格 $\mathcal{M}$ 每个面的扭曲度。

$$\forall f \in \mathcal{M}, \quad \text{warp}_f = 90 - \arccos\left(\max_{\forall i \in [1, Nbv(f)]} \left(\cos\left(\overline{P_iP_{i+1}}, \boldsymbol{n}_f\right)\right)\right)\frac{180}{\pi} \tag{3-28}$$

下面讨论扭曲校正算法的具体实现。

1. 扭曲校正算法

扭曲校正算法的原理为采用迭代计算，在面的中间平面上移动角点，在每个迭代步，算法从中间平面向角点趋近，并且不增加相邻表面的扭曲度。

构建由 $\boldsymbol{n}_f$ 和中心点 O 所定义的平面，将角点投影至该平面，由此计算位移量。

对于面 f，角点 P_i 的位移向量为

$$\forall i \in [1, Nbv(f)], \quad \lambda_{P_i}^{f} = \left(\overline{P_iO_f} \cdot \boldsymbol{n}_f\right)\boldsymbol{n}_f \tag{3-29}$$

大多数情况下，一个角点同属于多个面 $f_{j=1:Nbf(P_i)}$，所以，总的位移为

$$\forall f \in \mathcal{M}, \quad \forall i \in [1, Nbv(f)]$$

$$\lambda_{P_i}^{f} = \sum_{j=1:Nbf(P_i)} \lambda_{P_i}^{f_j} \tag{3-30}$$

该位移公式可能会产生问题，例如，当一个大面和一个小面相邻时，大面对应的位移过大，即产生不合理的位移量，导致扭曲度变差。

2. 位移控制

如上所述，为消除这种不合理的位移，这里采用加权计算，保持大面与小面间的平衡。

首先，面加权。在每个迭代步，计算每个面的扭曲度，然后作加权处理，这样，得出位移公式为

$$\forall f \in \mathcal{M}, \quad \forall i \in [1, Nbv(f)], \quad \lambda_{P_i}^f = \sum_{j=1:Nbf(P_i)} \frac{\mathrm{warp}_{f_j}}{\max_{f \in \mathcal{M}} (\mathrm{warp}_f)} \lambda_{P_i}^{f_j} \tag{3-31}$$

其次，角点加权。每次迭代，对每个角点 $P \in \mathcal{M}$，角点的允差为

$$\forall P \in \mathcal{M}, \quad \mathrm{vtxtol}_P = \frac{\min_{P' \in nb(P)} PP'}{\max_{Q \in \mathcal{M}} \left(\min_{Q' \in nb(Q)} QQ'\right)} \tag{3-32}$$

其中，$nb(Q)$ 为点 Q 的第一个相邻点集。

当一个角点所在的边长远小于平均边长时，这个公式可用来减小位移量。这样，位移公式变为

$$\forall f \in \mathcal{M}, \quad \forall i \in [1, Nbv(f)], \quad \lambda_{P_i}^f = \mathrm{vtxtol}_{P_i} \sum_{j=1:Nbf(P_i)} \frac{\mathrm{warp}_{f_j}}{\max_{f \in \mathcal{M}} (\mathrm{warp}_f)} \lambda_{P_i}^{f_j} \tag{3-33}$$

然后，位移系数。为保证较好的收敛特性，所有的角点位移都需乘上一个比例系数 $C_m(C_m \leqslant 1)$，这个系数有助于向合理方向收敛，避免在错误方向作过多的移动。这样，采用位移系数后，位移公式变为

$$\forall f \in \mathcal{M}, \quad \forall i \in [1, Nbv(f)], \quad \lambda_{P_i}^f = C_m \times \mathrm{vtxtol}_{P_i} \sum_{j=1:Nbf(P_i)} \frac{\mathrm{warp}_{f_j}}{\max_{f \in \mathcal{M}} (\mathrm{warp}_f)} \lambda_{P_i}^{f_j} \tag{3-34}$$

最后，最大位移。为避免过度位移导致单元的“反向”，必须对每个角点限制最大位移 $\mathrm{Md} = 0.1 \min_{P \in nb(P)} PP'$。这样，位移公式变为

$$\begin{aligned} &\forall f \in \mathcal{M}, \quad \forall i \in [1, Nbv(f)], \\ &\lambda_{P_i}^f = \min \left(C_m \times \mathrm{vtxtol}_{P_i} \sum_{j=1:Nbf(P_i)} \frac{\mathrm{warp}_{f_j}}{\max_{f \in \mathcal{M}} (\mathrm{warp}_f)} \lambda_{P_i}^{f_j}, \mathrm{Md} \right) \end{aligned} \tag{3-35}$$

3. 终止条件

一旦满足面的扭曲度要求，算法的迭代过程自行终止。这里，有可能存在三种情况。

首先，算法收敛。当第 i 步迭代，满足关系式 $1-\dfrac{\max_{f\in\mathcal{M}}\mathrm{warp}_f^i}{\max_{f\in\mathcal{M}}\mathrm{warp}_f^{i-1}}<1\times10^{-4}$，此时，迭代终止。

其次，算法发散。当第 i 步迭代，有 $\dfrac{\max_{f\in\mathcal{M}}\mathrm{warp}_f^i}{\max_{f\in\mathcal{M}}\mathrm{warp}_f^{i-1}}>1.05$，即当前步比上一步放大 5%以上，迭代终止，此时将第 $i-1$ 步的结果作为最终结果。

第三，达到最大迭代数。当达到最大迭代数时，迭代也自动终止。

至此，完成了扭曲校正算法各方面的讨论。

第 4 章　模型方程及其求解特征

4.1　概　　述

根据第 2 章 N-S 方程可描述最一般的流动，该方程涵盖了层、湍流中各种尺度的复杂信息，但目前仍无法获得其解析解，而且对方程解的存在性、唯一性等尚在研究之中。因此，通过近似简化，例如，当黏性对流动影响不显著，甚至可忽略不计，可用欧拉方程描述流动；再假设流动满足无黏性且无旋，则欧拉方程简化为势流方程。这些构成了 N-S 方程的简化模型。虽然无法获知真实流动全部尺度的信息，但它们为科学研究和工程实践中抓住主要的流动现象及流动现象的主要方面，提供了非常有用的途径。而简化模型提供的信息也有助于我们了解 N-S 方程。

同时，流体力学的基本方程本质上属于一类特殊的偏微分方程，要掌握方程的解法，先要确定方程的数学物理特征，从而能够利用现有的数学方法加以求解。在流体力学中，采用所谓的 "模型方程" 进行分类。一般，模型方程应具备流体力学基本方程的主要特征，同时也应是便于解析求解的简单线性方程。这样，通过解析模型方程的数学物理属性，有助于定性的了解 N-S 方程的流动物理特征。

4.2　模型方程分类

4.2.1　椭圆型方程

首先，介绍一种偏微分方程降阶方法，以拉普拉斯方程为例，它是最常见的二阶偏微分方程，具体如下：

$$\frac{\partial^2 \varPhi}{\partial x^2}+\frac{\partial^2 \varPhi}{\partial y^2}=0 \tag{4-1}$$

取 $u=\dfrac{\partial \varPhi}{\partial x}, v=\dfrac{\partial \varPhi}{\partial y}$，代入式 (4-1) 得

$$\begin{aligned}&\frac{\partial u}{\partial x}+\frac{\partial v}{\partial y}=0\\&\frac{\partial v}{\partial x}-\frac{\partial u}{\partial y}=0\end{aligned} \tag{4-2}$$

这样，二阶方程降阶为一阶方程，记 $\boldsymbol{U}=\begin{bmatrix} u \\ v \end{bmatrix}$，$\boldsymbol{B}=\begin{bmatrix} 0 & 1 \\ -1 & 0 \end{bmatrix}$，式 (4-2) 变为

$$\frac{\partial \boldsymbol{U}}{\partial x}+\boldsymbol{B}\frac{\partial \boldsymbol{U}}{\partial y}=0 \tag{4-3}$$

式 (4-3) 是一阶线性微分方程。为便于后续讨论，我们写出一般的一阶微分方程，具体如下：

$$\boldsymbol{A}\frac{\partial \boldsymbol{U}}{\partial t}+\boldsymbol{B}\frac{\partial \boldsymbol{U}}{\partial x}=\boldsymbol{C} \tag{4-4}$$

若 $\boldsymbol{A}$、$\boldsymbol{B}$ 是 $\boldsymbol{U}$ 的函数，则方程为一阶拟线性微分方程。对空间多维情形，式 (4-4) 变为

$$\boldsymbol{A}\frac{\partial \boldsymbol{U}}{\partial t}+\boldsymbol{B}_i\frac{\partial \boldsymbol{U}}{\partial x_i}=\boldsymbol{C} \tag{4-5}$$

其中，$\boldsymbol{A}$ 是 n 维列向量；$\boldsymbol{B}_i$ 是 n 阶矩阵；$\boldsymbol{C}$ 是 n 维列向量。

数学上，根据矩阵 $\boldsymbol{B}_i$ 的特征值，来判断方程的属性，即求解如下特征方程：

$$|\boldsymbol{B}-\lambda \boldsymbol{I}|=0 \tag{4-6}$$

若方程有 n 个互不相同的非零实根，则方程为双曲型；若方程所有的根均为复数，则方程为椭圆型；若方程全部特征值为 0，则为抛物型；这里提供的是一种便于使用的方法，而目前还没有严格意义上统一的分类法。对于其他情形的分类，读者可参考偏微分方程相关书籍。

这里，对于式 (4-1)，其特征方程为

$$|\boldsymbol{B}-\lambda \boldsymbol{I}|=\begin{vmatrix} -\lambda & 1 \\ -1 & -\lambda \end{vmatrix}=\lambda^2+1=0 \tag{4-7}$$

那么，拉普拉斯方程的两个特征值 $\lambda_1=i$ 和 $\lambda_2=-i$ 均为复数，由此判别为椭圆型方程。

类似地，泊松方程 $\dfrac{\partial^2 \varPhi}{\partial x^2}+\dfrac{\partial^2 \varPhi}{\partial y^2}=f(x,y)$ 也属于典型的椭圆型方程。

4.2.2　双曲型方程

我们再介绍一个典型的数学物理方程，即波动方程：

$$\frac{\partial^2 u}{\partial t^2}=a^2\frac{\partial^2 u}{\partial x^2} \tag{4-8}$$

同样，采用变量代换，取 $p=\dfrac{\partial u}{\partial t}$，$q=\dfrac{\partial u}{\partial x}$，式 (4-8) 转换为线性方程：

$$\begin{aligned} &\frac{\partial p}{\partial t}-a^2\frac{\partial q}{\partial x}=0 \\ &\frac{\partial q}{\partial t}-\frac{\partial p}{\partial x}=0 \end{aligned} \tag{4-9}$$

写成矩阵形式为

$$\frac{\partial}{\partial t}\begin{bmatrix} p \\ q \end{bmatrix} + \begin{bmatrix} 0 & -a^2 \\ -1 & 0 \end{bmatrix} \frac{\partial}{\partial x}\begin{bmatrix} p \\ q \end{bmatrix} = 0 \tag{4-10}$$

矩阵 $\boldsymbol{B} = \begin{bmatrix} 0 & -a^2 \\ -1 & 0 \end{bmatrix}$，其特征方程为

$$|\boldsymbol{B} - \lambda \boldsymbol{I}| = \begin{vmatrix} -\lambda & -a^2 \\ -1 & -\lambda \end{vmatrix} = \lambda^2 - a^2 = 0 \tag{4-11}$$

特征方程有两个实根 $\lambda_1 = a$ 和 $\lambda_2 = -a$，由此可判别该方程为双曲型。典型的双曲型模型方程还有一阶线性对流方程 $\dfrac{\partial u}{\partial t} + c\dfrac{\partial u}{\partial x} = 0$，以及一阶拟线性对流方程 $\dfrac{\partial u}{\partial t} + u\dfrac{\partial u}{\partial x} = 0$。

4.2.3 抛物型方程

最后介绍一个典型数学物理方程，即热传导方程：

$$\frac{\partial u}{\partial t} = \gamma \frac{\partial^2 u}{\partial x^2} \tag{4-12}$$

采用变量代换，取 $q = \dfrac{\partial u}{\partial x}$，将式 (4-12) 转换为线性方程：

$$\begin{aligned} &\frac{\partial u}{\partial x} = q \\ &-\gamma \frac{\partial q}{\partial x} + \frac{\partial u}{\partial t} = 0 \end{aligned} \tag{4-13}$$

写成矩阵形式为

$$\frac{\partial}{\partial x}\begin{bmatrix} u \\ q \end{bmatrix} + \begin{bmatrix} 0 & 0 \\ -\dfrac{1}{\gamma} & 0 \end{bmatrix} \frac{\partial}{\partial t}\begin{bmatrix} u \\ q \end{bmatrix} = 0 \tag{4-14}$$

矩阵 $\boldsymbol{B} = \begin{bmatrix} 0 & 0 \\ -\dfrac{1}{\gamma} & 0 \end{bmatrix}$，其特征方程为

$$|\boldsymbol{B} - \lambda \boldsymbol{I}| = \begin{vmatrix} -\lambda & 0 \\ -\dfrac{1}{\gamma} & -\lambda \end{vmatrix} = \lambda^2 = 0 \tag{4-15}$$

特征方程两个根均为 0，由此可判别该方程为抛物型。

4.3　椭圆型方程

4.2 节中介绍了基本模型方程的分类法，本节及后续各节将介绍各种模型方程的数学性质，以及边界条件的给定方式。

根据第 3 章网格生成的微分法，通过数值计算求解了一般的拉普拉斯方程。容易看出，该方程的解完全由边值条件决定。数学上，椭圆型方程的定解问题归结为边值问题，即求解某一封闭域 Ω 上的 $\Phi(x,y)$ 值，必须在全部边界 Γ 上给出适定的边界条件。对椭圆型方程，一般有三种类型的边界条件。

(1) Dirichlet 边界条件。该条件就是给定函数 $\Phi(x,y)$ 在边界 Γ 上的值

$$\Phi|_{\Gamma}=f(x,y) \tag{4-16}$$

它也称为拉普拉斯方程的第一类边值条件。

(2) Neumann 边界条件。该条件就是给定函数 $\Phi(x,y)$ 在边界 Γ 上的一阶导数值，即外法向导数：

$$\frac{\partial\Phi}{\partial\boldsymbol{n}}|_{\Gamma}=f(x,y) \tag{4-17}$$

它也称为拉普拉斯方程的第二类边值条件。

(3) Robin 边界条件。该条件为函数 $\Phi(x,y)$ 在边界 Γ 上给定如下值

$$\left(a\Phi+b\frac{\partial\Phi}{\partial n}\right)|_{\Gamma}=f(x,y) \tag{4-18}$$

它也称为拉普拉斯方程的第三类边值条件，也称为 Robin 边界条件，实际上是第一和第二种边界条件的组合。

下面取一个长宽为 $a\times b$ 的矩形边界，给定简单边界条件，即在其中三条 (左、右、下) 边界线上函数值取 0，在剩下的 (上) 边界线上取已知函数 $f(x)$，如图 4-1 所示。求解拉普拉斯方程。

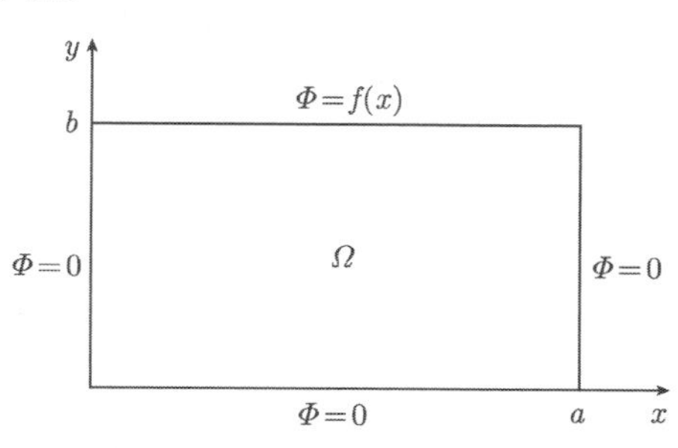

图 4-1　边界几何示意图

假设微分方程的解具有 $\Phi(x,y)=U(x)V(y)$ 形式，其中，$U(x)$ 仅为 x 的函数，$V(y)$ 仅为 y 的函数，代入拉普拉斯方程，再两边同除以 $\Phi(x,y)$，有

$$\frac{1}{U(x)}\frac{\mathrm{d}^2U(x)}{\mathrm{d}x^2}=-\frac{1}{V(y)}\frac{\mathrm{d}^2V(y)}{\mathrm{d}y^2} \tag{4-19}$$

注意到，方程左端仅与 x 相关，右端仅与 y 相关，这样，可以构造一种“分离”常数 k，且满足式 (4-20)，即

$$\begin{aligned}\frac{\mathrm{d}^2U(x)}{\mathrm{d}x^2}&=-kU(x)\\ \frac{\mathrm{d}^2V(y)}{\mathrm{d}y^2}&=kV(y)\end{aligned} \tag{4-20}$$

此时，可自动满足式 (4-19)。根据左右两边的函数值为 0 的边界条件，即要同时满足 $U(0)V(y)=U(a)V(y)=0$，而 $V(y)$ 是任意的，那么，必须有 $U(0)=U(a)=0$。这是一个本征值问题，可得式 (4-20) 的本征值和本征函数为

$$k_n=\left(\frac{n\pi}{a}\right)^2,\quad U_n(x)=b_n\sin\left(\frac{n\pi}{a}x\right),\quad n\in\mathbf{N} \tag{4-21}$$

其中，b_n 为任意常数。将分离常数 k_n 代入式 (4-20) 第二式，得 $V(y)$ 的通解为

$$V_n(y)=c_n\cosh\left(\frac{n\pi}{a}y\right)+d_n\sinh\left(\frac{n\pi}{a}y\right) \tag{4-22}$$

由下边界条件 $U(x)V(0)=0$，而 $U(x)$ 是任意的，那么，必须有 $V(0)=0$，这样，得 $c_n=0$，式 (4-22) 简化为 $V(y)=d_n\sinh\left(\frac{n\pi}{a}y\right)$。这样，拉普拉斯方程的本征解为

$$\Phi_n(x,y)=U_n(x)V_n(y)=b_nd_n\sin\left(\frac{n\pi}{a}x\right)\sinh\left(\frac{n\pi}{a}y\right) \tag{4-23}$$

再通过叠加原理，将本征解叠加，形成方程一般解，有

$$\Phi(x,y)=\sum_{n=1}^{\infty}b_nd_n\sin\left(\frac{n\pi}{a}x\right)\sinh\left(\frac{n\pi}{a}y\right) \tag{4-24}$$

利用上边界条件 $U(x)V(b)=f(x)$，代入式 (4-24)，得 $f(x)=\sum\limits_{n=1}^{\infty}b_nd_n\sinh\left(\frac{bn\pi}{a}\right)\sin\left(\frac{n\pi}{a}x\right)$，其中，$b_nd_n\sinh\left(\frac{bn\pi}{a}\right)$ 为函数 $f(x)$ 的半傅里叶级数的展开系数。这样，可得

$$b_nd_n=\frac{2}{a}\mathrm{csch}\frac{bn\pi}{a}\int_0^a f(x)\sin\left(\frac{n\pi}{a}x\right)\mathrm{d}x \tag{4-25}$$

可见，拉普拉斯方程的通解本身并不是非常复杂，但要保证在每个边界上满足特定的边界条件，这在解析处理的过程却是较为复杂的。实际上，大多数情况下需要用数值方法来求解。

另外，对拉普拉斯方程，上面所给出的三类边界条件在偏微分方程理论中都证明是适定的，且在边界的不同部分可给定不同的类型，即可以是多种条件的组合形式。

4.4　双曲型方程

通常以单向波动方程作为双曲型偏微分方程的模型方程：

$$\frac{\partial u}{\partial t}+a\frac{\partial u}{\partial x}=0 \tag{4-26}$$

其中，a 是常数。下面将其转换为二阶方程的形式，将式 (4-26) 对 t 求偏导数，有

$$\frac{\partial^2 u}{\partial t^2}=-a\frac{\partial^2 u}{\partial x\partial t} \tag{4-27}$$

整理可得

$$\frac{\partial^2 u}{\partial t^2}=a^2\frac{\partial^2 u}{\partial x^2} \tag{4-28}$$

式 (4-28) 即为式 (4-8)。再给出 u 的全导数：

$$\frac{\mathrm{d}u}{\mathrm{d}t}=\frac{\partial u}{\partial x}\frac{\mathrm{d}x}{\mathrm{d}t}+\frac{\partial u}{\partial t} \tag{4-29}$$

若取 $\dfrac{\mathrm{d}x}{\mathrm{d}t}=a$，其解为

$$x=at+\mathrm{const} \tag{4-30}$$

此时，注意到式 (4-29) 右端等于式 (4-26) 左端，记 $\xi=x-at$，将 $u(x,t)=\varphi(\xi)$ 代入式 (4-29)，有

$$\frac{\mathrm{d}u}{\mathrm{d}t}=0 \tag{4-31}$$

也就是说，任意函数 $\varphi(\xi)$ 就是式 (4-29) 的通解，这里的 $x=at+\mathrm{const}$ 代表 (x,t) 平面上的一族直线，它是式 (4-26) 的特征线。容易看出，沿着每一条特征线，u 保持常数，换言之，扰动波沿着每一条特征线传播过程中，不随时间发生变化，且传播速度为 a，如图 4-2 所示。

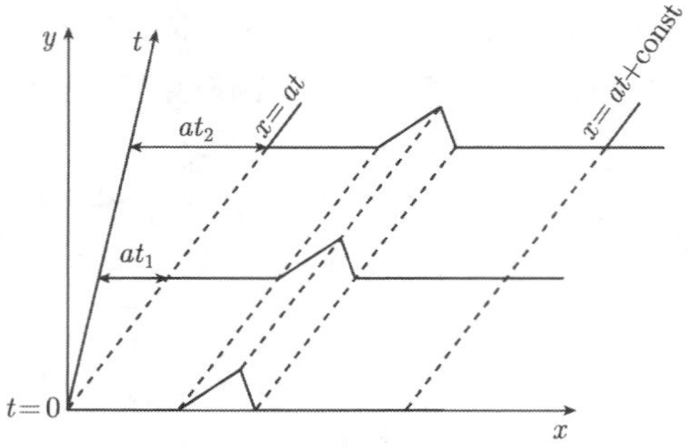

图 4-2　扰动波随特征线传播示意图

下面讨论该模型方程的初值条件。取 t=0，有

$$u(x,0)=\varphi(x) \tag{4-32}$$

即任意函数 $\varphi(x)$ 为模型方程式 (4-26) 的初始条件。下面再讨论该方程的边值条件。

当 $a>0$ 时，在 (x,t) 平面上，特征线 $t=(x-\text{const})/a$ 为正斜率的倾斜直线，从图 4-3(a) 中可以看出，除给定初值条件 $u(x,0)=\varphi(x)$ 外，只需给定左边界上的边界条件，即

$$u(x_1,t)=\psi(t) \tag{4-33}$$

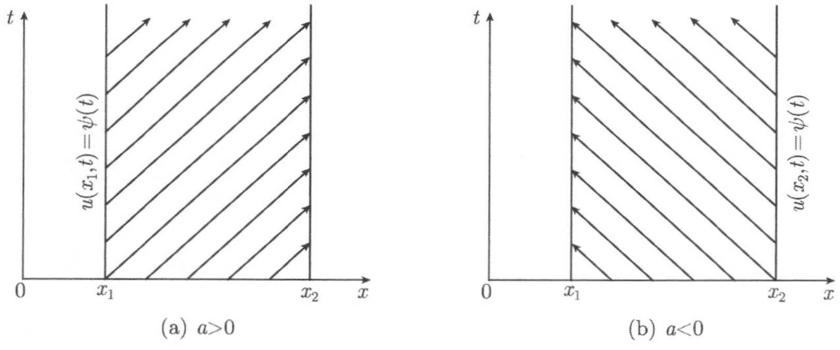

图 4-3　特征线走向与边值条件给定关系示意图

此时，在右边界上，u 完全由初值和左边界值确定，在右边界上不能再给定边界条件，此时的初边值条件是适定的；而此时若在右边界给定边值条件，则称为过定；而在左边界 $x=x_1$ 处不给定，则称为欠定。过定和欠定边界条件在理论上都是不适定的。

当 $a<0$ 时，在 (x,t) 平面上，特征线 $t=(x-\text{const})/a$ 为负斜率的倾斜直线，从图 4-3(b) 中可以看出，除给定初值条件 $u(x,0)=\varphi(x)$ 外，还需给定右边界上

的边界条件，即

$$u\left(x_{2}, t\right)=\psi(t) \tag{4-34}$$

此时，在左边界上，u 完全由初值和右边界值确定，而在左边界上不能再给定边界条件。

综上所述，如果特征线从边界进入求解域内部，则在该边界上应规定边界条件；否则，若特征线从求解域指向边界，则不能在该边界上给定边界条件。

4.5　抛物型方程

4.5.1　热传导

通常以热传导方程作为抛物型偏微分方程的模型方程：

$$\frac{\partial u}{\partial t}=\gamma \frac{\partial^{2} u}{\partial x^{2}} \tag{4-35}$$

该方程描述物理上的扩散问题，在已知初始时刻的温度分布及边界上的温度情况，就可以计算物体在后续时间的温度变化。首先，它的初始条件为

$$u(x, 0)=\varphi(x) \tag{4-36}$$

这里，为求解该方程，采用了傅里叶变换。二元函数 $u(x, t)$ 关于 x 的傅里叶变换记为

$$\mathcal{F}\{u(x, t)\}=U(\omega, t)=\int_{-\infty}^{+\infty} u(x, t) \mathrm{e}^{-\mathrm{i} \omega x} \mathrm{d} x \tag{4-37}$$

再将 $\dfrac{\partial u}{\partial t}$ 对 x 的傅里叶变换记为

$$\mathcal{F}\left\{\frac{\partial u}{\partial t}\right\}=\int_{-\infty}^{+\infty} \frac{\partial u}{\partial t} \mathrm{e}^{-\mathrm{i} \omega x} \mathrm{d} \omega=\frac{\partial}{\partial t} \int_{-\infty}^{+\infty} u \mathrm{e}^{-\mathrm{i} \omega x} \mathrm{d} \omega=\frac{\mathrm{d} U(\omega, t)}{\mathrm{d} t} \tag{4-38}$$

然后，将式 (4-35) 对 x 进行傅里叶变换，得

$$\begin{aligned} & \frac{\mathrm{d} U(\omega, t)}{\mathrm{d} t}=-\gamma \omega^{2} U(\omega, t) \\ & \left.U\right|_{t=0}=\Phi(\omega) \end{aligned} \tag{4-39}$$

其中，U 的初值为 $\varphi(x)$ 的傅里叶变换：

$$\Phi(\omega)=\int_{-\infty}^{+\infty} \varphi(x) \mathrm{e}^{-\mathrm{i} \omega x} \mathrm{d} x \tag{4-40}$$

式 (4-39) 的解为

$$U(\omega,t)=\varPhi(\omega)\,\mathrm{e}^{-\gamma\omega^2t} \tag{4-41}$$

利用傅里叶逆变换，得

$$u(x,t)=\frac{1}{2\pi}\int_{-\infty}^{+\infty}\varPhi(\omega)\,\mathrm{e}^{-\gamma\omega^2t}\mathrm{e}^{\mathrm{i}\omega x}\mathrm{d}\omega \tag{4-42}$$

我们注意到，$\varPhi(\omega)$ 也是积分式，代入后有

$$\begin{aligned}u(x,t)=&\frac{1}{2\pi}\int_{-\infty}^{+\infty}\left[\int_{-\infty}^{+\infty}\varphi(\xi)\,\mathrm{e}^{-\mathrm{i}\omega\xi}\mathrm{d}\xi\right]\mathrm{e}^{-\gamma\omega^2t}\mathrm{e}^{\mathrm{i}\omega x}\mathrm{d}\omega\\=&\frac{1}{2\pi}\int_{-\infty}^{+\infty}\varphi(\xi)\left[\int_{-\infty}^{+\infty}\mathrm{e}^{-\gamma\omega^2t}\mathrm{e}^{-\mathrm{i}\omega(\xi-x)}\mathrm{d}\omega\right]\mathrm{d}\xi\end{aligned} \tag{4-43}$$

取 $X=\xi-x$，式 (4-43) 变为

$$u(x,t)=\frac{1}{2\pi}\int_{-\infty}^{+\infty}\varphi(\xi)\left(\int_{-\infty}^{+\infty}\mathrm{e}^{-\gamma\omega^2t}\mathrm{e}^{-\mathrm{i}\omega X}\mathrm{d}\omega\right)\mathrm{d}\xi \tag{4-44}$$

进一步将中间的积分导出为

$$\int_{-\infty}^{+\infty}\mathrm{e}^{-\gamma\omega^2t}\mathrm{e}^{-\mathrm{i}\omega X}\mathrm{d}\omega=\sqrt{\frac{\pi}{\gamma t}}\mathrm{e}^{\left(-\frac{X^2}{4\gamma t}\right)} \tag{4-45}$$

代入式 (4-44)，有

$$u(x,t)=\frac{1}{2\sqrt{\pi\gamma t}}\int_{-\infty}^{+\infty}\varphi(\xi)\,\mathrm{e}^{\left[-\frac{(\xi-x)^2}{4\gamma t}\right]}\mathrm{d}\xi \tag{4-46}$$

再将式 (4-46) 写为卷积形式：

$$G(x,t)=\begin{cases}\dfrac{\mathrm{e}^{\left(-\frac{x^2}{4\gamma t}\right)}}{2\sqrt{\pi\gamma t}}, & t>0\\ 0, & t\leqslant 0\end{cases} \tag{4-47}$$

假设取初始温度分布为 $\varphi(x)=\delta(x)$，即 δ 函数，代入式 (4-47) 得

$$u(x,t)=\frac{1}{2\sqrt{\pi\gamma t}}\int_{-\infty}^{+\infty}\delta(\xi)\,\mathrm{e}^{\left[-\frac{(\xi-x)^2}{4\gamma t}\right]}\mathrm{d}\xi=\frac{1}{2\sqrt{\pi\gamma t}}\mathrm{e}^{\left(-\frac{x^2}{4\gamma t}\right)} \tag{4-48}$$

这就是式 (4-47) 的卷积，这样，可以理解为初始 t=0 时刻，位于 x=0 处的点源所引起的在任意后续时间 t 的温度分布。而普通的高斯分布函数为

$$G(x)=\frac{\mathrm{e}^{\left(-\frac{x^2}{2\sigma^2}\right)}}{\sqrt{2\pi}\sigma} \tag{4-49}$$

通过对比可以看出，$G(x,t)$ 相当于 $\sigma=\sqrt{2\gamma t}$ 的高斯分布函数。也就说，在任意时刻 t，$G(x,t)$ 均为关于 x 的高斯函数。随着 t 增大，其峰值 $G(0,t)=\dfrac{1}{2\sqrt{\pi\gamma t}}$ 下降，分布范围变宽，同时，它又满足归一条件，即维持分布曲线下的面积不变，即

$$\int_{-\infty}^{+\infty}\frac{1}{2\sqrt{\pi\gamma t}}\mathrm{e}^{\left(-\frac{x^2}{4\gamma t}\right)}\mathrm{d}x=1 \tag{4-50}$$

这反映的是点源在扩散作用下，分布变得越来越宽的物理过程。除了热扩散外，物质浓度扩散也具有相同的特征。但这种扩散下的分布不会发生迁移，如图 4-4(a) 所示。

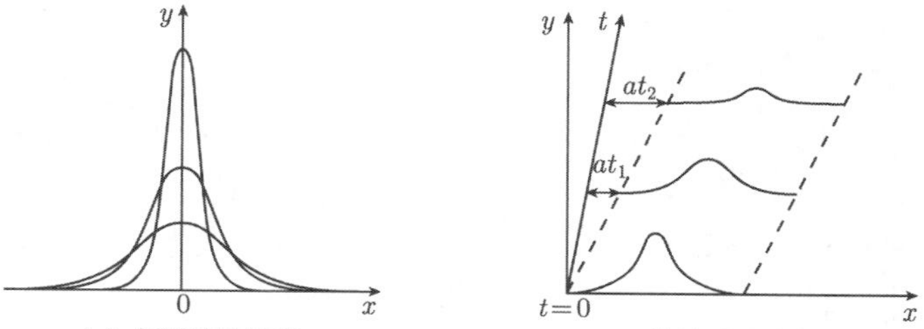

(a) 点源扩散过程　(b) 线性对流扩散过程

图 4-4　点源扩散与线性对流扩散过程的示意图

4.5.2　线性对流扩散

线性 Burgers 方程也是一种常见的抛物型方程，它在形式上与 N-S 方程有相似之处，常作为 N-S 方程的模型方程，从形式上，它兼有波动方程和热传导方程的特征，先给出该方程，具体如下：

$$\frac{\partial u}{\partial t}+a\frac{\partial u}{\partial x}=\gamma\frac{\partial^2 u}{\partial x^2} \tag{4-51}$$

该问题的初值也是 $u(x,0)=\phi(x)$，与热传导问题类似，可解出该方程为

$$u(x,t)=\frac{1}{2\sqrt{\pi\gamma t}}\int_{-\infty}^{+\infty}\phi(\xi)\,\mathrm{e}^{\left[-\frac{(\xi-(x-at))^2}{4\gamma t}\right]}\mathrm{d}\xi \tag{4-52}$$

可见，该函数具有扩散过程，同时又具有传播过程，如图 4-4(b) 所示。

4.6　von Neumann 稳定性分析

在微分方程的数值求解过程中，稳定性几乎是所有计算必须要考虑的首要因素，因此，它也是数值计算的最基本的课题之一。这里结合差分格式，介绍 von Neumann 稳定性分析方法，以及如何判断格式稳定性。

von Neumann 稳定性分析的思想是研究干扰波 e^{ikx} 的扰动传播过程是放大还是衰减，与傅里叶级数方法是类似的，主要用于线性初值问题的稳定性分析。

4.6.1 波动方程

首先，研究波动方程式 (4-26) 差分格式的稳定性。当 $a>0$ 时，方程左端采用显式一阶差分，右端采用迎风差分格式，写出离散方程为

$$\frac{u_j^{n+1}-u_j^n}{\Delta t}+\frac{a}{\Delta x}\left(u_j^n-u_{j-1}^n\right)=0 \tag{4-53}$$

注意，若 $a<0$，则迎风格式将变为

$$\frac{u_j^{n+1}-u_j^n}{\Delta t}+\frac{a}{\Delta x}\left(u_{j+1}^n-u_j^n\right)=0 \tag{4-54}$$

迎风格式最早由 Courant 等 (1952) 提出。所谓迎风格式，就是在构建差分格式时，要注意局部对流的方向，必须用当前节点值和流动方向上游的节点值来构造，如果用矢量描述，如图 4-5 所示，当 $a>0$ 时，流向是从左往右的，u_{j-1}^n 处于 u_j^n 的上游位置，所以有式 (4-53) 成立；而当 $a<0$ 时，流向是从右往左的，u_{j+1}^n 处于 u_j^n 的上游位置，所以有式 (4-54) 成立。

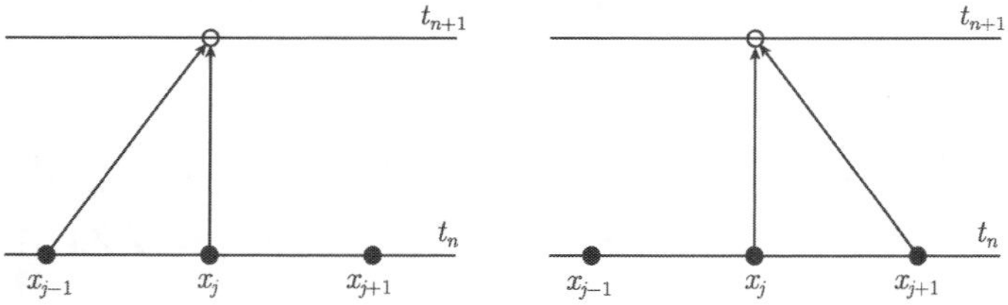

(a) $a>0$　　(b) $a<0$

图 4-5　迎风格式示意图

下面对 $a>0$ 的情形进行分析，将方程整理为

$$u_j^{n+1}=u_j^n-D\left(u_j^n-u_{j-1}^n\right) \tag{4-55}$$

其中，$D=\dfrac{a\Delta t}{\Delta x}$。将扰动 $u\left(x,t_n\right)=e^{ikx}$ 代入式 (4-55)，有

$$u_j^{n+1}=u_j^n-D\left(e^{ik\Delta xj}-e^{ik\Delta x(j-1)}\right)=\left[1-D\left(1-e^{-ik\Delta x}\right)\right]e^{ik\Delta xj} \tag{4-56}$$

将式 (4-56) 中 $e^{-ik\Delta x}$ 表示为三角函数，即 $e^{-ik\Delta x}=\cos(k\Delta x)-i\sin(k\Delta x)$，代入式 (4-56)，有

$$u_j^{n+1}=\left[1-D\left(1-\cos(k\Delta x)+i\sin(k\Delta x)\right)\right]e^{ik\Delta xj} \tag{4-57}$$

记 $G(k)=1-D(1-\cos(k\Delta x))-\mathrm{i}D\sin(k\Delta x)$ 为放大因子，式 (4-57) 简记为

$$u_j^{n+1}=G(k)\,u_j^n \tag{4-58}$$

只有当 $|G(k)|\leqslant 1$ 时，扰动才可能衰减，而此时格式是稳定的。其中，$G(k)$ 是一个复数，它的模为 $|G(k)|=\sqrt{1-2D(1-D)(1-\cos(k\Delta x))}$。注意到，当 $k\Delta x=\pi$ 时，它存在极值 $|G(k)|=\sqrt{1-4D(1-D)}$，令 $|G(k)|\leqslant 1$，可解出 $D=\dfrac{a\Delta t}{\Delta x}\leqslant 1$，此时格式稳定。此处的系数 D 也常称为 Courant 数，或用 CFL 表示。

4.6.2　热传导方程

其次，研究热传导方程的差分离散格式稳定性。将式 (4-35) 左端采用显式一阶差分，右端采用中心差分，写出离散格式为

$$\frac{u_j^{n+1}-u_j^n}{\Delta t}=\gamma\frac{u_{j+1}^n-2u_j^n+u_{j-1}^n}{(\Delta x)^2} \tag{4-59}$$

将式 (4-59) 整理为

$$u_j^{n+1}=u_j^n+D\left(u_{j+1}^n-2u_j^n+u_{j-1}^n\right) \tag{4-60}$$

其中，$D=\dfrac{\gamma\Delta t}{(\Delta x)^2}$。将扰动 $u(x,t_n)=\mathrm{e}^{\mathrm{i}kx}$ 代入式 (4-60)，有

$$\begin{aligned}u_j^{n+1}=&u_j^n+D\left(\mathrm{e}^{\mathrm{i}k\Delta x(j+1)}-2\mathrm{e}^{\mathrm{i}k\Delta xj}+\mathrm{e}^{\mathrm{i}k\Delta x(j-1)}\right)\\=&\left[1+D\left(\mathrm{e}^{\mathrm{i}k\Delta x}-2+\mathrm{e}^{-\mathrm{i}k\Delta x}\right)\right]\mathrm{e}^{\mathrm{i}k\Delta xj}\end{aligned} \tag{4-61}$$

采用欧拉公式 $\left(\mathrm{e}^{\mathrm{i}\theta}+\mathrm{e}^{-\mathrm{i}\theta}\right)/2=\cos(\theta)$，转为三角函数，有

$$\begin{aligned}u_j^{n+1}&=u_j^n+D\left(\mathrm{e}^{\mathrm{i}k\Delta x(j+1)}-2\mathrm{e}^{\mathrm{i}k\Delta xj}+\mathrm{e}^{\mathrm{i}k\Delta x(j-1)}\right)\\&=\left[1-2D(1-\cos(k\Delta x))\right]\mathrm{e}^{\mathrm{i}k\Delta xj}\end{aligned} \tag{4-62}$$

记 $G(k)=1-2D(1-\cos(k\Delta x))$ 为放大因子。只有当 $|G(k)|\leqslant 1$ 时，格式是稳定的。注意到，当 $k\Delta x=\pi$ 时，此时 $G(k)$ 达到极值 $1-4D$，令 $|1-4D|\leqslant 1$，同时，注意到 D 为一正数，这样，有

$$D\leqslant 1/2 \tag{4-63}$$

则采用上述格式时，需满足 $\dfrac{\gamma\Delta t}{(\Delta x)^2}\leqslant\dfrac{1}{2}$，格式才是稳定的。

注意到， 前后两个时间步之间有式 (4-58) 放大关系。 可将该式直接代入式 (4-59)，有

$$\frac{G-1}{\Delta t}=\gamma\frac{\mathrm{e}^{\mathrm{i}k\Delta x}-2+\mathrm{e}^{-\mathrm{i}k\Delta x}}{(\Delta x)^2}=\gamma\frac{2\left[\cos\left(k\Delta x\right)-1\right]}{(\Delta x)^2}\tag{4-64}$$

即可求出放大因子 G。下面我们利用该方法，计算 Crank-Nicolson 格式的放大因子，先写出数值格式如下：

$$\frac{u_j^{n+1}-u_j^n}{\Delta t}=\gamma\frac{1}{2}\left(\frac{u_{j+1}^{n+1}-2u_j^{n+1}+u_{j-1}^{n+1}}{(\Delta x)^2}+\frac{u_{j+1}^n-2u_j^n+u_{j-1}^n}{(\Delta x)^2}\right)\tag{4-65}$$

对 $n+1$ 时间步，注意应用式 (4-58)，式 (4-65) 变为

$$\begin{aligned}\frac{G-1}{\Delta t}&=\gamma\frac{1}{2}\left(G\frac{\mathrm{e}^{\mathrm{i}k\Delta x}-2+\mathrm{e}^{-\mathrm{i}k\Delta x}}{(\Delta x)^2}+\frac{\mathrm{e}^{\mathrm{i}k\Delta x}-2+\mathrm{e}^{-\mathrm{i}k\Delta x}}{(\Delta x)^2}\right)\\&=\frac{\gamma}{2}\left(G+1\right)\frac{2\left[\cos\left(k\Delta x\right)-1\right]}{(\Delta x)^2}\end{aligned}\tag{4-66}$$

记 $D=\dfrac{\gamma\Delta t}{(\Delta x)^2}$，可求出 $G=\dfrac{1-D\left[1-\cos\left(k\Delta x\right)\right]}{1+D\left[1-\cos\left(k\Delta x\right)\right]}$，注意到，该放大因子始终满足 $|G(k)|\leqslant 1$，即该格式是无条件稳定的。

4.6.3 二维热传导方程

二维热传导方程，在式 (4-35) 右端增加一项，代表空间上的二维问题，方程如下：

$$\frac{\partial u}{\partial t}=\gamma\left(\frac{\partial^2 u}{\partial x^2}+\frac{\partial^2 u}{\partial y^2}\right)\tag{4-67}$$

同样，方程左端时间导数项采用显式一阶差分，右端采用中心差分，写出离散格式为

$$\frac{u_j^{n+1}-u_j^n}{\Delta t}=\gamma\left[\frac{u_{i+1,j}^n-2u_{i,j}^n+u_{i-1,j}^n}{(\Delta x)^2}+\frac{u_{i,j+1}^n-2u_{i,j}^n+u_{i,j-1}^n}{(\Delta y)^2}\right]\tag{4-68}$$

将扰动 $u\left(x,t_n\right)=\mathrm{e}^{\mathrm{i}kx}\mathrm{e}^{\mathrm{i}ly}$ 代入式 (4-68)，有

$$\begin{aligned}\frac{G-1}{\Delta t}&=\gamma\left(\frac{\mathrm{e}^{\mathrm{i}k\Delta x}-2+\mathrm{e}^{-\mathrm{i}k\Delta x}}{(\Delta x)^2}+\frac{\mathrm{e}^{\mathrm{i}l\Delta y}-2+\mathrm{e}^{-\mathrm{i}l\Delta y}}{(\Delta y)^2}\right)\\&=\gamma\left[\frac{2\left(\cos\left(k\Delta x\right)-1\right)}{(\Delta x)^2}+\frac{2\left(\cos\left(l\Delta y\right)-1\right)}{(\Delta y)^2}\right]\end{aligned}\tag{4-69}$$

这样，可以求出 $G=1+\left[\dfrac{2\Delta t\left(\cos\left(k\Delta x\right)-1\right)}{\left(\Delta x\right)^2}+\dfrac{2\Delta t\left(\cos\left(l\Delta y\right)-1\right)}{\left(\Delta y\right)^2}\right]$。当 $k\Delta x=l\Delta y=\pi$ 时，G 取得极值 $G=1+\left[\dfrac{-4\Delta t}{\left(\Delta x\right)^2}+\dfrac{-4\Delta t}{\left(\Delta y\right)^2}\right]$，然后，由稳定性条件 $\left|G\left(k,l\right)\right|\leqslant 1$，有

$$\frac{\Delta t}{\left(\Delta x\right)^2}+\frac{\Delta t}{\left(\Delta y\right)^2}\leqslant\frac{1}{2} \tag{4-70}$$

假设取等间距网格，即取 $\Delta x=\Delta y=h$，有 $\Delta t\leqslant\dfrac{h^2}{4}$。

我们注意到，之前在介绍稳定性分析方法的过程中，以及在第 2 章介绍微分法生成网格时，很自然地用到了一些最简单的差分格式，但没有详细展开讨论。下面我们将用一节内容概述差分法的原理、格式、精度分析等理论基础。

4.7　差分法理论基础

涉及微分方程的数值求解，就需要进行方程的离散，具体到不同的时间、空间格式的构建，有限差分方法无疑最具有代表性，以至于很多数值算法的理论基础都是建立在差分法基础之上的，例如，4.6 节介绍的 von Neumann 稳定性分析。

差分法的基本思路，就是采用差分算子代替导数项来近似微分方程。即对计算区域在空间和时间上进行离散，在这些离散的空间和时间点上建立差分方程，求解这些差分方程从而获得微分方程的近似解。

4.7.1　格式构造

这里介绍一种待定系数法，可根据所需精度计算出对应的格式。假设用前一节点 $j-1$、当前节点 j 和后一节点 $j+1$ 来构造一阶导数 $\dfrac{\partial u}{\partial x}$ 的差分格式时，有如下关系式：

$$\frac{\partial u}{\partial x}=\frac{au_{j-1}+bu_j+cu_{j+1}}{\Delta x} \tag{4-71}$$

将 $j-1$ 节点和 $j+1$ 节点的 u 值用泰勒级数展开为

$$\begin{aligned}u_{j-1}&=u_j-\left(\frac{\partial u}{\partial x}\right)_j\Delta x+\frac{1}{2}\left(\frac{\partial^2 u}{\partial x^2}\right)_j\Delta x^2-\frac{1}{6}\left(\frac{\partial^3 u}{\partial x^3}\right)_j\Delta x^3\\u_{j+1}&=u_j+\left(\frac{\partial u}{\partial x}\right)_j\Delta x+\frac{1}{2}\left(\frac{\partial^2 u}{\partial x^2}\right)_j\Delta x^2+\frac{1}{6}\left(\frac{\partial^3 u}{\partial x^3}\right)_j\Delta x^3\end{aligned} \tag{4-72}$$

代入式 (4-71)，整理为

$$(a+b+c)\frac{u_j}{\Delta x}+(c-a-1)\left(\frac{\partial u}{\partial x}\right)_j+\frac{a+c}{2}\left(\frac{\partial^2 u}{\partial x^2}\right)_j\Delta x+\frac{c-a}{6}\left(\frac{\partial^3 u}{\partial x^3}\right)_j\Delta x^2=0 \tag{4-73}$$

略去三阶以上项，若保证等式成立，需满足如下条件：

$$\begin{aligned}&a+b+c=0\\&c-a-1=0\\&a+c=0\end{aligned} \tag{4-74}$$

解出 $a=-\dfrac{1}{2}$，$b=0$，$c=\dfrac{1}{2}$。将系数回代，得

$$\frac{\partial u}{\partial x}=\frac{u_{j+1}-u_{j-1}}{2\Delta x} \tag{4-75}$$

式 (4-75) 即为一阶导数的中心差分格式，因为略去了三阶以上项，所以，它是满足二阶精度的。待定系数法可以根据需要准确构建差分格式。

4.7.2　精度分析

差分格式构造方法并不唯一，例如，观察并利用泰勒展开式 (4-72) 第二式，可得

$$\left(\frac{\partial u}{\partial x}\right)_j=\frac{u_{j+1}-u_j}{\Delta x}+O(\Delta x) \tag{4-76}$$

这就是一阶导数 $\dfrac{\partial u}{\partial x}$ 的向前差分。由式 (4-76) 可见，在导数和差分格式之间产生了一个误差，这个误差称为离散误差或截断误差。这里，其截断误差为 $O(\Delta x)$ 量级的，即向前差分具有一阶精度。同理，将式 (4-72) 第二式减去第一式，有 $\dfrac{\partial u}{\partial x}=\dfrac{u_{j+1}-u_{j-1}}{2\Delta x}+O\left(\Delta x^2\right)$，就是上面曾推导的中心差分格式，此时的截断误差为 $O\left(\Delta x^2\right)$ 量级，即中心差分具有二阶精度。

由此可见，即使同一个导数，所产生的差分格式也不是唯一的。另外，差分法是求解微分方程中最古老的方法，对于不同的微分算子，也已形成了种类繁多的差分格式。这里不再继续展开，读者可以参阅差分法相关资料。

需要注意，我们在后续章节将会介绍有限体积法，其原理是不同于差分法的，但在具体离散过程中，仍然需要用到各种不同的差分格式，这样，上面介绍的格式构造、精度分析等方法也可适用于有限体积法的情形。

4.7.3 代数方程系统

以上介绍了差分的格式构造及精度分析原理，这些是研究差分的理论基础。而在实际当中，我们将应用差分来具体求解某些特定的偏微分方程。这里，我们仅以前面的模型方程为例，通过将微分方程进行时间、空间离散，介绍离散形成的代数方程系统，并适当地讨论边界条件的数值处理方法。

1. *波动方程*

假设沿 x 方向将计算区域等分为 8 段，这样，总共形成 9 个节点。空间离散采用二阶中心差分格式，离散格式写为

$$\frac{\partial u_i}{\partial t}+\frac{a}{2\Delta x}(-u_{i-1}+u_{i+1})=0 \tag{4-77}$$

注意，初值条件已由式 (4-32) 给定，边界条件由式 (4-33) 给定，记 $u_0=\psi(t)$，其余为未知量，即需求解序列 $\boldsymbol{u}=[u_1\ u_2\ u_3\ u_4\ u_5\ u_6\ u_7\ u_8]^{\mathrm{T}}$。依次取 $\boldsymbol{i}=[1\ 8]$，代入式 (4-77)，形成如下方程组：

$$\begin{cases}\dfrac{\partial u_1}{\partial t}+\dfrac{a}{2\Delta x}\{0\quad u_2\quad 0\quad 0\quad 0\quad 0\quad 0\quad 0\}-\dfrac{a}{2\Delta x}u_0=0\\ \dfrac{\partial u_2}{\partial t}+\dfrac{a}{2\Delta x}\{-u_1\quad 0\quad u_3\quad 0\quad 0\quad 0\quad 0\quad 0\}=0\\ \dfrac{\partial u_3}{\partial t}+\dfrac{a}{2\Delta x}\{0\quad -u_2\quad 0\quad u_4\quad 0\quad 0\quad 0\quad 0\}=0\\ \dfrac{\partial u_4}{\partial t}+\dfrac{a}{2\Delta x}\{0\quad 0\quad -u_3\quad 0\quad u_5\quad 0\quad 0\quad 0\}=0\\ \dfrac{\partial u_5}{\partial t}+\dfrac{a}{2\Delta x}\{0\quad 0\quad 0\quad -u_4\quad 0\quad u_6\quad 0\quad 0\}=0\\ \dfrac{\partial u_6}{\partial t}+\dfrac{a}{2\Delta x}\{0\quad 0\quad 0\quad 0\quad -u_5\quad 0\quad u_7\quad 0\}=0\\ \dfrac{\partial u_7}{\partial t}+\dfrac{a}{2\Delta x}\{0\quad 0\quad 0\quad 0\quad 0\quad -u_6\quad 0\quad u_8\}=0\\ \dfrac{\partial u_8}{\partial t}+\dfrac{a}{2\Delta x}\{0\quad 0\quad 0\quad 0\quad 0\quad 0\quad -u_7\quad 0\}+\dfrac{a}{2\Delta x}u_9=0\end{cases} \tag{4-78}$$

注意，式 (4-78) 中最后一行中出现的 u_9 是不存在的。为处理这种情况，这里有两种不同的方法。

1) 改变差分格式

将最后一行的空间离散格式改为 1 阶向后差分，即用待解的第 8 个节点的值 u_8 减去前一个节点的值 u_7，得

$$\frac{\partial u_8}{\partial t}+\frac{a}{2\Delta x}(-2u_7+2u_8)=0 \tag{4-79}$$

这样形成如下的代数方程系统：

$$
\begin{cases}
\dfrac{\partial u_1}{\partial t}+\dfrac{a}{2\Delta x}\{\,0\quad u_2\quad 0\quad 0\quad 0\quad 0\quad 0\quad 0\}-\dfrac{a}{2\Delta x}u_0=0\\
\dfrac{\partial u_2}{\partial t}+\dfrac{a}{2\Delta x}\{\,-u_1\quad 0\quad u_3\quad 0\quad 0\quad 0\quad 0\quad 0\}=0\\
\dfrac{\partial u_3}{\partial t}+\dfrac{a}{2\Delta x}\{\,0\quad -u_2\quad 0\quad u_4\quad 0\quad 0\quad 0\quad 0\}=0\\
\dfrac{\partial u_4}{\partial t}+\dfrac{a}{2\Delta x}\{\,0\quad 0\quad -u_3\quad 0\quad u_5\quad 0\quad 0\quad 0\}=0\\
\dfrac{\partial u_5}{\partial t}+\dfrac{a}{2\Delta x}\{\,0\quad 0\quad 0\quad -u_4\quad 0\quad u_6\quad 0\quad 0\}=0\\
\dfrac{\partial u_6}{\partial t}+\dfrac{a}{2\Delta x}\{\,0\quad 0\quad 0\quad 0\quad -u_5\quad 0\quad u_7\quad 0\}=0\\
\dfrac{\partial u_7}{\partial t}+\dfrac{a}{2\Delta x}\{\,0\quad 0\quad 0\quad 0\quad 0\quad -u_6\quad 0\quad u_8\}=0\\
\dfrac{\partial u_8}{\partial t}+\dfrac{a}{2\Delta x}\{\,0\quad 0\quad 0\quad 0\quad 0\quad 0\quad -2u_7\quad 2u_8\}=0
\end{cases}
\tag{4-80}
$$

记

$$
\boldsymbol{B}=\begin{bmatrix}
0 & 1 & 0 & 0 & 0 & 0 & 0 & 0\\
-1 & 0 & 1 & 0 & 0 & 0 & 0 & 0\\
0 & -1 & 0 & 1 & 0 & 0 & 0 & 0\\
0 & 0 & -1 & 0 & 1 & 0 & 0 & 0\\
0 & 0 & 0 & -1 & 0 & 1 & 0 & 0\\
0 & 0 & 0 & 0 & -1 & 0 & 1 & 0\\
0 & 0 & 0 & 0 & 0 & -1 & 0 & 1\\
0 & 0 & 0 & 0 & 0 & 0 & -2 & 2
\end{bmatrix},\quad \boldsymbol{c}=\left[-\frac{a}{2\Delta x}u_0\ 0\ 0\ 0\ 0\ 0\ 0\ 0\right]^{\mathrm{T}}
$$

这样，代数方程系统简记为

$$
\frac{\partial \boldsymbol{u}}{\partial t}+\frac{a}{2\Delta x}\boldsymbol{B}\boldsymbol{u}+\boldsymbol{c}=0 \tag{4-81}
$$

只需用一个式子来表示整个代数方程组系统，这样标记是非常经济的。

2) 周期性边界

另一种处理方法就是采用周期性边界条件。与前面不同，此时，所有的节点都是未知量，$\boldsymbol{u}=[u_0\ u_1\ u_2\ u_3\ u_4\ u_5\ u_6\ u_7\ u_8]^{\mathrm{T}}$。然后，$u_0$ 左边的节点值 $u_{-1}=u_8$，也就是说，由于是周期性边界，此时，u_0 前面的节点 u_{-1}(实际上是虚拟的，已超出了实际的计算区域) 恢复为计算区域的右端边界节点 u_8。同理，u_8 右边的节点 u_9 恢复为计算区域左端边界节点 u_0。这就是所谓的周期性边界条件。依次取 $\boldsymbol{i}=[0\ 8]$，代入式 (4-77)，这样，方程系统写为

$$\left\{\begin{array}{l}
\dfrac{\partial u_0}{\partial t}+\dfrac{a}{2\Delta x}\{\ 0\quad u_1\quad 0\quad 0\quad 0\quad 0\quad 0\quad 0\quad -u_8\ \}=0\\
\dfrac{\partial u_1}{\partial t}+\dfrac{a}{2\Delta x}\{\ -u_0\quad 0\quad u_2\quad 0\quad 0\quad 0\quad 0\quad 0\quad 0\ \}=0\\
\dfrac{\partial u_2}{\partial t}+\dfrac{a}{2\Delta x}\{\ 0\quad -u_1\quad 0\quad u_3\quad 0\quad 0\quad 0\quad 0\quad 0\ \}=0\\
\dfrac{\partial u_3}{\partial t}+\dfrac{a}{2\Delta x}\{\ 0\quad 0\quad -u_2\quad 0\quad u_4\quad 0\quad 0\quad 0\quad 0\ \}=0\\
\dfrac{\partial u_4}{\partial t}+\dfrac{a}{2\Delta x}\{\ 0\quad 0\quad 0\quad -u_3\quad 0\quad u_5\quad 0\quad 0\quad 0\ \}=0\\
\dfrac{\partial u_5}{\partial t}+\dfrac{a}{2\Delta x}\{\ 0\quad 0\quad 0\quad 0\quad -u_4\quad 0\quad u_6\quad 0\quad 0\ \}=0\\
\dfrac{\partial u_6}{\partial t}+\dfrac{a}{2\Delta x}\{\ 0\quad 0\quad 0\quad 0\quad 0\quad -u_5\quad 0\quad u_7\quad 0\ \}=0\\
\dfrac{\partial u_7}{\partial t}+\dfrac{a}{2\Delta x}\{\ 0\quad 0\quad 0\quad 0\quad 0\quad 0\quad -u_6\quad 0\quad u_8\ \}=0\\
\dfrac{\partial u_8}{\partial t}+\dfrac{a}{2\Delta x}\{\ u_0\quad 0\quad 0\quad 0\quad 0\quad 0\quad 0\quad -u_7\quad 0\ \}=0
\end{array}\right. \tag{4-82}$$

方程组简记为

$$\frac{\partial \boldsymbol{u}}{\partial t}+\frac{a}{2\Delta x}\boldsymbol{B}\boldsymbol{u}=0 \tag{4-83}$$

其中

$$\boldsymbol{B}=\begin{bmatrix}
0 & 1 & 0 & 0 & 0 & 0 & 0 & 0 & -1\\
-1 & 0 & 1 & 0 & 0 & 0 & 0 & 0 & 0\\
0 & -1 & 0 & 1 & 0 & 0 & 0 & 0 & 0\\
0 & 0 & -1 & 0 & 1 & 0 & 0 & 0 & 0\\
0 & 0 & 0 & -1 & 0 & 1 & 0 & 0 & 0\\
0 & 0 & 0 & 0 & -1 & 0 & 1 & 0 & 0\\
0 & 0 & 0 & 0 & 0 & -1 & 0 & 1 & 0\\
0 & 0 & 0 & 0 & 0 & 0 & -1 & 0 & 1\\
1 & 0 & 0 & 0 & 0 & 0 & 0 & -1 & 0
\end{bmatrix}$$

周期性条件在一些特殊场合很有用，例如，对于离心叶轮，可以用周期性条件简化计算模型，只需计算一个周期流道。

2. 热传导方程

采用式 (4-59) 的中心差分格式，将计算区域分为 8 段，初值条件已由式 (4-36)

给定，注意，当时并未指明具体边界条件。下面分别采用两种不同的边界类型，再给出代数方程形成过程。

1) Dirichlet 边界

首先，给定 Dirichlet 边界条件，即左边界值 u_0 及右边界值 u_8 均为已知量，其余为未知量，即需求解序列 $\boldsymbol{u}=[u_1\ u_2\ u_3\ u_4\ u_5\ u_6\ u_7]^{\mathrm{T}}$。依次取 $\boldsymbol{i}=[1\ 7]$，代入式 (4-59)，形成如下方程组：

$$\begin{cases}\dfrac{\partial u_1}{\partial t}=\dfrac{\gamma}{\Delta x^2}\{\ -2u_1\quad u_2\quad 0\quad 0\quad 0\quad 0\quad 0\ \}+\dfrac{\gamma}{\Delta x^2}u_0\\ \dfrac{\partial u_2}{\partial t}=\dfrac{\gamma}{\Delta x^2}\{\ u_1\quad -2u_2\quad u_3\quad 0\quad 0\quad 0\quad 0\ \}\\ \dfrac{\partial u_3}{\partial t}=\dfrac{\gamma}{\Delta x^2}\{\ 0\quad u_2\quad -2u_3\quad u_4\quad 0\quad 0\quad 0\ \}\\ \dfrac{\partial u_4}{\partial t}=\dfrac{\gamma}{\Delta x^2}\{\ 0\quad 0\quad u_3\quad -2u_4\quad u_5\quad 0\quad 0\ \}\\ \dfrac{\partial u_5}{\partial t}=\dfrac{\gamma}{\Delta x^2}\{\ 0\quad 0\quad 0\quad u_4\quad -2u_5\quad u_6\quad 0\ \}\\ \dfrac{\partial u_6}{\partial t}=\dfrac{\gamma}{\Delta x^2}\{\ 0\quad 0\quad 0\quad 0\quad u_5\quad -2u_6\quad u_7\ \}\\ \dfrac{\partial u_7}{\partial t}=\dfrac{\gamma}{\Delta x^2}\{\ 0\quad 0\quad 0\quad 0\quad 0\quad u_6\quad -2u_7\ \}+\dfrac{\gamma}{\Delta x^2}u_8\end{cases}\tag{4-84}$$

这样，记

$$\boldsymbol{B}=\begin{bmatrix}-2&1&0&0&0&0&0\\1&-2&1&0&0&0&0\\0&1&-2&1&0&0&0\\0&0&1&-2&1&0&0\\0&0&0&1&-2&1&0\\0&0&0&0&1&-2&1\\0&0&0&0&0&1&-2\end{bmatrix},\quad \boldsymbol{c}=\left[\frac{\gamma}{\Delta x^2}u_0\ 0\ 0\ 0\ 0\ 0\ \frac{\gamma}{\Delta x^2}u_8\right]^{\mathrm{T}}$$

代数方程系统简记为

$$\frac{\partial \boldsymbol{u}}{\partial t}=\frac{\gamma}{\Delta x^2}\boldsymbol{B}\boldsymbol{u}+\boldsymbol{c}\tag{4-85}$$

2) Neumann 边界

下面，我们再介绍另一种边界条件，此时，给定左端 Dirichlet 边界，即左边界值 u_0 为已知。右端边界条件为 Neumann 边界，即给定一阶导数 $\left(\dfrac{\partial u}{\partial x}\right)_{j=8}=\left(\dfrac{\partial u}{\partial x}\right)_{BC}$ 值。

注意到，这里的 Neumann 边界条件不能直接代入离散方程，需适当转换间接引入该边界条件。先将式 (4-35) 右端的二阶导数 $\dfrac{\partial^2 u}{\partial x^2}$ 用当前节点 j、前一节点 $j-1$ 以及边界节点的一阶导数 $\left(\dfrac{\partial u}{\partial x}\right)_{j+1}$ 来表示，即

$$\left(\frac{\partial^2 u}{\partial x^2}\right)_j = \frac{(au_{j-1}+bu_j)}{\Delta x^2} + \frac{c}{\Delta x}\left(\frac{\partial u}{\partial x}\right)_{j+1} \tag{4-86}$$

其中，a、b 和 c 为待定系数。运用泰勒公式，将 u_{j-1} 和 $\left(\dfrac{\partial u}{\partial x}\right)_{j+1}$ 在 j 点处展开，有

$$\begin{aligned} u_{j-1} &= u_j - \left(\frac{\partial u}{\partial x}\right)_j \Delta x + \frac{1}{2}\left(\frac{\partial^2 u}{\partial x^2}\right)_j \Delta x^2 - \frac{1}{6}\left(\frac{\partial^3 u}{\partial x^3}\right)_j \Delta x^3 + \frac{1}{24}\left(\frac{\partial^4 u}{\partial x^4}\right)_j \Delta x^4 \\ \left(\frac{\partial u}{\partial x}\right)_{j+1}\Delta x &= \left(\frac{\partial u}{\partial x}\right)_j \Delta x + \left(\frac{\partial^2 u}{\partial x^2}\right)_j \Delta x^2 + \frac{1}{2}\left(\frac{\partial^3 u}{\partial x^3}\right)_j \Delta x^3 + \frac{1}{6}\left(\frac{\partial^4 u}{\partial x^4}\right)_j \Delta x^4 \end{aligned} \tag{4-87}$$

代入式 (4-87)，得

$$\begin{aligned} \left(\frac{\partial^2 u}{\partial x^2}\right)_j \Delta x^2 =& a\Bigg[u_j - \left(\frac{\partial u}{\partial x}\right)_j \Delta x + \frac{1}{2}\left(\frac{\partial^2 u}{\partial x^2}\right)_j \Delta x^2 - \frac{1}{6}\left(\frac{\partial^3 u}{\partial x^3}\right)_j \Delta x^3 \\ &+ \frac{1}{24}\left(\frac{\partial^4 u}{\partial x^4}\right)_j \Delta x^4\Bigg] + bu_j + c\Bigg[\left(\frac{\partial u}{\partial x}\right)_j \Delta x \\ &+ \left(\frac{\partial^2 u}{\partial x^2}\right)_j \Delta x^2 + \frac{1}{2}\left(\frac{\partial^3 u}{\partial x^3}\right)_j \Delta x^3 + \frac{1}{6}\left(\frac{\partial^4 u}{\partial x^4}\right)_j \Delta x^4\Bigg] \end{aligned} \tag{4-88}$$

整理为

$$\begin{aligned} &(a+b)\,u_j + (c-a)\left[\left(\frac{\partial u}{\partial x}\right)_j \Delta x\right] + \left(\frac{a}{2}+c-1\right)\left[\left(\frac{\partial^2 u}{\partial x^2}\right)_j \Delta x^2\right] \\ &+ \left(\frac{c}{2}-\frac{a}{6}\right)\left[\left(\frac{\partial^3 u}{\partial x^3}\right)_j \Delta x^3\right] + \left(\frac{a}{24}+\frac{c}{6}\right)\left[\left(\frac{\partial^4 u}{\partial x^4}\right)_j \Delta x^4\right] = 0 \end{aligned} \tag{4-89}$$

忽略三阶以上项，若等式成立，有

$$\begin{aligned} &a+b=0 \\ &c-a=0 \\ &a/2+c-1=0 \end{aligned} \tag{4-90}$$

解式 (4-90) 得 $a=\dfrac{2}{3}$，$b=-\dfrac{2}{3}$，$c=\dfrac{2}{3}$。将系数回代，得

$$\left(\frac{\partial^2 u}{\partial x^2}\right)_j=\frac{(2u_{j-1}-2u_j)}{3\Delta x^2}+\frac{2}{3\Delta x}\left(\frac{\partial u}{\partial x}\right)_{j+1} \tag{4-91}$$

这样，取 $j=7$，注意右边界处 $\left(\dfrac{\partial u}{\partial x}\right)_{j=8}=\left(\dfrac{\partial u}{\partial x}\right)_{BC}$，将方程组写为

$$\begin{cases}\dfrac{\partial u_1}{\partial t}=\dfrac{\gamma}{\Delta x^2}\{\ -2u_1\quad u_2\quad 0\quad 0\quad 0\quad 0\quad 0\ \}+\dfrac{\gamma}{\Delta x^2}u_0\\ \dfrac{\partial u_2}{\partial t}=\dfrac{\gamma}{\Delta x^2}\{\ u_1\quad -2u_2\quad u_3\quad 0\quad 0\quad 0\quad 0\ \}\\ \dfrac{\partial u_3}{\partial t}=\dfrac{\gamma}{\Delta x^2}\{\ 0\quad u_2\quad -2u_3\quad u_4\quad 0\quad 0\quad 0\ \}\\ \dfrac{\partial u_4}{\partial t}=\dfrac{\gamma}{\Delta x^2}\{\ 0\quad 0\quad u_3\quad -2u_4\quad u_5\quad 0\quad 0\ \}\\ \dfrac{\partial u_5}{\partial t}=\dfrac{\gamma}{\Delta x^2}\{\ 0\quad 0\quad 0\quad u_4\quad -2u_5\quad u_6\quad 0\ \}\\ \dfrac{\partial u_6}{\partial t}=\dfrac{\gamma}{\Delta x^2}\{\ 0\quad 0\quad 0\quad 0\quad u_5\quad -2u_6\quad u_7\ \}\\ \dfrac{\partial u_7}{\partial t}=\dfrac{\gamma}{\Delta x^2}\left\{\ 0\quad 0\quad 0\quad 0\quad 0\quad \dfrac{2}{3}u_6\quad -\dfrac{2}{3}u_7\ \right\}+\dfrac{2\Delta x\gamma}{3\Delta x^2}\left(\dfrac{\partial u}{\partial x}\right)_{BC}\end{cases} \tag{4-92}$$

此时

$$\boldsymbol{B}=\begin{bmatrix}-2&1&0&0&0&0&0\\1&-2&1&0&0&0&0\\0&1&-2&1&0&0&0\\0&0&1&-2&1&0&0\\0&0&0&1&-2&1&0\\0&0&0&0&1&-2&1\\0&0&0&0&0&\dfrac{2}{3}&-\dfrac{2}{3}\end{bmatrix}$$

$$\boldsymbol{c}=\left[\frac{\gamma}{\Delta x^2}u_0\ 0\ 0\ 0\ 0\ 0\ \frac{2\Delta x\gamma}{3\Delta x^2}\left(\frac{\partial u}{\partial x}\right)_{BC}\right]^{\mathrm{T}}$$

方程系统仍表示为 $\dfrac{\partial \boldsymbol{u}}{\partial t}=\dfrac{\gamma}{\Delta x^2}\boldsymbol{B}\boldsymbol{u}+\boldsymbol{c}$。这样，通过重新构建离散格式，从而将 Neumann 边界条件很自然地引入到离散代数方程中。通过这些例子，也可看出差分格式的选用，尤其在边界的处理上，是要根据具体情况而定的。另外，也要考虑保证精度，以及注意保证矩阵的正定性。最后，将在第 8 章讨论如何求解上述系统。

第5章　有限体积方法基本原理

5.1　控制方程组

第 2 章对最一般的流动基本方程进行了推导，而实际流动问题更为复杂，往往涉及湍流以及热、质传递等，因此，本章首先将对整个方程作一个系统的整理。由于篇幅所限，将略去所涉及的具体中间过程的推导，有兴趣的读者可以参考相应的文献。

5.1.1　连续方程

式 (2-6) 已给出一般流动的连续方程，实际流体也可能涉及质的传递，因此，相应的方程变为

$$\frac{\partial \rho}{\partial t}+\nabla\cdot(\rho \boldsymbol{u})=\Gamma \tag{5-1}$$

该式适用于存在质量源 Γ 的流动情形，一般情况下 Γ 通常为 0。第 2 章采用 $\boldsymbol{V}$ 标记速度向量，即取英文“Velocity”首字母之意，这里将其改记为 $\boldsymbol{u}$，以保持与大多数经典记法一致。

5.1.2　动量方程

动量方程式 (2-36) 左端是拉格朗日算子，并不太好理解。这里给出一种更直观的推导，即以 $\rho\boldsymbol{u}$ 表示动量，那么，式 (2-36) 左端变为

$$\rho\frac{\mathrm{D}\boldsymbol{u}}{\mathrm{D}t}=\frac{\mathrm{d}}{\mathrm{d}t}\left(\int_{\Omega}\rho\boldsymbol{u}\mathrm{d}\Omega\right) \tag{5-2}$$

动量总的变化包括体积内部与穿过外表面的动量变化之和，也称为雷诺传输定理，即

$$\frac{\mathrm{d}}{\mathrm{d}t}\left(\int_{\Omega}\rho\boldsymbol{u}\mathrm{d}\Omega\right)=\int_{\Omega}\frac{\partial(\rho\boldsymbol{u})}{\partial t}\mathrm{d}\Omega+\int_{\partial\Omega}\boldsymbol{u}\otimes\rho\boldsymbol{u}\cdot\mathrm{d}S \tag{5-3}$$

由高斯公式得

$$\frac{\mathrm{d}}{\mathrm{d}t}\left(\int_{\Omega}\rho\boldsymbol{u}\mathrm{d}\Omega\right)=\int_{\Omega}\left[\frac{\partial(\rho\boldsymbol{u})}{\partial t}+\nabla\cdot(\boldsymbol{u}\otimes\rho\boldsymbol{u})\right]\mathrm{d}\Omega \tag{5-4}$$

代入式 (2-36)，记 $\nabla\boldsymbol{u}=\dfrac{\partial u_i}{\partial x_j}$，$\nabla\boldsymbol{u}^{\mathrm{T}}=\dfrac{\partial u_j}{\partial x_i}$，变为

$$\frac{\partial(\rho\boldsymbol{u})}{\partial t}+\nabla\cdot(\boldsymbol{u}\otimes\rho\boldsymbol{u})=\rho\boldsymbol{g}-\nabla p+\nabla\cdot\left[\mu\left(\nabla\boldsymbol{u}+\nabla\boldsymbol{u}^{\mathrm{T}}\right)+\delta_{ij}\lambda\nabla\cdot\boldsymbol{u}\right] \tag{5-5}$$

该式为守恒型的 N-S 方程。

在离散方程组的过程中，我们将动量源项分为用户显式源项 $ST_{\boldsymbol{u}}$、隐式源项 $\boldsymbol{ku}$ 以及用户自定义隐式附加源项 $\Gamma\boldsymbol{u}^{\text{in}}$ (上标取 injection 的前两个字母，通常情况一般为 0)。这样，方程写为

$$\frac{\partial\rho\boldsymbol{u}}{\partial t}+\nabla\cdot(\boldsymbol{u}\otimes\rho\boldsymbol{u})=\rho\boldsymbol{g}-\nabla p+\nabla\cdot\left[\mu\left(\nabla\boldsymbol{u}+\nabla\boldsymbol{u}^{\mathrm{T}}\right)+\delta_{ij}\lambda\nabla\cdot\boldsymbol{u}\right]+ST_{\boldsymbol{u}}-\boldsymbol{ku}+\Gamma\boldsymbol{u}^{\text{in}} \tag{5-6}$$

式 (5-6) 是守恒型的形式，根据算子关系 $\nabla\cdot(\boldsymbol{u}\otimes\rho\boldsymbol{u})=\rho\boldsymbol{u}\cdot\nabla\boldsymbol{u}+\boldsymbol{u}\nabla\cdot(\rho\boldsymbol{u})$，左端变为

$$\frac{\partial\rho\boldsymbol{u}}{\partial t}+\nabla\cdot(\boldsymbol{u}\otimes\rho\boldsymbol{u})=\rho\frac{\partial\boldsymbol{u}}{\partial t}+\boldsymbol{u}\frac{\partial\rho}{\partial t}+\rho\boldsymbol{u}\cdot\nabla\boldsymbol{u}+\boldsymbol{u}\nabla\cdot(\rho\boldsymbol{u}) \tag{5-7}$$

代入连续方程 $\dfrac{\partial\rho}{\partial t}+\nabla\cdot(\rho\boldsymbol{u})=\Gamma$，有

$$\frac{\partial\rho\boldsymbol{u}}{\partial t}+\nabla\cdot(\boldsymbol{u}\otimes\rho\boldsymbol{u})=\rho\frac{\partial\boldsymbol{u}}{\partial t}+\rho\boldsymbol{u}\cdot\nabla\boldsymbol{u}+\boldsymbol{u}\Gamma \tag{5-8}$$

式 (5-8) 是非守恒型的。这样，非守恒的 N-S 方程可以写为

$$\rho\frac{\partial\boldsymbol{u}}{\partial t}+\rho\boldsymbol{u}\cdot\nabla\boldsymbol{u}=\rho\boldsymbol{g}-\nabla p+\nabla\cdot\left[\mu\left(\nabla\boldsymbol{u}+\nabla\boldsymbol{u}^{\mathrm{T}}\right)+\delta_{ij}\lambda\nabla\cdot\boldsymbol{u}\right]+ST_{\boldsymbol{u}}-\boldsymbol{ku}+\Gamma\left(\boldsymbol{u}^{\text{in}}-\boldsymbol{u}\right) \tag{5-9}$$

注意，式 (5-9) 中 $\boldsymbol{k}$ 是对称正定张量。

5.1.3　雷诺平均 N-S 方程

根据 Faver 定律，记 $\boldsymbol{u}=\bar{\boldsymbol{u}}+\boldsymbol{u}'$，并代入式 (5-9)，有

$$\begin{aligned}\rho\frac{\partial\bar{\boldsymbol{u}}}{\partial t}+\rho\bar{\boldsymbol{u}}\cdot\nabla\boldsymbol{u}=&\rho\boldsymbol{g}-\nabla\bar{p}+\nabla\cdot\left[\mu\left(\nabla\bar{\boldsymbol{u}}+\nabla\bar{\boldsymbol{u}}^{\mathrm{T}}\right)+\delta_{ij}\lambda\nabla\cdot\bar{\boldsymbol{u}}\right]-\nabla\cdot(\rho\boldsymbol{R})\\&+ST_{\bar{\boldsymbol{u}}}-\boldsymbol{k}\bar{\boldsymbol{u}}+\Gamma\left(\bar{\boldsymbol{u}}^{\text{in}}-\bar{\boldsymbol{u}}\right)\end{aligned} \tag{5-10}$$

其中，$\boldsymbol{R}$ 称为雷诺应力张量，记为

$$\boldsymbol{R}=\overline{\boldsymbol{u}'\otimes\boldsymbol{u}'} \tag{5-11}$$

具体的形式根据封闭模式的不同而定，这里介绍常用的几种。

1) 涡黏模型

假设雷诺应力与平均流的应变率张量 ($\boldsymbol{S}^D=\dfrac{1}{2}\left(\nabla\boldsymbol{u}+\nabla\boldsymbol{u}^{\mathrm{T}}\right)$) 呈线性关系，则有

$$\rho\boldsymbol{R}=\frac{2}{3}\rho k\boldsymbol{I}-2\mu_T\boldsymbol{S}^D \tag{5-12}$$

湍动能 $k=\dfrac{1}{2}\mathrm{tr}\left(\boldsymbol{R}\right)$。算子 $\mathrm{tr}\left(\boldsymbol{R}\right)$ 表示求张量 $\boldsymbol{R}$ 的迹，μ_T 称为湍动黏度，必须通过模化封闭。

2) 微分雷诺应力 (DRSM)

它是求解雷诺应力分量的传输微分方程，主要有 Launder、Reece 及 Rodi(LRR) 和 Spezial、Sarkar 及 Gatski(SSG) 两种。

3) 大涡模拟 (LES)

LES 方法采用空间滤波，运用滤波器，得

$$\rho\frac{\partial\tilde{\boldsymbol{u}}}{\partial t}+\rho\tilde{\boldsymbol{u}}\cdot\nabla\tilde{\boldsymbol{u}}=\rho\boldsymbol{g}-\nabla\tilde{p}+\nabla\cdot\left(2\mu\tilde{\boldsymbol{S}}^D\right)-\nabla\cdot\left(\rho\widetilde{\boldsymbol{u}'\otimes\boldsymbol{u}'}\right)+ST_{\boldsymbol{u}}-\boldsymbol{k}\tilde{\boldsymbol{u}}+\Gamma\left(\tilde{\boldsymbol{u}}^{\mathrm{in}}-\tilde{\boldsymbol{u}}\right) \tag{5-13}$$

其中，$\boldsymbol{u}'$ 为脉动项；对多出来的项 $\widetilde{\boldsymbol{u}'\otimes\boldsymbol{u}'}$，采用涡黏假设：

$$\widetilde{\boldsymbol{u}'\otimes\boldsymbol{u}'}=\frac{2}{3}k\boldsymbol{I}-2\mu_T\tilde{\boldsymbol{S}}^D \tag{5-14}$$

其中，湍动黏度 μ_T 表示亚格子效应。

4) 统一形式

为表述简便，将速度场统一记为$\boldsymbol{u}$，可用于表示层流场、RANS 中的 $\bar{\boldsymbol{u}}$ 以及 LES 中的 $\tilde{\boldsymbol{u}}$。同时，修改方程右端的压力项，记 $p^*=p-\rho_0\boldsymbol{g}\cdot\boldsymbol{r}+\dfrac{2}{3}\rho k$，使其包含更多项 (使其进入梯度算子，并没有特别的物理意义)。其中，ρ_0 为参考常数密度场。这样，方程统一写为

$$\begin{aligned}\rho\frac{\partial\boldsymbol{u}}{\partial t}+\rho\boldsymbol{u}\cdot\nabla\boldsymbol{u}=&\left(\rho-\rho_0\right)\boldsymbol{g}-\nabla p^*+\nabla\cdot\left[2\left(\mu+\mu_T\right)\boldsymbol{S}^D\right]-\nabla\cdot\left(\rho\boldsymbol{R}-2\mu_T\boldsymbol{S}^D\right)\\&+ST_{\boldsymbol{u}}-\boldsymbol{k}\boldsymbol{u}+\Gamma\left(\boldsymbol{u}^{\mathrm{in}}-\boldsymbol{u}\right)\end{aligned} \tag{5-15}$$

5.1.4　热方程

1. 能量方程

$$\rho\frac{\mathrm{d}e}{\mathrm{d}t}=-\nabla\cdot q''+q'''-p\nabla\cdot\boldsymbol{u}+\mu S^2 \tag{5-16}$$

其中，e 为比内能；q'' 为热流量向量；q''' 为内热生成速率或热耗散率；S^2 定义如下：

$$S^2=2\boldsymbol{S}^D{:}\boldsymbol{S}^D \tag{5-17}$$

其中，“:” 表示张量二次收缩，根据傅里叶热导定律，有

$$q''=-\lambda\nabla T \tag{5-18}$$

其中，λ 为热导率；T 为温度标量。

2. 焓方程

热力学定义焓为

$$h = e + \frac{p}{\rho} \tag{5-19}$$

对式 (5-19) 运用拉格朗日导数，有

$$\frac{\mathrm{d}h}{\mathrm{d}t} = \frac{\mathrm{d}e}{\mathrm{d}t} + \frac{1}{\rho}\frac{\mathrm{d}p}{\mathrm{d}t} - \frac{p}{\rho^2}\frac{\mathrm{d}\rho}{\mathrm{d}t} \tag{5-20}$$

将式 (5-16) 代入式 (5-20)，有

$$\begin{aligned}\frac{\mathrm{d}h}{\mathrm{d}t} &= \nabla\cdot(\lambda\nabla T) + q''' - p\nabla\cdot\boldsymbol{u} + \mu S^2 + \frac{\mathrm{d}p}{\mathrm{d}t} - \frac{p}{\rho}\frac{\mathrm{d}\rho}{\mathrm{d}t} \\ &= \nabla\cdot(\lambda\nabla T) + q''' + \mu S^2 + \frac{\mathrm{d}p}{\mathrm{d}t} - \frac{p}{\rho}\left(\frac{\mathrm{d}\rho}{\mathrm{d}t} + \rho\nabla\cdot\boldsymbol{u}\right) \\ &= \nabla\cdot(\lambda\nabla T) + q''' + \mu S^2 + \frac{\mathrm{d}p}{\mathrm{d}t}\end{aligned} \tag{5-21}$$

这里用的是 h 而非 T，而对于纯物质，根据麦克斯韦关系式，有

$$\frac{\mathrm{d}h}{\mathrm{d}t} = C_p\mathrm{d}T + \frac{1}{\rho}(1-\beta T)\,\mathrm{d}p \tag{5-22}$$

其中，β 为热膨胀系数，定义为

$$\beta = -\frac{1}{\rho}\frac{\partial\rho}{\partial t}\bigg|_p \tag{5-23}$$

因此，式 (5-21) 变为

$$\frac{\mathrm{d}h}{\mathrm{d}t} = \nabla\cdot\left[\frac{\lambda}{C_p}\left(\nabla h - \frac{1-\beta T}{\rho}\nabla p\right)\right] + q''' + \mu S^2 + \frac{\mathrm{d}p}{\mathrm{d}t} \tag{5-24}$$

对于不可压缩流动，βT 与 1 相比几乎可以忽略。而且，对于理想气体，$\beta = 1/T$，所以有如下简单关系：

$$\mathrm{d}h = C_p\mathrm{d}T \tag{5-25}$$

3. 温度方程

为将式 (5-21) 转换为温度方程，用到如下关系：

$$\frac{\partial s}{\partial p}\bigg|_T = -\frac{\partial(1/\rho)}{\partial T}\bigg|_p = \frac{1}{\rho^2}\frac{\partial\rho}{\partial T}\bigg|_p = -\frac{\beta}{\rho} \tag{5-26}$$

同时有

$$\frac{\lambda}{C_p}\left(\nabla h - \frac{1-\beta T}{\rho}\nabla p\right) = \lambda\nabla T \tag{5-27}$$

因此，式 (5-24) 变为

$$\rho C_p \frac{\mathrm{d}T}{\mathrm{d}t} = \nabla \cdot (\lambda \nabla T) + \beta T \frac{\mathrm{d}p}{\mathrm{d}t} + q''' + \mu S^2 \tag{5-28}$$

式 (5-28) 也可作进一步简化，有：

(1) 对于理想气体，$\beta = 1/T$，变为

$$\rho C_p \frac{\mathrm{d}T}{\mathrm{d}t} = \nabla \cdot (\lambda \nabla T) + \frac{\mathrm{d}p}{\mathrm{d}t} + q''' + \mu S^2 \tag{5-29}$$

(2) 不可压缩流体，$\beta = 0$，$q''' = 0$，通常忽略 μS^2 项，变为

$$\rho C_p \frac{\mathrm{d}T}{\mathrm{d}t} = \nabla \cdot (\lambda \nabla T) \tag{5-30}$$

5.1.5　标量传输方程

这里共考虑两种类型的传输方程。

(1) 带源项的标量对流方程：

$$\frac{\partial(\rho a)}{\partial t} + \underbrace{\nabla \cdot (a(\rho \boldsymbol{u}))}_{\text{对流项}} - \underbrace{\nabla \cdot (K \nabla a)}_{\text{扩散项}} = ST_a + \varGamma a^{\text{in}} \tag{5-31}$$

(2) 带源项的微变量对流方程：

$$\frac{\partial\left(\rho \widetilde{a''^2}\right)}{\partial t} + \underbrace{\nabla \cdot \left(\widetilde{a''^2}(\rho \boldsymbol{u})\right)}_{\text{对流项}} - \underbrace{\nabla \cdot \left(K \nabla \widetilde{a''^2}\right)}_{\text{扩散项}} = ST_{\widetilde{a''^2}} + \varGamma \widetilde{a''^2}^{\text{in}} + \underbrace{2\frac{\mu_t}{\sigma_t}(\nabla \tilde{a})^2}_{\text{产生项}} - \underbrace{\frac{\rho \varepsilon}{R_f k}\widetilde{a''^2}}_{\text{耗散项}} \tag{5-32}$$

这两个方程可以采用统一的形式：

$$\frac{\partial \rho Y}{\partial t} + \nabla \cdot (\rho \boldsymbol{u} Y) - \nabla \cdot (K \nabla Y) = ST_Y + \varGamma Y^{\text{in}} + P_Y - \varepsilon_Y \tag{5-33}$$

其中

$$P_Y - \varepsilon_Y = \begin{cases} 0, & Y = a \\ 2\dfrac{\mu_t}{\sigma_t}(\nabla \tilde{a})^2 - \dfrac{\rho \varepsilon}{R_f k}\widetilde{a''^2}, & Y = \widetilde{a''^2} \end{cases} \tag{5-34}$$

ST_Y 表示附加源项，根据实际需要给定。

5.2 网格与变量的布置方式

5.2.1 网格选择

由于第 3 章的讨论仅适用于较简单的情形，而工程流动通常涉及非常复杂的几何边界，另外，第 3 章是在网格生成的角度，针对的是具体的网格生成原理、方法。这里需要换一个视角，从流动问题求解和算法构造角度，对网格的特性重新进行一次梳理，为网格的选择提供一个概要的分析。

1. 结构网格

此时同一组网格线彼此之间并不相交，不同组网格线只相交一次，这样对网格标记就非常简便，整个计算域只需用指标 (i,j,k) 就可完成标记。结构网格可以是 H 型、O 型或者 C 型；这种称谓源于网格线的形状。对于有着明显的东、南、西、北四个边界的情形，称为 H 型。O 型常见于绕圆柱流动情形，其中一组网格线是首尾封闭的，此时需要引入一条分割线。例如，以圆柱的圆心为极坐标原点，当角度坐标不断增加时，为防止角度无限增长，规定达到一个圆周后自动归零，此时，角度为 0 的这条边界线就是分割线。实际上，这条分割线兼有两个边界的功能，一方面是角度坐标的起点，同时又是角度坐标的终点。从这个角度考虑，它也可以视为一种特殊的 H 型网格。C 型网格多见于翼型绕流情形，此时机翼的后缘是尖点，沿着这一点的坐标线也常被用做切割线，其原理与 O 型网格类似。

2. 块结构网格

此时有两个或以上数目结构上相互毗邻的子块，大的块可以采用粗网格，小的块可以用细网格。当毗邻边界上的网格点完全重合时，称为匹配型交界面，当网格点不重合时，称为非匹配型交界面，显然，后者的自由度更大，但此时需要块与块之间交界面上物理量的插值处理，通常采用双线性插值 (二维) 和三线性插值 (三维)。目前，这种块结构网格依然是处理复杂几何边界的一种高质量方法。

3. 非结构网格

常为三角形 (二维) 和四面体 (三维)，它取消了对网格在结构上的限制，网格单元可以任意布置，因此，几何灵活性更强，对复杂几何适应更好。但对非结构网格的认识上还存在几个疑问，例如：首先，非结构网格的求解效率较低，并且影响流动求解精度；其次，无法生成边界层流动所需的贴体高长宽比网格。虽然存在类似的疑问，但毋庸置疑，基于非结构的流动求解算法是最具灵活性的。

4. 重叠网格

这种网格常见于流动区域有单个或多个运动物体的情形，一般的方法需在固体边界位置变化后，重新界定流体区域并划分网格，这样往往令计算量倍增。采用重叠网格时，流体区域不用重新划分网格，只需更新固体位置并重新计算重叠区域网格。在处理重叠网格时用到插值以及边界搜索，仍然会有可观的计算量，但重叠网格无疑是处理这类流动问题非常有效的方法。

通过有关网格基本情况的介绍，可以明显看到，每种网格各有其优缺点，而具体网格的选择是依赖于所需解决的具体问题。

5.2.2　变量布置选择

1. 交错网格

交错网格算法构造中，将速度放在单元边界面上，将压力等标量放在网格单元中心，这种方法曾经获得流行，例如，在块结构网格上取得非常大的成功。但采用两种网格给编程和变量存储带来了一些麻烦。还存在的问题是，很难推广至非结构网格。

2. 同位网格

同位网格算法构造中，所有变量共用同一套网格，这样做还避免了不同网格之间的插值交换，因此，基于同位网格的算法获得了很大的成功。

同时，在对算法精度的认识上也存在一些疑问，例如，有些学者证明在正交笛卡儿网格下，基于交错网格的算法精度上略优于同位网格，并且，近年来随着 LES 和 DNS 机理研究的逐渐增多，反而促成交错网格重新获得一定范围的应用。

对于复杂几何及工程流动问题的数值计算，基于同位网格算法在灵活性上的优势更加明显，而且，它能够完全无缝对接任意形状的网格单元，因此，非结构同位网格算法是非常值得研究和推广的。

5.3　时间离散

将物性参数，如 ρ、K、μ_t 等统一记为 $\varPhi$，而将待求变量，如 $\boldsymbol{u}$、k、ε 等统一记为 φ，对于速度、湍动量以及标量，通用对流方程写为

$$\rho\frac{\partial Y}{\partial t}+\nabla Y\cdot(\rho\boldsymbol{u})-\nabla\cdot(K\nabla Y)=S_i(\varPhi,\varphi)Y+S_e(\varPhi,\varphi)+\varGamma\left(Y^{\text{in}}-Y\right) \tag{5-35}$$

其中，$S_i(\varPhi,\varphi)Y$ 为源项的线性部分，也称为隐式部分；$S_e(\varPhi,\varphi)$ 包含其他所有源项。这样，根据需要，对于不同的部分采用不同的时间格式，主要有如下几种：

(1) 用 θ 时步表示通用变量 Y 的时间格式为 $Y^{n+\theta}=\theta Y^{n+1}+(1-\theta)Y^n$；

(2) 用 θ_Φ 时步表示物性参数 Φ 的时间格式；

(3) 用 θ_F 时步表示质量流量；

(4) 用 θ_S 时步表示源项。

对于 θ 的取值，通常有两种，即 $\theta=1$ 和 $\theta=1/2$，第一种为隐式一阶欧拉格式，第二种为二阶 Crank-Nicolson 格式。下面将分别介绍其他几种情况。

5.3.1 物性参数

1) 采用显式格式

此时，物性参数，如 ρ、K、μ_t 等统一定义在第 n 时间步。

2) 采用 Adam-Bashforth 时间格式

用一般的表达式写为

$$\Phi^{n+\theta_\Phi}=(1+\theta_\Phi)\,\Phi^n-\theta_\Phi\Phi^{n-1} \tag{5-36}$$

$$P_Y-\varepsilon_Y=\begin{cases}\theta_\Phi=0, & \text{标准显式格式}\\ \theta_\Phi=1/2, & \text{在}n+1/2\text{时步二阶插值格式}\\ \theta_\Phi=1, & \text{在}n+1\text{时步一阶插值格式}\end{cases} \tag{5-37}$$

5.3.2 质量流量

对于质量流量的计算，有如下三种时间格式。

(1) 显式格式，对动量方程取第 n 时间步，而对湍动及其他标量输运方程取第 $n+1$ 时间步的更新值。

(2) 显式格式，对动量方程、湍动及其他标量输运方程都采用第 n 时间步。

(3) 在第 $n+\theta_F$ 时间步插值 (若 $\theta_F=1/2$，则具有二阶精度)，对动量方程，$(\rho\boldsymbol{u})^{n-2+\theta_F}$ 和 $(\rho\boldsymbol{u})^{n-1+\theta_F}$ 已知。因此，$n+\theta_F$ 步的值由如下插值获得：

$$(\rho\boldsymbol{u})^{n+\theta_F}=2\,(\rho\boldsymbol{u})^{n-1+\theta_F}-(\rho\boldsymbol{u})^{n-2+\theta_F} \tag{5-38}$$

在这一步 (压力校正步) 后，$(\rho\boldsymbol{u})^{n+1}$ 为已知，这样，对于湍动量及其他标量输运方程，可以采用下面的插值公式计算 $n+\theta_F$ 步的值：

$$(\rho\boldsymbol{u})^{n+\theta_F}=\frac{1}{2-\theta_F}\,(\rho\boldsymbol{u})^{n+1}-\frac{1-\theta_F}{2-\theta_F}\,(\rho\boldsymbol{u})^{n-1+\theta_F} \tag{5-39}$$

5.3.3 源项

对于物性参数，显式源项有如下两种。

(1) 显式：

$$[S_e\,(\Phi,\varphi)]^n=S_e\left(\Phi^{n+\theta_\Phi},\varphi^n\right) \tag{5-40}$$

(2) 在第 $n+\theta_F$ 时间步采用 Adam-Bashforth 插值格式：

$$[S_e(\Phi,\varphi)]^{n+\theta_S}=(1+\theta_S)\,S_e(\Phi^n,\varphi^n)-\theta_S S_e\left(\Phi^{n-1},\varphi^{n-1}\right) \tag{5-41}$$

默认情况下，为保持一致和收敛阶数，隐式源项也采用了与未知量的对流–扩散方程所采用的格式相一致的格式，例如，在 $n+\theta$ 步，有

$$[S_i(\Phi,\varphi)\,Y]^{n+\theta}=S_i\left(\Phi^{n+\theta_\Phi},\varphi^n\right)\left[\theta Y^{n+1}+(1-\theta)\,Y^n\right] \tag{5-42}$$

5.3.4　通用离散格式

综上所述，为便于表述，一般将质量流量取在 $n+\theta_F$ 时间步，将物性参数取在 $n+\theta_\Phi$ 时间步，这里的 θ_F 和 θ_Φ 由具体采用的格式确定，若非特殊说明，隐式源项格式 θ_S 也统一由 θ 表示。这样，式 (5-35) 变为

$$\frac{\rho}{\Delta t}\left(Y^{n+1}-Y^n\right)+\nabla Y^{n+\theta}\cdot(\rho\boldsymbol{u})-\nabla\cdot\left(K\nabla Y^{n+\theta}\right)=[S_i(\Phi,\varphi)\,Y]^{n+\theta}+[S_e(\Phi,\varphi)]^{n+\theta_S} \tag{5-43}$$

采用标准插值格式 $Y^{n+\theta}=\theta Y^{n+1}+(1-\theta)\,Y^n$，方程变为

$$\begin{aligned}&\frac{\rho}{\Delta t}\left(Y^{n+1}-Y^n\right)+\theta\left[\nabla Y^{n+1}\cdot(\rho\boldsymbol{u})-\nabla\cdot\left(K\nabla Y^{n+1}\right)\right]\\=&-(1-\theta)\left[\nabla Y^n\cdot(\rho\boldsymbol{u})-\nabla\cdot(K\nabla Y^n)\right]+S_i(\Phi,\varphi)\left[\theta Y^{n+1}+(1-\theta)\,Y^n\right]\\&+[S_e(\Phi,\varphi)]^{n+\theta_S}\end{aligned} \tag{5-44}$$

5.4　基于单元中心的有限体积离散

5.4.1　基本定义

1. 体平均和面平均法

由于现实的网格单元不可能无限小，以至于收缩到一个质点，所以，我们所取得的每一个具体点处的变量值，一般都是平均意义上的。

一般地，有限体积法建立在对每个网格单元的积分基础上，这里将网格单元记为 Ω_i。对于任一变量 Y，根据积分中值定理，有

$$Y_i=\frac{1}{|\Omega_i|}\int_{\Omega_i}Y\,\mathrm{d}\Omega \tag{5-45}$$

假设场变量 Y 在每个单元上线性变化，它的平均值可以用单元中心 I 处的值表示，即

$$Y_i=Y_I \tag{5-46}$$

对于出现在基本方程中的常数项，直接积分求得，例如，对于重力项 $\rho\boldsymbol{g}$，积分后变为 $|\Omega_i|\rho_i\boldsymbol{g}$，其中，$|\Omega_i|$ 为单元 Ω_i 的体积，ρ_i 表示 Ω_i 单元上 ρ 的平均值，可由式 (5-45) 得 $\rho_i = \dfrac{1}{|\Omega_i|}\displaystyle\int_{\Omega_i}\rho\mathrm{d}\Omega$。

对于面平均值，其原理也是一样的。

2. 散度算子的离散

通过体积分后对单元运用高斯定理，转为面积分，即

$$\int_{\Omega_i}\nabla\cdot Y\mathrm{d}\Omega = \sum_{f\in F_i}Y_f\boldsymbol{S}_{f_i} \tag{5-47}$$

即转化为单元各面上的变量值 Y_f 与该面法向量 $\boldsymbol{S}_{f_i}$ 积的总和。

类似地，单元各面上的变量值 Y_f 可用单元面中心处的值表示，即

$$Y_F = Y_f \tag{5-48}$$

其中，面分为内部面和边界面两类。

3. 对流算子离散

对流算子 $\nabla\cdot(Y\rho\boldsymbol{u})$ 的离散，通常将这一项与非稳态项 $\dfrac{\partial(\rho Y)}{\partial t}$ 一起积分，实际上，变量 Y 是被动的受对流场 $\rho\boldsymbol{u}$ 传输。根据莱布尼茨定理，在单元 Ω_i 上量 ρY 满足如下平衡关系：

$$\frac{\mathrm{d}}{\mathrm{d}t}\left(\int_{\Omega_i}\rho Y\mathrm{d}\Omega\right) = \int_{\Omega_i}\frac{\partial\rho Y}{\partial t}\mathrm{d}\Omega + \int_{\partial\Omega_i}Y\rho\boldsymbol{u}\mathrm{d}\boldsymbol{S} = \int_{\Omega_i}\left(\frac{\partial\rho Y}{\partial t} + \nabla\cdot(Y\rho\boldsymbol{u})\right)\mathrm{d}\Omega \tag{5-49}$$

对流项和非稳态项通常写成非守恒形式，展开有

$$\frac{\partial\rho Y}{\partial t} + \nabla\cdot(Y\rho\boldsymbol{u}) = \rho\frac{\partial Y}{\partial t} + Y\frac{\partial\rho}{\partial t} + \nabla Y\cdot(\rho\boldsymbol{u}) + Y\nabla\cdot(\rho\boldsymbol{u}) \tag{5-50}$$

然后，代入连续方程 $\dfrac{\partial\rho}{\partial t} + \nabla\cdot(\rho\boldsymbol{u}) = \Gamma$，变为

$$\frac{\partial\rho Y}{\partial t} + \nabla\cdot(Y\rho\boldsymbol{u}) = \rho\frac{\partial Y}{\partial t} + \nabla Y\cdot(\rho\boldsymbol{u}) + \Gamma Y \tag{5-51}$$

对流项必须定义为

$$\begin{aligned}\int_{\Omega_i}\nabla Y\cdot(\rho\boldsymbol{u})\mathrm{d}\Omega &= \int_{\Omega_i}\nabla\cdot(Y\rho\boldsymbol{u})\mathrm{d}\Omega - Y_i\int_{\Omega_i}\nabla\cdot(\rho\boldsymbol{u})\mathrm{d}\Omega \\ &= \int_{\partial\Omega_i}Y\rho\boldsymbol{u}\mathrm{d}\boldsymbol{S} - Y_i\int_{\partial\Omega_i}\rho\boldsymbol{u}\mathrm{d}\boldsymbol{S} = \sum_{f\in F_i}(Y_f - Y_i)(\rho\boldsymbol{u})_f\cdot S_{f_i}\end{aligned} \tag{5-52}$$

式 (5-52) 仍然需要用到面值 Y_f 及质量流量 $(\rho\boldsymbol{u})_f \cdot \boldsymbol{S}_{f_i}$，$\dot{m}_{f_i}$ 记为单元 Ω_i 穿过边界面向外的质量流量，有

$$\dot{m}_{f_i} = (\rho\boldsymbol{u})_f \cdot \boldsymbol{S}_{f_i} \tag{5-53}$$

注意，该对流流量定义于单元边界面上，采用如下函数：

$$C_{f_i}\left(\dot{m}_{f_i}, Y\right) = \left(Y_f - Y_i\right)\dot{m}_{f_i} \tag{5-54}$$

这样有

$$\int_{\Omega_i} \nabla Y \cdot (\rho\boldsymbol{u})\mathrm{d}\Omega = \sum_{f\in F_i} C_{f_i}\left(\dot{m}_{f_i}, Y\right) \tag{5-55}$$

4. 拉普拉斯算子 —— 扩散项的离散

先积分：

$$\int_{\Omega_i} \nabla\cdot(K\nabla Y)\mathrm{d}\Omega = \sum_{f\in F_i} K_f \nabla_f Y \cdot \boldsymbol{S}_{f_i} \tag{5-56}$$

其中，K_f 为面扩散系数；$\nabla_f Y$ 为面梯度，它们的计算将在后续介绍。类似地，将式 (5-56) 右端简记为

$$D_{f_i}\left(K_f Y\right) = K_f \nabla_f Y \cdot \boldsymbol{S}_{f_i} \tag{5-57}$$

其中，$D_{f_i}\left(K_f Y\right)$ 称为扩散流量，需注意，它是定义于单元边界面上的，这样有

$$\int_{\Omega_i} \nabla\cdot(K\nabla Y)\mathrm{d}\Omega = \sum_{f\in F_i} D_{f_i}\left(K_f Y\right) \tag{5-58}$$

对于任一内部面 f_{ij} 上的扩散流量，对于该面两侧的单元，流进量等于流出量，且流向刚好相反，即

$$D_{ij}\left(K_{f_{ij}}, Y\right) = -D_{ji}\left(K_{f_{ij}}, Y\right) \tag{5-59}$$

5. 辅助几何量

由于本书的有限体积法将变量存储于单元中心位置，而流量又是位于单元边界面上，这就要用到插值法，将单元中心与边界面上的量建立关联。而网格单元具有多样性，且大多数工程问题很难保证严格正交。因此，必须用到一些辅助的几何量来构建插值格式。这里引入两个辅助点 I' 和 J'，如图 5-1 所示。其中，I 和 J 点分别为单元 Ω_i 和 Ω_j 的中心点，线段 IJ 与内部面 S_{ij} 的交点为 O 点。F 点为内部面 S_{ij} 的中心点，过 F 点作面 S_{ij} 的法线，再将 I 和 J 点分别向该法线投影，得到点 I' 和 J'。

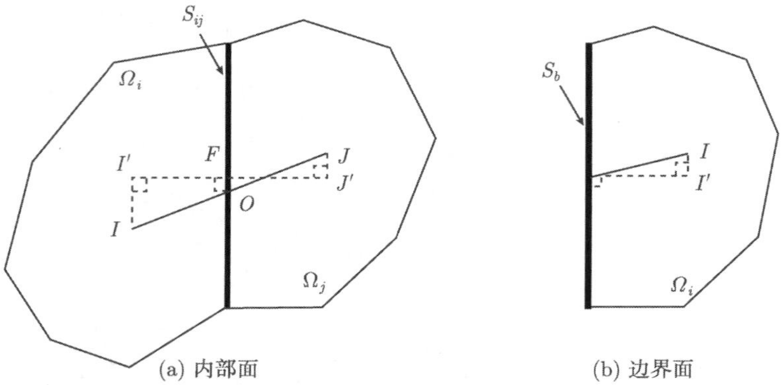

(a) 内部面　　(b) 边界面

图 5-1　边界几何示意图

采用泰勒级数展开，由 I 和 J 点处的变量值，获得 I' 和 J' 处的变量值:

$$Y_{I'} = Y_I + \nabla_i Y \cdot \overline{II'} = Y_i + \nabla_i Y \cdot \overline{II'} \tag{5-60}$$

将式 (5-60) 中的 I 换为 J，易得 $Y_{J'}$ 的值。

注意到，对于正交网格，I 和 I' 点重合，也就不需要辅助的插值了。因此，在某种意义上，距离 $|\overline{II'}|$ 也表征了网格非正交的程度。式 (5-60) 中出现的梯度计算将在后面介绍。

另外，$\overline{IJ}$ 与内部面 f_{ij} 的交点记为 O，因此距离 $|\overline{OF}|$ 则表征了网格的偏移量。再给出一个加权系数，用于度量单元中心 I 和 J 点分别到面 f_{ij} 距离的比例关系:

$$\alpha_{ij} = \frac{|\overline{FJ'}|}{|\overline{I'J'}|} \tag{5-61}$$

给定任一矢量及面法向量，距离易得

$$|\overline{I'J'}| = \overline{I'J'} \cdot \left(\frac{\boldsymbol{S}_{ij}}{|\boldsymbol{S}_{ij}|}\right) \tag{5-62}$$

将 I' 点换成 F 点，可得距离 $|\overline{FJ'}|$。若网格单元呈星形，一般这两个值都是正值，且有

$$\alpha_{ij} + \alpha_{ji} = 1 \tag{5-63}$$

5.4.2　对流项离散

在 5.4.1 节中，对流算子在单元 Ω_i 上的积分，最终写成各边界面对流流量的代数和。这里，对于内部面和边界面，分别记为 $C_{ij}(\dot{m}_{ij}, Y)$ 和 $C_{ib}(\dot{m}_{ib}, Y)$。这样，

在处理边界条件时，将可以直接利用流量边界条件。而对应的边界 Y 值，记为 Y_{f_b}，写为

$$Y_{f_b} = A^g_{f_b} + B^g_{f_b} Y_{I'} \tag{5-64}$$

对流流量 $C_{ij}(\dot{m}_{ij}, Y)$ 的值由所采用的数值格式决定，这里有三种方式。

1) 迎风格式

这是普通一阶迎风格式，即

$$C^{\text{upwind}}_{ij}(\dot{m}_{ij}, Y) = \left(Y^{\text{upwind}}_{f_{ij}} - Y_i\right)\dot{m}_{ij} \tag{5-65}$$

其中，变量 Y 的取值与流动方向有关，即

$$\begin{aligned} Y^{\text{upwind}}_{f_{ij}} &= Y_i, \quad \dot{m}_{ij} \geqslant 0 \\ Y^{\text{upwind}}_{f_{ij}} &= Y_j, \quad \dot{m}_{ij} < 0 \end{aligned} \tag{5-66}$$

2) 中心格式

这里采用中心插值的方式，计算变量 Y 的值：

$$Y^{\text{centred}}_{f_{ij}} = \alpha_{ij} Y_{I'} + (1-\alpha_{ij}) Y_{J'} \tag{5-67}$$

再将辅助点的 $Y_{I'}$ 和 $Y_{J'}$ 表示为单元中心点的值：

$$Y^{\text{centred}}_{f_{ij}} = \alpha_{ij} Y_i + (1-\alpha_{ij}) Y_j + \frac{1}{2}(\nabla_i Y + \nabla_j Y)\cdot \overline{OF} \tag{5-68}$$

因此，流量表示为

$$C^{\text{centred}}_{ij}(\dot{m}_{ij}, Y) = \left(Y^{\text{centred}}_{f_{ij}} - Y_i\right)\dot{m}_{ij} \tag{5-69}$$

3) 二阶线性迎风格式

变量 Y 的取值与普通迎风类似，对内部面：

$$\begin{aligned} Y^{\text{SU}}_{f_{ij}} &= Y_i + \nabla_i Y \cdot \overline{IF}, \quad \dot{m}_{ij} \geqslant 0 \\ Y^{\text{SU}}_{f_{ij}} &= Y_j + \nabla_j Y \cdot \overline{JF}, \quad \dot{m}_{ij} < 0 \end{aligned} \tag{5-70}$$

对边界面

$$\begin{aligned} Y^{\text{SU}}_{f_b} &= Y_i + \nabla_i Y \cdot \overline{IF}, \quad \dot{m}_{ib} \geqslant 0 \\ Y^{\text{SU}}_{f_b} &= A^g_{fb} + B^g_{fb} Y_{I'}, \quad \dot{m}_{ib} < 0 \end{aligned} \tag{5-71}$$

因此，流量表示为

$$C^{\text{SU}}_{ij}(\dot{m}_{ij}, Y) = \left(Y^{\text{SU}}_{f_{ij}} - Y_i\right)\dot{m}_{ij} \tag{5-72}$$

5.4.3 扩散项离散

在 5.4.1 节中，扩散算子在单元 Ω_i 上的积分，最终写成各边界面扩散流量的代数和。类似地，这里也分别用 $D_{ij}\left(K_{f_{ij}},Y\right)$ 和 $D_{ib}\left(K_{f_b},Y\right)$ 表示内部面和边界面的流量。在处理边界条件时，可直接利用边界流量。这里将 Y_{f_b} 对应的边界扩散流量值 D_{ib} 表示为

$$D_{ib}=A_{ib}^{f}+B_{ib}^{f}Y_{I'} \tag{5-73}$$

而内部边界的扩散流量值 D_{ij} 的计算，则需要通过单元中心值重构变量 Y 的面值，而扩散系数 K 则通过单元中心值进行插值获得，主要有两种插值方式。

(1) 调和插值：

$$K_{f_b}=\frac{K_iK_j}{\alpha_{ij}K_i+(1-\alpha_{ij})K_j} \tag{5-74}$$

(2) 代数插值：

$$K_{f_b}=\frac{1}{2}\left(K_i+K_j\right) \tag{5-75}$$

内部面上的扩散系数适合采用调和平均，也可以采用代数平均。

1) 直接计算

直接法采用差分离散，扩散流量为

$$D_{ij}^{NR}\left(K_{f_{ij}},Y\right)=-\frac{K_{f_{ij}}\left|S_{ij}\right|}{\left|\overline{I'J'}\right|}\left(Y_i-Y_j\right) \tag{5-76}$$

2) 重构法

重构法是利用辅助点的信息，构建扩散流量，即

$$D_{ij}\left(K_{f_{ij}},Y\right)=-\frac{K_{f_{ij}}\left|S_{ij}\right|}{\left|\overline{I'J'}\right|}\left(Y_{I'}-Y_{J'}\right) \tag{5-77}$$

再进一步将辅助点的 $Y_{I'}$ 和 $Y_{J'}$ 表示为单元中心点的值，即

$$D_{ij}\left(K_{f_{ij}},Y\right)=-\frac{K_{f_{ij}}\left|S_{ij}\right|}{\left|\overline{I'J'}\right|}\left(Y_i-Y_j\right)-\frac{K_{f_{ij}}\left|S_{ij}\right|}{\left|\overline{I'J'}\right|}\frac{1}{2}\left(\nabla_iY+\nabla_jY\right)\cdot\left(\overline{II'}-\overline{JJ'}\right) \tag{5-78}$$

5.4.4 梯度离散计算

对于复杂几何结构，一般很难保证网格的正交性，因此，往往通过辅助点信息对算法进行重构。

1. **标准方法 —— 迭代**

1) 重构法

根据图 5-1，给出梯度计算的重构法：

$$|\Omega_i|\,\nabla_i Y=\int_{\Omega_i}\nabla Y\mathrm{d}\Omega=\int_{\partial\,\Omega_i}Y\mathrm{d}S \tag{5-79}$$

由于网格的非正交性，对 $\nabla_i Y$ 进行一阶傅里叶展开，具体如下：

$$\begin{aligned}|\Omega_i|\,\nabla_i Y&=\int_{\Omega_i}\nabla Y\mathrm{d}\Omega=\sum_{f_{ij}\in F_i^{int}}Y_{f_{ij}}S_{ij}+\sum_{f_b\in F_i^{\mathrm{ext}}}Y_{f_b}S_{ib}\\&=\sum_{f_{ij}\in F_i^{\mathrm{int}}}Y_F S_{ij}+\sum_{f_b\in F_i^{\mathrm{ext}}}Y_F S_{ib}\\&\approx\sum_{f_{ij}\in F_i^{\mathrm{int}}}\left(Y_O+\nabla_O Y\cdot\overline{OF}\right)S_{ij}+\sum_{f_b\in F_i^{\mathrm{ext}}}\left(\varepsilon_{\delta_Y}A_{f_b}+B_{f_b}Y_{I'}\right)S_{ib}\\&=\sum_{f_{ij}\in F_i^{\mathrm{int}}}\left[\alpha_{ij}Y_I+(1-\alpha_{ij})\,Y_J\right]S_{ij}+\sum_{f_{ij}\in F_i^{\mathrm{int}}}\left(\nabla_{f_{ij}}Y\cdot\overline{OF}\right)S_{ij}\\&\quad+\sum_{f_b\in F_i^{\mathrm{ext}}}\left(\varepsilon_{\delta_Y}A_{f_b}+B_{f_b}Y_{I'}\right)S_{ib}\end{aligned} \tag{5-80(a)}$$

其中，ε_{δ_Y} 为边界条件计算所需。

采用如下空间一阶近似，将面梯度用单元梯度表示，有 $\nabla_{f_{ij}}Y=\dfrac{1}{2}\left(\nabla_i Y+\nabla_j Y\right)$ 和 $Y_{I'}=Y_i+\nabla_i Y\cdot\overline{II'}$。式 (5-80(a)) 变为

$$\begin{aligned}|\Omega_i|\,\nabla_i Y=&\sum_{f_{ij}\in F_i^{\mathrm{int}}}\left[\alpha_{ij}Y_i+(1-\alpha_{ij})\,Y_j+\frac{1}{2}\left(\nabla_i Y+\nabla_j Y\right)\cdot\overline{OF}\right]S_{ij}\\&+\sum_{f_b\in F_i^{\mathrm{ext}}}\left(\varepsilon_{\delta_Y}A_{f_b}+B_{f_b}Y_i+B_{f_b}\nabla_i Y\cdot\overline{II'}\right)S_{ib}\end{aligned} \tag{5-80(b)}$$

将式 (5-80(b)) 中所有的 $\nabla_i Y$ 项移到等式左边，以便于迭代求解，则有

$$\begin{aligned}&|\Omega_i|\,\nabla_i Y-\sum_{f_{ij}\in F_i^{\mathrm{int}}}\frac{1}{2}\nabla_i Y\cdot\left(\overline{OF}\otimes S_{ij}\right)-\sum_{f_b\in F_i^{\mathrm{ext}}}B_{f_b}\nabla_i Y\cdot\left(\overline{II'}\otimes S_{ib}\right)\\=&\sum_{f_{ij}\in F_i^{\mathrm{int}}}\left[\alpha_{ij}Y_i+(1-\alpha_{ij})\,Y_j\right]S_{ij}\\&+\sum_{f_{ij}\in F_i^{\mathrm{int}}}\frac{1}{2}\nabla_j Y\cdot\left(\overline{OF}\otimes S_{ij}\right)+\sum_{f_b\in F_i^{\mathrm{ext}}}\left(\varepsilon_{\delta_Y}A_{f_b}+B_{f_b}Y_i\right)S_{ib}\end{aligned} \tag{5-81}$$

2) 无重构

对于正交网格，此时，上面计算中的 $\overline{II'}$ 和 $\overline{OF}$ 均变为 0，有

$$\nabla_i^{NR}Y = \frac{1}{|\Omega_i|}\left[\sum_{f_{ij}\in F_i^{\text{int}}}\left[\alpha_{ij}Y_i + (1-\alpha_{ij})Y_j\right]S_{ij} + \sum_{f_b\in F_i^{\text{ext}}}\left(\varepsilon_{\delta_Y}A_{f_b} + B_{f_b}Y_i\right)S_{ib}\right] \tag{5-82}$$

3) 重构 —— 迭代法

为求解式 (5-81)，与 $\nabla_i Y$ 相关项都采用隐式，而与 $\nabla_j Y$ 相关的项都采用显式，给出简单的迭代公式如下：

$$\delta\nabla_i^{k+1}Y = \nabla_i^{k+1}Y - \nabla_i^k Y \tag{5-83}$$

初始值取 $\delta\nabla_i^0 Y = \nabla_i^{NR}Y$，即无重构梯度值。那么，式 (5-81) 的具体迭代格式为

$$\begin{aligned}
&\nabla_i^{k+1}Y\left[|\Omega_i|\boldsymbol{I} - \sum_{f_{ij}\in F_i^{\text{int}}}\frac{1}{2}\left(\overline{OF}\otimes S_{ij}\right) - \sum_{f_b\in F_i^{\text{ext}}}B_{f_b}\left(\overline{II'}\otimes S_{ib}\right)\right]\\
&= \sum_{f_{ij}\in F_i^{\text{int}}}\left[\alpha_{ij}Y_i + (1-\alpha_{ij})Y_j\right]S_{ij}\\
&\quad + \sum_{f_{ij}\in F_i^{\text{int}}}\frac{1}{2}\nabla_j^k Y\cdot\left(\overline{OF}\otimes S_{ij}\right) + \sum_{f_b\in F_i^{\text{ext}}}\left(\varepsilon_{\delta_Y}A_{f_b} + B_{f_b}Y_i\right)S_{ib}
\end{aligned} \tag{5-84}$$

代入式 (5-83) 可得

$$\begin{aligned}
&\delta\nabla_i^{k+1}Y\left[|\Omega_i|\boldsymbol{I} - \sum_{f_{ij}\in F_i^{\text{int}}}\frac{1}{2}\left(\overline{OF}\otimes S_{ij}\right) - \sum_{f_b\in F_i^{\text{ext}}}B_{f_b}\left(\overline{II'}\otimes S_{ib}\right)\right]\\
&= -|\Omega_i|\nabla_i^k Y + \sum_{f_{ij}\in F_i^{\text{int}}}\left[\alpha_{ij}Y_i + (1-\alpha_{ij})Y_j\right]S_{ij}\\
&\quad + \sum_{f_{ij}\in F_i^{\text{int}}}\frac{1}{2}\left(\nabla_i^k Y + \nabla_j^k Y\right)\cdot\left(\overline{OF}\otimes S_{ij}\right)\\
&\quad + \sum_{f_b\in F_i^{\text{ext}}}\left[\varepsilon_{\delta_Y}A_{f_b} + B_{f_b}\left(Y_i + \nabla_i^k Y\cdot\overline{II'}\right)\right]S_{ib}
\end{aligned} \tag{5-85}$$

这是 3 × 3 矩阵方程系统，矩阵记为 $\boldsymbol{C}_i = |\Omega_i|\boldsymbol{I} - \sum_{f_{ij}\in F_i^{\text{int}}}\frac{1}{2}\left(\overline{OF}\otimes S_{ij}\right) -$

$\sum\limits_{f_b \in F_i^{\text{ext}}} B_{f_b}\left(\overline{II'} \otimes S_{ib}\right)$，方程的右端项记为

$$
\begin{aligned}
\boldsymbol{R}_i^{k+1} = & -\left|\Omega_i\right| \nabla_i^k Y + \sum_{f_{ij} \in F_i^{\text{int}}} \left[\alpha_{ij} Y_i + \left(1-\alpha_{ij}\right) Y_j\right] S_{ij} \\
& + \sum_{f_{ij} \in F_i^{\text{int}}} \frac{1}{2}\left(\nabla_i^k Y + \nabla_j^k Y\right) \cdot \left(\overline{OF} \otimes S_{ij}\right) \\
& + \sum_{f_b \in F_i^{\text{ext}}} \left[\varepsilon_{\delta_Y} A_{f_b} + B_{f_b}\left(Y_i + \nabla_i^k Y \cdot \overline{II'}\right)\right] S_{ib}
\end{aligned}
$$

方程系统的未知量为 $\delta\nabla_i^{k+1}Y$，含三个分量，即 $\delta\nabla_i^{k+1}Y = \left\{\delta\nabla_{i,x}^{k+1}Y, \delta\nabla_{i,y}^{k+1}Y, \delta\nabla_{i,z}^{k+1}Y\right\}$，这样，对任一单元 i，梯度重构方程的矩阵形式表示如下：

$$
\left(\delta\nabla_{i,x}^{k+1}Y, \delta\nabla_{i,y}^{k+1}Y, \delta\nabla_{i,z}^{k+1}Y\right) \cdot \begin{bmatrix} C_{i,xx} C_{i,xy} C_{i,xz} \\ C_{i,yx} C_{i,yy} C_{i,yz} \\ C_{i,zx} C_{i,zy} C_{i,zz} \end{bmatrix} = \left(R_{i,x}^{k+1}, R_{i,y}^{k+1}, R_{i,z}^{k+1}\right) \quad (5\text{-}86)
$$

对矩阵 $\boldsymbol{C}_i$ 求逆，求出 $\delta\nabla_i^{k+1}Y$，再求出 $\nabla_i^{k+1}Y$，当方程右端项 $\boldsymbol{R}_i^{k+1}$ 的范趋于 0 时，$\delta\nabla_i^{k+1}Y$ 的范也趋于 0，此时可终止迭代，也可预设迭代次数，一旦达到即终止。

2. 向量梯度的迭代法

类似地，前面的方法可用于向量梯度的计算，仅需进行一些小的变化。同样，结合图 5-1，向量的梯度为

$$
\left|\Omega_i\right| \nabla_i v = \int_{\Omega_i} \nabla v \mathrm{d}\Omega = \int_{\partial \Omega_i} v \otimes \mathrm{d}\boldsymbol{S} \quad (5\text{-}87)
$$

同样，运用泰勒级数展开：

$$
\begin{aligned}
\left|\Omega_i\right| \nabla_i v = & \int_{\Omega_i} \nabla v \mathrm{d}\Omega = \sum_{f_{ij} \in F_i^{\text{int}}} v_{f_{ij}} \otimes S_{ij} + \sum_{f_b \in F_i^{\text{ext}}} v_{f_b} \otimes S_{ib} \\
= & \sum_{f_{ij} \in F_i^{\text{int}}} v_F \otimes S_{ij} + \sum_{f_b \in F_i^{\text{ext}}} v_F \otimes S_{ib} \\
\approx & \sum_{f_{ij} \in F_i^{\text{int}}} \left(v_O + \nabla_O v \cdot \overline{OF}\right) \otimes S_{ij} + \sum_{f_b \in F_i^{\text{ext}}} \left(\varepsilon_{\delta_v} A_{f_b} + B_{f_b} v_{I'}\right) \otimes S_{ib} \\
= & \sum_{f_{ij} \in F_i^{\text{int}}} \left[\alpha_{ij} v_I + \left(1-\alpha_{ij}\right) v_J\right] \otimes S_{ij} + \sum_{f_{ij} \in F_i^{\text{int}}} \left(\nabla_{f_{ij}} v \cdot \overline{OF}\right) \otimes S_{ij} \\
& + \sum_{f_b \in F_i^{\text{ext}}} \left(\varepsilon_{\delta_v} A_{f_b} + B_{f_b} v_{I'}\right) \otimes S_{ib}
\end{aligned}
\quad (5\text{-}88)
$$

采用如下空间一阶近似，将面梯度用单元梯度表示，有 $\nabla_{f_{ij}}v=\frac{1}{2}(\nabla_i v+\nabla_j v)$ 和 $v_{I'}=v_i+\nabla_i v\cdot\overline{II'}$。式 (5-88) 变为

$$|\Omega_i|\nabla_i v=\sum_{f_{ij}\in F_i^{\text{int}}}\left[\alpha_{ij}v_i+(1-\alpha_{ij})v_j+\frac{1}{2}(\nabla_i v+\nabla_j v)\cdot\overline{OF}\right]\otimes S_{ij}+\sum_{f_b\in F_i^{\text{ext}}}\left(\varepsilon_{\delta_v}A_{f_b}+B_{f_b}v_i+B_{f_b}\nabla_i v\cdot\overline{II'}\right)\otimes S_{ib}$$

这里，与前面不同，无法将所有 $\nabla_i v$ 相关项移到等式左边，因为$B_{f_b}\nabla_i v\cdot(\overline{II'}\otimes S_{ib})$ 很难分解，只能显式处理为

$$\begin{aligned}&|\Omega_i|\nabla_i v-\sum_{f_{ij}\in F_i^{\text{int}}}\frac{1}{2}\nabla_i v\cdot\left(\overline{OF}\otimes S_{ij}\right)\\&=\sum_{f_{ij}\in F_i^{\text{int}}}\left[\alpha_{ij}v_i+(1-\alpha_{ij})v_j+\frac{1}{2}(\nabla_i v+\nabla_j v)\cdot\overline{OF}\right]\otimes S_{ij}\\&\quad+\sum_{f_{ij}\in F_i^{\text{int}}}\frac{1}{2}\nabla_j v\cdot\left(\overline{OF}\otimes S_{ij}\right)+\sum_{f_b\in F_i^{\text{ext}}}\left(\varepsilon_{\delta_v}A_{f_b}+B_{f_b}v_i\right)\otimes S_{ib}\\&\quad+\sum_{f_b\in F_i^{\text{ext}}}B_{f_b}\nabla_i v\cdot\left(\overline{II'}\otimes S_{ib}\right)\end{aligned}\tag{5-89}$$

1) 无重构

当网格正交，辅助几何量 $\overline{II'}$ 和 $\overline{OF}$ 均变为 0，有

$$\nabla_i^{NR}v=\frac{1}{|\Omega_i|}\left[\sum_{f_{ij}\in F_i^{\text{int}}}\left[\alpha_{ij}v_i+(1-\alpha_{ij})v_j\right]\otimes S_{ij}+\sum_{f_b\in F_i^{\text{ext}}}\left(\varepsilon_{\delta_v}A_{f_b}+B_{f_b}v_i\right)\otimes S_{ib}\right]\tag{5-90}$$

2) 重构 —— 迭代法

给出类似前面的迭代公式如下：

$$\delta\nabla_i^{k+1}v=\nabla_i^{k+1}v-\nabla_i^k v\tag{5-91}$$

初始值取 $\delta\nabla_i^0 v=\nabla_i^{NR}v$，即无重构梯度值。类似地，也形成一个 3×3 矩阵方程系统，矩阵记为

$$\boldsymbol{C}_i=\boldsymbol{I}-\frac{1}{|\Omega_i|}\sum_{f_{ij}\in F_i^{\text{int}}}\frac{1}{2}\left(\overline{OF}\otimes S_{ij}\right)$$

方程的右端项记为

$$\begin{aligned}\boldsymbol{R}_i^{k+1}=&\frac{1}{|\Omega_i|}\sum_{f_{ij}\in F_i^{\text{int}}}\left[\alpha_{ij}v_i+(1-\alpha_{ij})\,v_j+\frac{1}{2}\left(\nabla_i v+\nabla_j v\right)\cdot\overline{OF}\right]\otimes S_{ij}\\&+\frac{1}{|\Omega_i|}\sum_{f_{ij}\in F_i^{\text{int}}}\frac{1}{2}\nabla_j v\cdot\left(\overline{OF}\otimes S_{ij}\right)+\frac{1}{|\Omega_i|}\sum_{f_b\in F_i^{\text{ext}}}\left(\varepsilon_{\delta_v}A_{f_b}+B_{f_b}v_i\right)\otimes S_{ib}\\&+\frac{1}{|\Omega_i|}\sum_{f_b\in F_i^{\text{ext}}}B_{f_b}\nabla_i v\cdot\left(\overline{II'}\otimes S_{ib}\right)\end{aligned}$$

方程系统的未知量为 $\delta\nabla_i^{k+1}v$，含三个分量，即 $\delta\nabla_i^{k+1}v=\left\{\delta\nabla_{i,x}^{k+1}v,\delta\nabla_{i,y}^{k+1}v,\delta\nabla_{i,z}^{k+1}v\right\}$，这样，矩阵形式如下：

$$\left(\delta\nabla_i^{k+1}v\right)\cdot\boldsymbol{C}_i=\boldsymbol{R}_i^{k+1}\tag{5-92}$$

注意，这里的矩阵 $\boldsymbol{C}_i$ 与上节不同，其中不含边界量，无需在每次迭代中重新计算，求解方法类似前面。

3. 最小二乘方法

同样，参考图 5-1，先对标量的梯度进行离散，这里采用最小二乘法，通过单元中心的梯度值构建面梯度值。

先引入方向向量 d_{ij}，对内部面，沿 d_{ij} 方向的投影为 $\nabla_{f_{ij}}Y\cdot d_{ij}$，类似地，对边界面投影为 $\nabla_{f_b}Y\cdot d_{ib}$，后面再介绍 d_{ij} 和 d_{ib} 具体计算方法。构造如下关系式：

$$\begin{aligned}\nabla_i Y\cdot d_{ij}&=\nabla_{f_{ij}}Y\cdot d_{ij}\\\nabla_i Y\cdot d_{ib}&=\nabla_{f_b}Y\cdot d_{ib}\end{aligned}\tag{5-93}$$

写出如下最小二乘问题函数：

$$F_i\left(v\right)=\frac{1}{2}\sum_{j\in\text{Nei}(i)}\left(v\cdot d_{ij}-\nabla_{f_{ij}}Y\cdot d_{ij}\right)^2+\frac{1}{2}\sum_{f_b\in F_i^{\text{ext}}}\left(v\cdot d_{ib}-\nabla_{f_b}Y\cdot d_{ib}\right)^2\tag{5-94}$$

于是求解 $\nabla_i Y$ 的问题变为求解 $F_i\left(v\right)$ 的极小值。这里，$j\in\text{Nei}\left(i\right)$ 为单元 i 的所有相邻单元。为求解 $F_i\left(v\right)$ 的极小值，将其对 v 求偏导数，所得结果记为 $v_{\min}$，此时 $F_i\left(v_{\min}\right)$ 为最小。

为独立计算各单元 i 的梯度 $\nabla_i Y$，需注意 d_{ij} 和 d_{ib} 的选择，应使 $\nabla_{f_{ij}}Y\cdot d_{ij}$ 和 $\nabla_{f_b}Y\cdot d_{ib}$ 的计算不依赖于相邻单元的梯度 $\nabla_j Y$，可以采用如下方法：

$$\begin{aligned}d_{ij}&=\frac{\overline{IJ}}{\left|\overline{IJ}\right|}\\d_{ib}&=\frac{\overline{I'F}}{\left|\overline{I'F}\right|}=n_{ib}\end{aligned}\tag{5-95}$$

对于内部面，对于边界面 d_{ij} 为过 I 和 J 点的面法向量，方向由单元中心 i 指向 j 点。于是可得

$$\nabla_{f_{ij}} Y \cdot d_{ij} = \frac{Y_j - Y_i}{\left|\overline{IJ}\right|} \tag{5-96}$$

对于边界面，d_{ib} 取沿边界外法向方向

$$\nabla_{f_{ib}} Y \cdot d_{ib} = \frac{Y_{f_b} - Y_{I'}}{\left|\overline{I'F}\right|} \tag{5-97}$$

其中，Y_{f_b} 的值来自于边界条件，而 $Y_{I'}$ 由泰勒展开按式 (5-60) 计算：

$$\begin{aligned} Y_{I'} &= Y_i + \nabla_i Y \cdot \overline{II'} \\ Y_{f_b} &= A_{f_b}^g + B_{f_b}^g Y_{I'} = A_{f_b}^g + B_{f_b}^g \left(Y_i + \nabla_i Y \cdot \overline{II'}\right) \end{aligned} \tag{5-98}$$

因此，式 (5-97) 变为

$$\nabla_{f_b} Y \cdot d_{ib} = \frac{A_{f_b}^g + \left(B_{f_b}^g - 1\right)\left(Y_i + \nabla_i Y \cdot \overline{II'}\right)}{\left|\overline{I'F}\right|} \tag{5-99}$$

由于式 (5-99) 中又出现了 $\nabla_i Y$，必须先代入式 (5-94)，则有

$$\begin{aligned} F_i(v) =& \frac{1}{2} \sum_{j \in \mathrm{Nei}(i)} \left(v \cdot d_{ij} - \nabla_{f_{ij}} Y \cdot d_{ij}\right)^2 \\ &+ \frac{1}{2} \sum_{f_b \in F_i^{\mathrm{ext}}} \left[v \cdot \left(d_{ib} - \frac{B_{f_b}^g - 1}{\left|\overline{I'F}\right|} \overline{II'}\right) - \frac{A_{f_b}^g + \left(B_{f_b}^g - 1\right) Y_i}{\left|\overline{I'F}\right|}\right]^2 \end{aligned} \tag{5-100}$$

将式 (5-100) 对 v 求偏导，得

$$\begin{aligned} \frac{\partial F_i(v)}{\partial v} =& \sum_{j \in \mathrm{Nei}(i)} \left[\left(v \cdot d_{ij}\right) d_{ij} - \left(\nabla_{f_{ij}} Y \cdot d_{ij}\right) d_{ij}\right] \\ &+ \sum_{f_b \in F_i^{\mathrm{ext}}} \left[\left(v \cdot \left(d_{ib} - \frac{B_{f_b}^g - 1}{\left|\overline{I'F}\right|} \overline{II'}\right)\right) \left(d_{ib} - \frac{B_{f_b}^g - 1}{\left|\overline{I'F}\right|} \overline{II'}\right) \right. \\ &\left. - \frac{A_{f_b}^g + \left(B_{f_b}^g - 1\right) Y_i}{\left|\overline{I'F}\right|} \left(d_{ib} - \frac{B_{f_b}^g - 1}{\left|\overline{I'F}\right|} \overline{II'}\right)\right] \end{aligned} \tag{5-101}$$

类似地，这也是一个 3×3 矩阵方程系统，由 $\dfrac{\partial F_i(v)}{\partial v}=0$，整理为

$$\sum_{j\in\mathrm{Nei}(i)}\left[v\cdot(d_{ij}\otimes d_{ij})\right]+\sum_{f_b\in F_i^{\mathrm{ext}}}v\cdot\left[\left(d_{ib}-\frac{B_{f_b}^g-1}{\left|\overline{I'F}\right|}\overline{II'}\right)\otimes\left(d_{ib}-\frac{B_{f_b}^g-1}{\left|\overline{I'F}\right|}\overline{II'}\right)\right]$$
$$=\sum_{j\in\mathrm{Nei}(i)}\left(\nabla_{f_{ij}}Y\cdot d_{ij}\right)d_{ij}+\sum_{f_b\in F_i^{\mathrm{ext}}}\frac{A_{f_b}^g+\left(B_{f_b}^g-1\right)Y_i}{\left|\overline{I'F}\right|}\left(d_{ib}-\frac{B_{f_b}^g-1}{\left|\overline{I'F}\right|}\overline{II'}\right)\tag{5-102}$$

将 d_{ij} 和 d_{ib} 代入式 (5-102) 可得

$$\sum_{j\in\mathrm{Nei}(i)}\left[v\cdot\frac{\overline{IJ}\otimes\overline{IJ}}{\left|\overline{IJ}\right|^2}\right]+\sum_{f_b\in F_i^{\mathrm{ext}}}v\cdot\left[\left(n_{ib}-\frac{B_{f_b}^g-1}{\left|\overline{I'F}\right|}\overline{II'}\right)\otimes\left(n_{ib}-\frac{B_{f_b}^g-1}{\left|\overline{I'F}\right|}\overline{II'}\right)\right]$$
$$=\sum_{j\in\mathrm{Nei}(i)}\left(Y_j-Y_i\right)\frac{\overline{IJ}}{\left|\overline{IJ}\right|^2}+\sum_{f_b\in F_i^{\mathrm{ext}}}\frac{A_{f_b}^g+\left(B_{f_b}^g-1\right)Y_i}{\left|\overline{I'F}\right|}\left(n_{ib}-\frac{B_{f_b}^g-1}{\left|\overline{I'F}\right|}\overline{II'}\right)\tag{5-103}$$

将 v 代换为 ∇_iY，记

$$\boldsymbol{C}_i=\sum_{j\in\mathrm{Nei}(i)}\left[\frac{\overline{IJ}\otimes\overline{IJ}}{\left|\overline{IJ}\right|^2}\right]+\sum_{f_b\in F_i^{\mathrm{ext}}}\left[\left(n_{ib}-\frac{B_{f_b}^g-1}{\left|\overline{I'F}\right|}\overline{II'}\right)\otimes\left(n_{ib}-\frac{B_{f_b}^g-1}{\left|\overline{I'F}\right|}\overline{II'}\right)\right]$$
$$\boldsymbol{R}_i=\sum_{j\in\mathrm{Nei}(i)}\left(Y_j-Y_i\right)\frac{\overline{IJ}}{\left|\overline{IJ}\right|^2}+\sum_{f_b\in F_i^{\mathrm{ext}}}\frac{A_{f_b}^g+\left(B_{f_b}^g-1\right)Y_i}{\left|\overline{I'F}\right|}\left(n_{ib}-\frac{B_{f_b}^g-1}{\left|\overline{I'F}\right|}\overline{II'}\right)$$

因此，矩阵系统方程为

$$\nabla_iY\cdot\boldsymbol{C}_i=\boldsymbol{R}_i\tag{5-104}$$

注意到，$\boldsymbol{C}_i$ 是 3×3 对称矩阵，易于求解。

4. 向量场的最小二乘方法

将前面的方法沿用到向量的梯度计算，此时，需要进行一些小的变动。仍然以图 5-1 为参照，写出最小二乘函数：

$$F_i(t)=\frac{1}{2}\sum_{j\in\mathrm{Nei}(i)}\left|t\cdot d_{ij}-\nabla_{f_{ij}}v\cdot d_{ij}\right|^2+\frac{1}{2}\sum_{f_b\in F_i^{\mathrm{ext}}}\left|t\cdot d_{ib}-\nabla_{f_b}v\cdot d_{ib}\right|^2\tag{5-105}$$

注意到，这里 t 是向量，需分别对各分量求偏导，求解得到每个 ∇_iv 为 $t_{\min}$，此时，与之对应的 $F_i(t_{\min})$ 为最小。

类似地，须注意 d_{ij} 的选择不应使 $\nabla_{f_{ij}} Y \cdot d_{ij}$ 的计算依赖于 $\nabla_j Y$，而这里 d_{ib} 的选择则应使 $\nabla_{f_b} Y \cdot d_{ib}$ 的计算不依赖于单元的梯度 $\nabla_i Y$，具体如下：

$$
\begin{aligned}
d_{ij} &= \frac{\overline{IJ}}{|\overline{IJ}|} \\
d_{ib} &= \frac{\overline{IF}}{|\overline{IF}|} = n_{ib}
\end{aligned}
\tag{5-106}
$$

因此，对于内部面，d_{ij} 为过 I 和 J 点的面法向量，方向由单元中心 i 指向 j 点。可得

$$
\nabla_{f_{ij}} v \cdot d_{ij} = \frac{v_j - v_i}{|\overline{IJ}|} \tag{5-107}
$$

对边界面，有

$$
\nabla_{f_b} v \cdot d_{ib} = \frac{v_{f_b} - v_i}{|\overline{IF}|} \tag{5-108}
$$

v_{f_b} 的取值可由边界条件确定。将式 (5-105) 对 t 求偏导，取 $\dfrac{\partial F_i(t)}{\partial t} = 0$，整理得

$$
\begin{aligned}
&\sum_{j \in \mathrm{Nei}(i)} t \cdot (d_{ij} \otimes d_{ij}) + \sum_{f_b \in F_i^{\mathrm{ext}}} t \cdot (d_{ib} \otimes d_{ib}) \\
&= \sum_{j \in \mathrm{Nei}(i)} \nabla_{f_{ij}} v \cdot (d_{ij} \otimes d_{ij}) + \sum_{f_b \in F_i^{\mathrm{ext}}} \frac{A_{f_b}^g + \left(B_{f_b}^g - 1\right) v_i}{|\overline{IF}|} \otimes d_{ib}
\end{aligned}
\tag{5-109}
$$

记

$$
\boldsymbol{C}_i = \sum_{j \in \mathrm{Nei}(i)} (d_{ij} \otimes d_{ij}) + \sum_{f_b \in F_i^{\mathrm{ext}}} (d_{ib} \otimes d_{ib})
$$

$$
\boldsymbol{R}_i = \sum_{j \in \mathrm{Nei}(i)} \nabla_{f_{ij}} v \cdot (d_{ij} \otimes d_{ij}) + \sum_{f_b \in F_i^{\mathrm{ext}}} \frac{A_{f_b}^g + \left(B_{f_b}^g - 1\right) v_i}{|\overline{IF}|} \otimes d_{ib}
$$

矩阵方程写为

$$
\nabla_i v \cdot \boldsymbol{C}_i = \boldsymbol{R}_i \tag{5-110}
$$

注意到，$\boldsymbol{C}_i$ 是 3×3 矩阵，与前面有所不同，但求解方法类似。

第 6 章　不可压缩 N-S 方程的离散过程

第 5 章对流动基本方程进行了系统的梳理，并介绍了有限体积法的基本原理，同时还介绍了通用对流、扩散项及单元梯度的处理技术，这些内容均构成了本章的先导知识。本章将介绍不可压缩 N-S 方程的离散，以及离散方程中各项的详细处理过程。

在第 4 章以一般对流–扩散方程作为 N-S 方程的模型方程，也就是说，一般对流–扩散方程的离散过程具备了 N-S 方程离散过程中的许多类似特征。另外，采用对流–扩散方程也便于形式上统一标记，但是，需要注意的是，N-S 离散方程与通用对流–扩散方程在内容上存在很大差别，处理时需要仔细分析。下面，我们从对流–扩散方程开始离散过程和计算方法的介绍。

6.1　对流–扩散方程及离散

6.1.1　对流–扩散方程

带源项的对流–扩散方程表示如下：

$$\frac{\partial \rho a}{\partial t}+\underbrace{\nabla\cdot\left(\left(\rho \boldsymbol{u}\right)a\right)}_{\text{对流项}}-\underbrace{\nabla\cdot\left(K\nabla a\right)}_{\text{扩散项}}=T_s^{\text{imp}}a+T_s^{\text{exp}}+\mathit{\Gamma} a_{\text{in}} \tag{6-1}$$

其中，a 表示层流或 RANS 中的标量，两者情况不同，但得到的最终方程类似。对于 RANS 中脉动项 $\widetilde{a''^2}$ 表示的对流–扩散方程为

$$\begin{aligned}\frac{\partial\left(\rho\widetilde{a''^2}\right)}{\partial t}&+\nabla\cdot\left(\widetilde{a''^2}\left(\rho\boldsymbol{u}\right)\right)-\nabla\cdot\left(K\nabla\widetilde{a''^2}\right)=T_s^{\text{imp}}\widetilde{a''^2}+T_s^{\text{exp}}\\&+\mathit{\Gamma}\widetilde{a''^2_{\text{in}}}+2\frac{\mu_t}{\sigma_t}\left(\nabla\tilde{a}\right)^2-\frac{\rho\varepsilon}{R_f k}\widetilde{a''^2}\end{aligned} \tag{6-2}$$

其中，$\widetilde{a''^2}$ 表示脉动量平方的均值；K 表示扩散系数；$\mathit{\Gamma}$ 为质量源；T_s^{imp} 为隐式源项；T_s^{exp} 为显式源项；μ_t 为湍动黏度；σ_t 为 Schmidt 数或湍流 Prandtl 数；k 为湍动能；ε 为耗散率；R_f 为 k 与 $\widetilde{a''^2}$ 间耗散尺度之比。将上述两方程统一写为

$$\frac{\partial \rho f}{\partial t}+\nabla\cdot\left(\left(\rho\boldsymbol{u}\right)f\right)-\nabla\cdot\left(K\nabla f\right)=T_s^{\text{imp}}f+T_s^{\text{exp}}+\mathit{\Gamma} f^{\text{in}}+T_s^{\text{pd}} \tag{6-3}$$

其中

$$T_s^{\mathrm{pd}}=\begin{cases}0, & f=a\\ 2\dfrac{\mu_t}{\sigma_t}(\nabla\tilde{a})^2-\dfrac{\rho\varepsilon}{R_f k}\widetilde{a''^2}, & f=\widetilde{a''^2}\end{cases}\tag{6-4}$$

将 $\dfrac{\partial\rho f}{\partial t}$ 展开为 $\dfrac{\partial\rho f}{\partial t}=\rho\dfrac{\partial f}{\partial t}+f\dfrac{\partial\rho}{\partial t}$，代入式 (6-3)，引入质量守恒方程，带源项的对流–扩散方程最终写为

$$\rho\frac{\partial f}{\partial t}+\nabla\cdot((\rho\boldsymbol{u})f)-\nabla\cdot(K\nabla f)=T_s^{\mathrm{imp}}f+T_s^{\mathrm{exp}}+\varGamma\left(f^{\mathrm{in}}-f\right)+T_s^{\mathrm{pd}}+f\nabla\cdot(\rho\boldsymbol{u})\tag{6-5}$$

6.1.2 离散格式

对变量 f 采用 θ 格式，具体如下：

$$f^{n+\theta}=\theta f^{n+1}+(1-\theta)f^n\tag{6-6}$$

式 (6-5) 离散如下：

$$\begin{aligned}\rho\frac{f^{n+1}-f^n}{\Delta t}&+\underbrace{\nabla\cdot\left((\rho\boldsymbol{u})f^{n+\theta}\right)}_{\text{对流项}}-\underbrace{\nabla\cdot\left(K\nabla f^{n+\theta}\right)}_{\text{扩散项}}=T_s^{\mathrm{imp}}f^{n+\theta}+T_s^{\mathrm{exp},n+\theta_S}\\&+\left(\varGamma f^{\mathrm{in}}\right)^{n+\theta_S}-\varGamma^n f^{n+\theta}+T_s^{\mathrm{pd},n+\theta_S}+f^{n+\theta}\nabla\cdot(\rho\boldsymbol{u})\end{aligned}\tag{6-7}$$

其中

$$T_s^{\mathrm{pd},n+\theta_S}=\begin{cases}0, & f=a\\ 2\left[\dfrac{\mu_t}{\sigma_t}(\nabla\tilde{a})^2\right]^{n+\theta_S}-\dfrac{\rho\varepsilon^n}{R_f k^n}\left(\widetilde{a''^2}\right)^{n+\theta}, & f=\widetilde{a''^2}\end{cases}\tag{6-8}$$

生成项取 $n+\theta_s$ 步，写为

$$\left[\frac{\mu_t}{\sigma_t}(\nabla\tilde{a})^2\right]^{n+\theta_S}=(1+\theta_S)\frac{\mu_t^n}{\sigma_t}(\nabla\tilde{a}^n)^2-\theta_S\frac{\mu_t^{n-1}}{\sigma_t}\left(\nabla\tilde{a}^{n-1}\right)^2\tag{6-9}$$

整理，有

$$\begin{aligned}&\rho\frac{f^{n+1}-f^n}{\Delta t}+\theta\nabla\cdot\left((\rho\boldsymbol{u})f^{n+1}\right)-\theta\nabla\cdot\left(K\nabla f^{n+1}\right)\\&-\left[\theta T_s^{\mathrm{imp}}-\theta\varGamma+\theta T_s^{\mathrm{pd,imp}}+\theta\nabla\cdot(\rho\boldsymbol{u})\right]f^{n+1}\\=&(1-\theta)T_s^{\mathrm{imp}}f^n+T_s^{\mathrm{exp},n+\theta_S}+\left(\varGamma f^{\mathrm{in}}\right)^{n+\theta_S}\\&-(1-\theta)\varGamma^n f^n+T_s^{\mathrm{pd,exp}}-\theta T_s^{\mathrm{pd,imp}}f^n\\&+(1-\theta)f^n\nabla\cdot(\rho\boldsymbol{u})-(1-\theta)\nabla\cdot((\rho\boldsymbol{u})f^n)+(1-\theta)\nabla\cdot(K\nabla f^n)\end{aligned}\tag{6-10}$$

其中，隐式源项部分为

$$T_s^{\mathrm{pd,imp}} = \begin{cases} 0, & f = a \\ -\dfrac{\rho\varepsilon^n}{R_f k^n}, & f = \widetilde{a''^2} \end{cases} \tag{6-11}$$

显式源项部分为

$$T_s^{\mathrm{pd,exp}} = \begin{cases} 0, & f = a \\ 2\left[\dfrac{\mu_t}{\sigma_t}(\nabla\tilde{a})^2\right]^{n+\theta_S} - \dfrac{\rho\varepsilon^n}{R_f k^n}\left(\widetilde{a''^2}\right)^n, & f = \widetilde{a''^2} \end{cases} \tag{6-12}$$

显然，式 (6-10) 是复杂的，于是整理形成如下离散格式：

$$\begin{aligned} & f_s^{\mathrm{imp}}\left(f^{n+1}-f^n\right)\underbrace{+\theta\nabla\cdot\left((\rho\boldsymbol{u})f^{n+1}\right)-\theta\nabla\cdot\left(K\nabla f^{n+1}\right)}_{\text{对流–扩散的隐式部分}} \\ & = f_s^{\mathrm{exp}}\underbrace{-(1-\theta)\nabla\cdot((\rho\boldsymbol{u})f^n)+(1-\theta)\nabla\cdot(K\nabla f^n)}_{\text{对流–扩散的显式部分}} \end{aligned} \tag{6-13}$$

其中，f_s^{exp} 为显式源项 (除了 θ 格式带来的对流–扩散贡献)；$f_s^{\mathrm{imp}}f^{n+1}$ 为线性项。将式 (6-10) 整理为类似形式，则有

$$\begin{aligned} & \underbrace{\left(\frac{\rho}{\Delta t}-\theta T_s^{\mathrm{imp}}+\theta\varGamma^n-\theta T_s^{\mathrm{pd,imp}}-\theta\nabla\cdot(\rho\boldsymbol{u})\right)}_{f_s^{\mathrm{imp}}}\left(f^{n+1}-f^n\right) \\ & +\theta\nabla\cdot\left((\rho\boldsymbol{u})f^{n+1}\right)-\theta\nabla\cdot\left(K\nabla f^{n+1}\right) \\ & =\underbrace{T_s^{\mathrm{imp}}f^n+T_s^{\mathrm{exp},n+\theta_S}+\left(\varGamma f^{\mathrm{in}}\right)^{n+\theta_S}-\varGamma^n f^n+T_s^{\mathrm{pd,exp}}+f^n\nabla\cdot(\rho\boldsymbol{u})}_{f_s^{\mathrm{exp}}} \\ & -(1-\theta)\nabla\cdot((\rho\boldsymbol{u})f^n)+(1-\theta)\nabla\cdot(K\nabla f^n) \end{aligned} \tag{6-14}$$

式 (6-14) 中，除了对流–扩散部分，其余项中 f_s^{imp} 的贡献记为 ROVSDT，而 f_s^{exp} 分别计入 PROPCE 和 RHSRS。对源项采用插值的情形，形成如下表示式：

$$\mathrm{ROVSDT}^n = \frac{\rho}{\Delta t}-\theta T_s^{\mathrm{imp}}+\theta\varGamma^n-\theta\nabla\cdot(\rho\boldsymbol{u})+\theta\frac{\rho\varepsilon^n}{R_f k^n} \tag{6-15}$$

$$\mathrm{PROPCE}^n = T_s^{\mathrm{exp},n}+\varGamma^n\boldsymbol{u}^{\mathrm{in},n}+2\frac{\mu_t^n}{\sigma_t}(\nabla f^n)^2 \tag{6-16}$$

因此，方程右端为

$$\begin{aligned} \mathrm{RHSRS}^n = & (1+\theta_s)\mathrm{PROPCE}^n-\theta_s\mathrm{PROPCE}^{n-1}+T_s^{\mathrm{imp}}f^n \\ & +\nabla\cdot(\rho\boldsymbol{u})f^n-\varGamma^n f^n-\frac{\rho\varepsilon^n}{R_f k^n}f^n \end{aligned} \tag{6-17}$$

对源项不插值的情形，有如下关系式：

$$\mathrm{ROVSDT}^n = \frac{\rho}{\Delta t} + \Gamma^n - \theta\nabla\cdot(\rho \boldsymbol{u}) + \frac{\rho\varepsilon^n}{R_f k^n} + \max\left(-T_s^{\mathrm{imp}}, 0\right) \tag{6-18}$$

因此，方程右端为

$$\begin{aligned}\mathrm{RHSRS}^n = \; & T_s^{\mathrm{imp}} f^n + T_s^{\mathrm{exp}} + \Gamma^n\left(f^{\mathrm{in},n} - f^n\right) + \nabla\cdot(\rho \boldsymbol{u}) f^n \\ & + 2\frac{\mu_t^n}{\sigma_t}(\nabla f^n)^2 - \frac{\rho\varepsilon^n}{R_f k^n} f^n\end{aligned} \tag{6-19}$$

这样，对流–扩散方程都可写成上述格式，仅 f_s^{imp} 和 f_s^{exp} 所代表的内容不同。

6.2　标量对流–扩散方程的迭代解

6.2.1　迭代法的构造

对流–扩散方程式 (6-13) 形式简单，并且，其求解方法不失一般性，而对于速度分量、湍动参数等更复杂的对流–扩散方程求解，其原理是相同的。因此，将式 (6-13) 中统一变量 f 换为 a，写为

$$\begin{aligned}& f_s^{\mathrm{imp}}\left(a^{n+1} - a^n\right) \underbrace{+\theta\nabla\cdot\left((\rho \boldsymbol{u}) a^{n+1}\right) - \theta\nabla\cdot\left(\mu_{\mathrm{tot}}\nabla a^{n+1}\right)}_{\text{对流–扩散的隐式部分}} \\ & = f_s^{\mathrm{exp}} \underbrace{- (1-\theta)\nabla\cdot((\rho \boldsymbol{u}) a^n) + (1-\theta)\nabla\cdot(\mu_{\mathrm{tot}}\nabla a^n)}_{\text{对流–扩散的显式部分}}\end{aligned} \tag{6-20}$$

其中，$\rho\boldsymbol{u}$ 为质量流量；f_s^{exp} 为显式源项；f_s^{imp} 为 a^{n+1} 的线性部分。
将式 (6-15) 转换为对流–扩散算子，构造 ε_n 算子如下：

$$\begin{aligned}\varepsilon_n(a) = \; & f_s^{\mathrm{imp}} a + \theta\nabla\cdot((\rho \boldsymbol{u}) a) - \theta\nabla\cdot(\mu_{\mathrm{tot}}\nabla a) \\ & - f_s^{\mathrm{exp}} - f_s^{\mathrm{imp}} a^n + (1-\theta)\nabla\cdot((\rho \boldsymbol{u}) a^n) - (1-\theta)\nabla\cdot(\mu_{\mathrm{tot}}\nabla a^n)\end{aligned} \tag{6-21}$$

这样，式 (6-15) 就简记为 $\varepsilon_n\left(a^{n+1}\right) = 0$。其中，各项意义分别如下:

(1) $f_s^{\mathrm{imp}} a^{n+1}$ 为 a^{n+1} 线性贡献项；

(2) $\theta\nabla\cdot\left((\rho \boldsymbol{u}) a^{n+1}\right) - \theta\nabla\cdot\left(\mu_{\mathrm{tot}}\nabla a^{n+1}\right)$ 为对流–扩散全隐项；

(3) $-f_s^{\mathrm{exp}} - f_s^{\mathrm{imp}} a^n$ 和 $(1-\theta)\nabla\cdot((\rho \boldsymbol{u}) a^n) - (1-\theta)\nabla\cdot(\mu_{\mathrm{tot}}\nabla a^n)$ 项为全显式项 (也含时间显式部分)。

然后，构造对流–扩散算子 εM_n 来近似 ε_n 算子，进行迭代求解，使其线性化从而可以求逆，主要考虑以下几点：

(1) 关于 a 的线性贡献项；

(2) 对流项的空间一阶迎风格式；

(3) 扩散项不作重构。

因此，εM_n 写为

$$\varepsilon M_n(a)=f_s^{\text{imp}}a+\theta\left[\nabla\cdot((\rho\boldsymbol{u})a)\right]^{\text{upwind}}-\theta\left[\nabla\cdot(\mu_{\text{tot}}\nabla a)\right]^{NR} \tag{6-22}$$

该算子可克服对流项非线性的困难，也便于后续矩阵的构造。下面将介绍具体离散和矩阵系统形成过程。

根据牛顿迭代法，采用两步迭代求解，第一步：

$$\varepsilon M_n\left(\delta a^{n+1,k+1}\right)=-\varepsilon_n\left(a^{n+1,k}\right) \tag{6-23}$$

第二步：

$$a^{n+1,k+1}=a^{n+1,k}+\delta a^{n+1,k+1} \tag{6-24}$$

其中，上标 $k\in\mathbf{N}$ 表示迭代计数值，必须先给定 a^{n+1} 的初始值才可以进行迭代，这里初始值 $a^{n+1,0}=a^n$，为上一时间步的值。注意，式 (6-23) 右边的 $a^{n+1,k}$ 并不是 $\varepsilon_n\left(a^{n+1}\right)=0$ 的精确解，它需要通过连续迭代求解，当 $\lim\limits_{k\to\infty}\delta a^{n+1,k}=0$ 时，$a^{n+1,k}$ 才收敛于式 (6-20) 中的 a^{n+1}，即达到 $\varepsilon_n\left(a^{n+1}\right)=0$ 的精确解。下面给出式 (6-23) 右端项 $-\varepsilon_n\left(a^{n+1,k}\right)$ 的迭代步骤。

6.2.2　方程右端迭代格式

1. $k=1$ 步

将式 (6-20) 中除去对流–扩散隐式部分，记为 RHSINI，将式 (6-20) 所有部分记为 RHSRP。于是，第 $k=1$ 步 RHSINI 为

$$\text{RHSINI}^1=f_s^{\exp}-(1-\theta)\left[\nabla\cdot((\rho\boldsymbol{u})a^n)-\nabla\cdot(\mu_{\text{tot}}\nabla a^n)\right]-f_s^{\text{imp}}\left(a^{n+1,0}-a^n\right) \tag{6-25}$$

第 $k=1$ 步 RHSRP 为

$$\text{RHSRP}^1=\text{RHSINI}^1-\theta\left[\nabla\cdot\left((\rho\boldsymbol{u})a^{n+1,0}\right)-\nabla\cdot\left(\mu_{\text{tot}}\nabla a^{n+1,0}\right)\right] \tag{6-26}$$

2. $k=2$ 步

类似地，第 $k=2$ 步 RHSINI 为

$$\text{RHSINI}^2=f_s^{\exp}-(1-\theta)\left[\nabla\cdot((\rho\boldsymbol{u})a^n)-\nabla\cdot(\mu_{\text{tot}}\nabla a^n)\right]-f_s^{\text{imp}}\left(a^{n+1,1}-a^n\right) \tag{6-27}$$

第 $k=2$ 步 RHSRP 为

$$\text{RHSRP}^2=\text{RHSINI}^2-\theta\left[\nabla\cdot\left((\rho\boldsymbol{u})a^{n+1,1}\right)-\nabla\cdot\left(\mu_{\text{tot}}\nabla a^{n+1,1}\right)\right] \tag{6-28}$$

然后，对变量进行更新：

$$a^{n+1,1} = a^{n+1,0} + \delta a^{n+1,1} \tag{6-29}$$

3. 一般形式

根据前两步，可以得到如下递推关系：

$$\text{RHSINI}^{k+1} = \text{RHSINI}^{k} - f_s^{\text{imp}} \delta a^{n+1,k} \tag{6-30}$$

$$\text{RHSRP}^{k+1} = \text{RHSINI}^{k+1} - \theta \left[\nabla \cdot \left((\rho \boldsymbol{u}) \, a^{n+1,k} \right) - \nabla \cdot \left(\mu_{\text{tot}} \nabla a^{n+1,k} \right) \right] \tag{6-31}$$

这样，由上述迭代关系即可逐步推进获得式 (6-23) 右端项 $-\varepsilon_n \left(a^{n+1,k} \right)$。而式 (6-31) 右端对流–扩散贡献的计算将在后面介绍。

需要注意的是，这里必须给定一个初始值才可以进行迭代，将其标记为

$$\text{RHSRP}^{0} = f_s^{\text{exp}} - (1-\theta) \left[\nabla \cdot ((\rho \boldsymbol{u}) \, a^{n}) - \nabla \cdot (\mu_{\text{tot}} \nabla a^{n}) \right] \tag{6-32}$$

同时，取 $\text{RHSINI}^0 = \text{RHSRP}^0$，这样迭代过程就完成了。下面介绍方程左端项 $\varepsilon M_n \left(\delta a^{n+1,k+1} \right)$ 的矩阵构造。

6.2.3 方程左端矩阵构造

1. 矩阵算子定义

对任一标量 a，不含源项的非定常对流 - 扩散方程写为

$$\frac{\partial a}{\partial t} + \nabla \cdot ((\rho \boldsymbol{u}) \, a) - \nabla \cdot (\beta \nabla a) = 0 \tag{6-33}$$

这里只用到不需重构的部分，其他都放到方程右端，将在后面处理。目前，为构造对角占优的线性算子，对流项离散采用迎风格式。

对任一单元 Ω_i 及中心 I，积分式 (6-1)，并定义如下算子：

$$\begin{aligned} \varepsilon M_{\text{scal}} (a, I) = {} & f_s^{\text{imp}} a_I + \sum_{j \in \text{Nei}(i)} F_{ij}^{\text{upwind}} ((\rho \boldsymbol{u}), a) + \sum_{k \in \gamma b(i)} F_{b_{ik}}^{\text{upwind}} ((\rho \boldsymbol{u}), a) \\ & - \sum_{j \in \text{Nei}(i)} D_{ij}^{NR} (\beta, a) - \sum_{k \in \gamma b(i)} D_{b_{ik}}^{NR} (\beta, a) \end{aligned} \tag{6-34}$$

其中，f_s^{imp} 为非定常系数 $\dfrac{\rho \Omega_i}{\Delta t}$；$F_{ij}^{\text{upwind}}$ 是单元 Ω_i 的内部面上的迎风数值对流流量；$F_{b_{ik}}^{\text{upwind}}$ 是单元 Ω_i 的边界面上的迎风数值对流流量；D_{ij}^{NR} 是单元 Ω_i 的内部面上的无重构数值扩散流量；$D_{b_{ik}}^{NR}$ 是单元 Ω_i 的边界面上的无重构数值扩散流量；$\text{Nei}(i)$ 为 Ω_i 的相毗邻的单元；$\gamma b(i)$ 为 Ω_i 的边界。

2. 离散过程

$$
\begin{aligned}
\varepsilon M_{\mathrm{scal}}(a,I) = & f_s^{\mathrm{imp}} a_I + \sum_{j\in \mathrm{Nei}(i)} \left[(\rho \boldsymbol{u})_{ij}^n \cdot \boldsymbol{S}_{ij} \right] a_{f,ij} + \sum_{k\in\gamma b(i)} \left[(\rho \boldsymbol{u})_{b_{ik}}^n \cdot \boldsymbol{S}_{b_{ik}} \right] a_{f_{b_{ik}}} \\
& - \sum_{j\in \mathrm{Nei}(i)} \beta_{ij} \frac{a_J - a_I}{\left|\overline{I'J'}\right|} S_{ij} - \sum_{k\in\gamma b(i)} \beta_{b_{ik}} \frac{a_{b_{ik}} - a_I}{\left|\overline{I'F}\right|} S_{b_{ik}}
\end{aligned} \tag{6-35}
$$

其中，$a_{f,ij}=a_I$ 或 a_J，取决于 $(\rho \boldsymbol{u})_{ij}^n \cdot \boldsymbol{S}_{ij}$ 的符号 (迎风格式)；$\overline{I'J'}$ 按面外法向取，对壁面 $a_{f_{b_{ik}}}$ 也类似。记 $\dot{m}_{ij}^n = (\rho \boldsymbol{u})_{ij}^n \cdot \boldsymbol{S}_{ij}$ 和 $\dot{m}_{b_{ik}}^n = (\rho \boldsymbol{u})_{b_{ik}}^n \cdot \boldsymbol{S}_{b_{ik}}$，式 (6-35) 主要包括以下几个部分。

(1) 体积分贡献：$f_s^{\mathrm{imp}} a_I$。

(2) 内部面的贡献：

$$
\sum_{j\in \mathrm{Nei}(i)} F_{ij}^{\mathrm{upwind}}((\rho \boldsymbol{u}), a) + \sum_{k\in\gamma b(i)} F_{b_{ik}}^{\mathrm{upwind}}((\rho \boldsymbol{u}), a)
$$

展开为

$$
\begin{aligned}
& \sum_{j\in \mathrm{Nei}(i)} \left(\left[(\rho \boldsymbol{u})_{ij}^n \cdot \boldsymbol{S}_{ij} \right] a_{f,ij} - \beta_{ij} \frac{a_J - a_I}{\left|\overline{I'J'}\right|} S_{ij} \right) \\
= & \sum_{j\in \mathrm{Nei}(i)} \left[\frac{1}{2} \left(\dot{m}_{ij}^n + \left|\dot{m}_{ij}^n\right| \right) a_I + \frac{1}{2} \left(\dot{m}_{ij}^n - \left|\dot{m}_{ij}^n\right| \right) a_J \right] - \sum_{j\in \mathrm{Nei}(i)} \beta_{ij} \frac{a_J - a_I}{\left|\overline{I'J'}\right|} S_{ij}
\end{aligned} \tag{6-36}
$$

(3) 边界面的贡献：

$$
\sum_{k\in\gamma b(i)} \left[(\rho \boldsymbol{u})_{b_{ik}}^n \cdot \boldsymbol{S}_{b_{ik}} \right] a_{f_{b_{ik}}} - \sum_{k\in\gamma b(i)} \beta_{b_{ik}} \frac{a_{b_{ik}} - a_I}{\left|\overline{I'F}\right|} S_{b_{ik}}
$$

展开为

$$
\begin{aligned}
& \sum_{k\in\gamma b(i)} \left[(\rho \boldsymbol{u})_{b_{ik}}^n \cdot \boldsymbol{S}_{b_{ik}} \right] a_{f_{b_{ik}}} - \sum_{k\in\gamma b(i)} \beta_{b_{ik}} \frac{a_{b_{ik}} - a_I}{\left|\overline{I'F}\right|} S_{b_{ik}} \\
= & \sum_{k\in\gamma b(i)} \left(\left[(\rho \boldsymbol{u})_{b_{ik}}^n \cdot \boldsymbol{S}_{b_{ik}} \right] a_{f_{b_{ik}}} - \beta_{b_{ik}} \frac{a_{b_{ik}} - a_I}{\left|\overline{I'F}\right|} S_{b_{ik}} \right) \\
= & \sum_{k\in\gamma b(i)} \left[\frac{1}{2} \left(\dot{m}_{b_{ik}}^n + \left|\dot{m}_{b_{ik}}^n\right| \right) a_I + \frac{1}{2} \left(\dot{m}_{b_{ik}}^n - \left|\dot{m}_{b_{ik}}^n\right| \right) a_{b_{ik}} \right] \\
& - \sum_{k\in\gamma b(i)} \left(\beta_{b_{ik}} \frac{a_{b_{ik}} - a_I}{\left|\overline{I'F}\right|} S_{b_{ik}} \right)
\end{aligned} \tag{6-37}
$$

3. 矩阵构造

这里采用 ICONVP 表示是否存在对流项，即若 ICONVP = 1，则存在对流项；否则，不存在对流项。类似地，采用 IDIFFP 表示是否存在扩散项。

对内部面，将式 (6-36) 中的项简记为

$$\text{FLUI}=\frac{1}{2}\left(\dot{m}_{ij}^{n}-\left|\dot{m}_{ij}^{n}\right|\right),\quad \text{FLUJ}=-\frac{1}{2}\left(\dot{m}_{ij}^{n}+\left|\dot{m}_{ij}^{n}\right|\right),\quad \text{VISCF (IFAC)}=\beta_{ij}\frac{S_{ij}}{\left|I'J'\right|} \tag{6-38}$$

将 a_J 的系数记为

$$\text{XA (IFAC, 1)} = \text{ICONVP} \times \text{FLUI} - \text{IDIFFP} \times \text{VISCF (IFAC)} \tag{6-39}$$

其中，IFAC 表示内部面 ij。为获得 a_I 的系数，对调式 (6-36) 中 i、j 的顺序，有

$$\sum_{i\in\text{Nei}(j)}\left[\frac{1}{2}\left(\dot{m}_{ji}^{n}+\left|\dot{m}_{ji}^{n}\right|\right)a_J+\frac{1}{2}\left(\dot{m}_{ji}^{n}-\left|\dot{m}_{ji}^{n}\right|\right)a_I\right]-\sum_{i\in\text{Nei}(j)}\beta_{ji}\frac{a_I-a_J}{\left|J'I'\right|}S_{ji} \tag{6-40}$$

式 (6-40) 中，注意向量 $\boldsymbol{S}_{ji}=-\boldsymbol{S}_{ij}$，而 $(\rho\boldsymbol{u})_{ji}^{n}=(\rho\boldsymbol{u})_{ij}^{n}$，有 $\dot{m}_{ji}^{n}=-\dot{m}_{ij}^{n}$。因此，$a_I$ 的系数记为

$$\text{XA (IFAC, 2)} = \text{ICONVP} \times \text{FLUJ} - \text{IDIFFP} \times \text{VISCF (IFAC)} \tag{6-41}$$

注意到，当对流–扩散方程为纯扩散方程时，式 (6-39) 和式 (6-41) 相同，即

$$\text{XA (IFAC, 1)} = -\text{IDIFFP} \times \text{VISCF (IFAC)} \tag{6-42}$$

也就是说，纯扩散型方程所得矩阵为对称型矩阵。注意，此时的对角线元素系数为 0。

然后，给出矩阵对角线元素的系数。内部面 ij(IFAC) 为中心在 I 点的单元 Ω_i 与中心在 J 点的单元 Ω_j 的交界面，将式 (6-36) 中 a_I 的系数记为

$$\text{DA (II)}=\frac{1}{2}\left(\dot{m}_{ij}^{n}+\left|\dot{m}_{ij}^{n}\right|\right)+\beta_{ij}\frac{S_{ij}}{\left|I'J'\right|} \tag{6-43}$$

再将式 (6-40) 中 a_J 的系数记为

$$\text{DA (JJ)}=\frac{1}{2}\left(-\dot{m}_{ij}^{n}+\left|\dot{m}_{ij}^{n}\right|\right)+\beta_{ij}\frac{S_{ij}}{\left|I'J'\right|} \tag{6-44}$$

对比式 (6-39) 和式 (6-41)，不难发现 DA (II) = −XA (IFAC, 2)，而 DA (JJ) = −XA (IFAC, 1)。这样就不用重新计算对角线元素的系数了。

6.3　对流–扩散贡献的计算

我们将对流、扩散项的积分和称为对流 - 扩散项的贡献，这里将给出具体的计算方法。

6.3.1　对流部分

对流项 $\nabla\cdot((\rho\boldsymbol{u})\,a)$ 的积分可转换为面积分，具体如下：

$$\int_{\Omega_i}\nabla\cdot((\rho\boldsymbol{u})^n\,a)\,\mathrm{d}\Omega=\sum_{j\in\mathrm{Nei}(i)}F_{ij}\left((\rho\boldsymbol{u})^n,a\right)+\sum_{k\in\gamma b(i)}F_{b_{ik}}\left((\rho\boldsymbol{u})^n,a\right)\tag{6-45}$$

其中，对内部面：

$$F_{ij}\left((\rho\boldsymbol{u}),a\right)=\left[(\rho\boldsymbol{u})_{ij}^n\cdot\boldsymbol{S}_{ij}\right]a_{f,ij}\tag{6-46}$$

对边界面：

$$F_{b_{ik}}\left((\rho\boldsymbol{u})^n,a\right)=\left[(\rho\boldsymbol{u})_{b_{ik}}^n\cdot\boldsymbol{S}_{b_{ik}}\right]a_{f_{b_{ik}}}\tag{6-47}$$

其中，$a_{f,ij}$ 和 $a_{f_{b_{ik}}}$ 分别为单元 Ω_i 的内部及边界面上的变量值。下面给出具体的计算格式。

1. 一阶迎风格式

$$F_{ij}\left((\rho\boldsymbol{u})^n,a\right)=F_{ij}^{\text{upwind}}\left((\rho\boldsymbol{u})^n,a\right)\tag{6-48}$$

其中

$$a_{f,ij}=\begin{cases}a_I, & (\rho\boldsymbol{u})_{ij}^n\cdot\boldsymbol{S}_{ij}\geqslant 0\\ a_J, & (\rho\boldsymbol{u})_{ij}^n\cdot\boldsymbol{S}_{ij}<0\end{cases}$$

2. 中心格式

$$F_{ij}\left((\rho\boldsymbol{u})^n,a\right)=F_{ij}^{\text{centred}}\left((\rho\boldsymbol{u})^n,a\right)\tag{6-49}$$

其中

$$a_{f,ij}=\alpha_{ij}a_I+(1-\alpha_{ij})\,a_J+\frac{1}{2}\left[(\nabla a)_I+(\nabla a)_J\right]\cdot\overline{OF}$$

3. 二阶线性迎风格式

$$F_{ij}\left((\rho \boldsymbol{u})^{n}, a\right)=F_{ij}^{\mathrm{SU}}\left((\rho \boldsymbol{u})^{n}, a\right) \tag{6-50}$$

其中

$$a_{f,ij}=\begin{cases} a_I+\overline{IF}\cdot(\nabla a)_I, & (\rho \boldsymbol{u})_{ij}^{n}\cdot \boldsymbol{S}_{ij}\geqslant 0 \\ a_J+\overline{JF}\cdot(\nabla a)_J, & (\rho \boldsymbol{u})_{ij}^{n}\cdot \boldsymbol{S}_{ij}<0 \end{cases}$$

在边界上，有

$$a_{f_{b_{ik}}}=\begin{cases} a_I, & (\rho \boldsymbol{u})_{b_{ik}}^{n}\cdot \boldsymbol{S}_{b_{ik}}\geqslant 0 \\ a_{b_{ik}}, & (\rho \boldsymbol{u})_{b_{ik}}^{n}\cdot \boldsymbol{S}_{b_{ik}}<0 \end{cases}$$

其中，$a_{b_{ik}}$ 的值直接由边界条件计算获得。

6.3.2 扩散部分

扩散项的积分如下：

$$\int_{\Omega_i}\nabla\cdot(\beta\nabla a)\,\mathrm{d}\Omega=\sum_{j\in \mathrm{Nei}(i)}D_{ij}(\beta,a)+\sum_{k\in\gamma b(i)}D_{b_{ik}}(\beta,a) \tag{6-51}$$

其中，对内部面：

$$D_{ij}(\beta,a)=\beta_{ij}\frac{a_{J'}-a_{I'}}{\left|\overline{I'J'}\right|}S_{ij} \tag{6-52}$$

对边界面

$$D_{b_{ik}}(\beta,a)=\beta_{b_{ik}}\frac{a_{b_{ik}}-a_{I'}}{\left|\overline{I'F}\right|}S_{b_{ik}} \tag{6-53}$$

其中，S_{ij} 和 $S_{b_{ik}}$ 分别为内部面及边界面向量的模。

6.3.3 计算过程

将 $\dot{m}_{ij}^{n}=(\rho \boldsymbol{u})_{ij}^{n}\cdot \boldsymbol{S}_{ij}$ 记为 b，同时，为适应质量流量 $(\rho \boldsymbol{u})_{ij}^{n}\cdot \boldsymbol{S}_{ij}$ 的符号变化，采用如下关系式：

$$b=b^{+}+b^{-} \tag{6-54}$$

其中，$b^{+}=\max(b,0)$；$b^{-}=\min(b,0)$。

同时，有

$$|b|=b^{+}-b^{-} \tag{6-55}$$

反之，可以得出

$$b^{+}=\frac{1}{2}(b+|b|),\quad b^{-}=\frac{1}{2}(b-|b|) \tag{6-56}$$

1. 内部面

内部面上的对流、扩散的总和为

$$\sum_{j\in \mathrm{Nei}(i)} F_{ij}\left((\rho\boldsymbol{u})^n, a\right) - \sum_{j\in \mathrm{Nei}(i)} D_{ij}(\beta, a) = \sum_{j\in \mathrm{Nei}(i)} \left\{\left[(\rho\boldsymbol{u})_{ij}^n \cdot \boldsymbol{S}_{ij}\right] a_{f,ij} - \beta_{ij}\frac{a_{J'} - a_{I'}}{\left|\overline{I'J'}\right|} S_{ij}\right\} \tag{6-57}$$

将 $a_{I'}$ 和 $a_{J'}$ 分别记为 P_{IP} 和 P_{JP}，式 (6-57) 简记为

$$\mathrm{FLUX} = \mathrm{ICONVP}\times\left(b^+ \times P_{IF} + b^- \times P_{JF}\right) + \mathrm{IDIFFP}\times\mathrm{VISCF}\,(\mathrm{IFAC})\times(P_{IP} - P_{JP}) \tag{6-58}$$

其中，P_{IP} 和 P_{JP} 的值分别按如下计算：

$$a_{K'} = a_K + \overline{KK'}\cdot\frac{1}{2}\left(G_{c,i} + G_{c,j}\right),\quad K = I\text{和}J \tag{6-59}$$

其中，$G_{c,i}$ 和 $G_{c,j}$ 为单元梯度值，计算方法参考第 5 章。式 (6-58) 中，面上的变量值 P_{IF} 和 P_{JF} 根据对流格式不同而需要分别计算。

(1) 对迎风格式，P_{IF} 和 P_{JF} 按式 (6-60) 计算：

$$\begin{aligned} P_{IF} &= \mathrm{PVAR}\,(\mathrm{II}) \\ P_{JF} &= \mathrm{PVAR}\,(\mathrm{JJ}) \end{aligned} \tag{6-60}$$

(2) 对中心格式：

$$\begin{aligned} P_{IF} &= \alpha_{ij}\times P_{I'} + (1-\alpha_{ij})\times P_{J'} \\ P_{JF} &= P_{IF} \end{aligned} \tag{6-61}$$

(3) 对二阶线性迎风格式：

$$\begin{aligned} P_{IF} &= P_I + \overline{IF}\cdot G_{c,i} \\ P_{JF} &= P_J + \overline{JF}\cdot G_{c,j} \end{aligned} \tag{6-62}$$

2. 边界面

边界面上的对流、扩散的总和为

$$\begin{aligned} &\sum_{k\in\gamma b(i)} F_{b_{ik}}\left((\rho\boldsymbol{u})^n, a\right) - \sum_{k\in\gamma b(i)} D_{b_{ik}}(\beta, a) \\ &= \sum_{k\in\gamma b(i)} \left(\left[(\rho\boldsymbol{u})_{b_{ik}}^n \cdot \boldsymbol{S}_{b_{ik}}\right] a_{f_{b_{ik}}} - \beta_{b_{ik}}\frac{a_{b_{ik}} - a_{I'}}{\left|\overline{I'F}\right|} S_{b_{ik}}\right) \end{aligned} \tag{6-63}$$

将 $a_{f_{b_{ik}}}$ 记为 P_{FAC}，$a_{b_{ik}}$ 记为 P_{FACD}，单元中心处的变量值为 PVAR (II)，式 (6-63) 简记为

$$\begin{aligned}\text{FLUX} =&\text{ICONVP} \times (b^{+} \times \text{PVAR (II)} + b^{-} \times P_{\text{FAC}}) \\ &+\text{IDIFFP} \times \text{VISCB (IFAC)} \times (P_{IP} - P_{\text{FACD}})\end{aligned} \tag{6-64}$$

其中，P_{FAC} 和 P_{FACD} 由边界条件计算给定；P_{IP} 也由式 (6-59) 计算获得。

这样，通过本节介绍的方法可顺利计算出对流–扩散的贡献，需要注意的是，这些方法在动量方程、湍动方程及标量输运方程中都会被用到。

6.4 质量流量的计算

本节介绍单元面上通过的质量流量的计算。参考图 5-1，对于内部面：

$$(\rho \boldsymbol{u})_F = \alpha (\rho_I \boldsymbol{u}_I) + (1-\alpha)(\rho_J \boldsymbol{u}_J) + \nabla (\rho \boldsymbol{u})_O \cdot \overline{OF} \tag{6-65}$$

其中，梯度 $\nabla (\rho \boldsymbol{u})_O = \dfrac{1}{2}[\nabla (\rho \boldsymbol{u})_I + \nabla (\rho \boldsymbol{u})_J]$。

对于边界面：

$$\boldsymbol{u}_{k,F} = A_k + B_k \boldsymbol{u}_{k,I'} = A_k + B_k \left(\boldsymbol{u}_{k,I} + \nabla (\boldsymbol{u}_k)_I \cdot \overline{II'}\right) \tag{6-66}$$

其中，$k \in \{1,2,3\}$，表示速度分量；A 和 B 为速度的边界条件系数，由具体边界条件计算确定。这里假设为已知值。这样，质量流量为

$$(\rho \boldsymbol{u}_k)_F = \rho_F \left[A_k + B_k \left(\boldsymbol{u}_{k,I} + \nabla (\boldsymbol{u}_k)_I \cdot \overline{II'}\right)\right] \tag{6-67}$$

式 (6-67) 中，需要计算单元速度梯度 $\nabla (\boldsymbol{u}_k)_I$，但由内部面计算中，我们已经计算过梯度 $\nabla (\rho \boldsymbol{u})_I$，这样，可以利用该梯度，将式 (6-67) 写为

$$\begin{aligned}(\rho \boldsymbol{u}_k)_F &= \rho_F A_k + \rho_F B_k \boldsymbol{u}_{k,I'} = \rho_F A_k + B_k \frac{\rho_F}{\rho_{I'}} (\rho \boldsymbol{u}_k)_{I'} \\ &= \rho_F A_k + B_k \frac{\rho_F}{\rho_{I'}} (\rho \boldsymbol{u}_k)_I + B_k \frac{\rho_F}{\rho_{I'}} \nabla (\rho \boldsymbol{u}_k)_I \cdot \overline{II'} \\ &= \rho_F A_k + B_k \frac{\rho_F}{\rho_{I'}} \left[(\rho \boldsymbol{u}_k)_I + \nabla (\rho \boldsymbol{u}_k)_I \cdot \overline{II'}\right]\end{aligned} \tag{6-68}$$

对照式 (6-66)，相当于给定了 $\rho \boldsymbol{u}$ 的边界条件，而对应的系数分别为

$$\begin{aligned}\widetilde{A_k} &= \rho_F A_k \\ \widetilde{B_k} &= B_k \frac{\rho_F}{\rho_{I'}}\end{aligned} \tag{6-69}$$

式 (6-63) 看似复杂，主要是出现了 $\dfrac{\rho_F}{\rho_{I'}}$ 项，把该式写为

$$(\rho \boldsymbol{u}_k)_F = \rho_F A_k + B_k \frac{\rho_F \rho_I}{\rho_{I'}} \boldsymbol{u}_{k,I} + B_k \frac{\rho_F}{\rho_{I'}} \nabla (\rho \boldsymbol{u}_k)_I \cdot \overline{II'} \tag{6-70}$$

为计算边界质量流量，这里用到两个近似，即取 $\rho_{I'} \approx \rho_I$(这样，带来 $O(B_k h)$ 的误差) 和 $\rho_{I'} \approx \rho_F$(这样，带来 $O(B_k h^2)$ 的误差)，这样有

$$(\rho \boldsymbol{u}_k)_F = \rho_F A_k + B_k \rho_F \boldsymbol{u}_{k,I} + B_k \nabla (\rho \boldsymbol{u}_k)_I \cdot \overline{II'} \tag{6-71}$$

边界质量流量为

$$\dot{m}_F = \sum_{k=1}^{3} \left[\rho_F A_k + B_k \rho_F \boldsymbol{u}_{k,I} + B_k \nabla (\rho \boldsymbol{u}_k)_I \cdot \overline{II'} \right] S_k \tag{6-72}$$

重新回到式 (6-68)，按照 $\rho_{I'} \approx \rho_I$ 假设，有

$$(\rho \boldsymbol{u}_k)_F = \rho_F A_k + B_k (\rho \boldsymbol{u}_k)_{I'} \tag{6-73}$$

对照式 (6-66)，此时 $\rho \boldsymbol{u}$ 的边界条件系数分别为

$$\begin{aligned} \widetilde{A_k} &= \rho_F A_k \\ \widetilde{B_k} &= B_k \end{aligned} \tag{6-74}$$

需要注意，在大多数情况下，所作两个近似完全是精确的，有

(1) 对于入口，通常 $B_k = 0$；

(2) 对于出口，通常对标量 ρ，已不再有变化，即 $\rho_F = \rho_{I'} = \rho_I$；

(3) 对于固壁面，通常是没有质量流量的，即 $B_k = 0$；

(4) 对于对称性边界，通常 $\rho_F = \rho_{I'} = \rho_I$，质量流量也为 0。

在处理边界条件时，我们将详细讨论该问题。

6.5　扩散项的面参数计算

本节介绍各向同性扩散系数在单元面上值的计算。参考图 5-1，对动量、湍动方程的扩散项，一般涉及面上黏度的计算，这样，对于单元 i，扩散项积分如下：

$$\int_{\Omega_i} \nabla \cdot (\mu \nabla f)\, \mathrm{d}\Omega = \sum_{j \in \mathrm{Nei}(i)} \mu_{ij} \frac{f_{J'} - f_{I'}}{\left|\overline{I'J'}\right|} S_{ij} + \sum_{k \in \gamma b(i)} \mu_{b_{ik}} \frac{f_{b_{ik}} - f_{I'}}{\left|\overline{I'F}\right|} S_{b_{ik}} \tag{6-75}$$

其中，主要计算 $\mu_{ij} \dfrac{S_{ij}}{\left|\overline{I'J'}\right|}$ 和 $\mu_{b_{ik}} \dfrac{S_{b_{ik}}}{\left|\overline{I'F}\right|}$，对内表面有两种计算方式。

(1) 代数平均：

$$\mu_{ij} = \alpha_{ij}\mu_i + (1-\alpha_{ij})\,\mu_j \tag{6-76}$$

(2) 调和平均：

$$\mu_{ij} = \frac{\mu_i\mu_j}{\alpha_{ij}\mu_i + (1-\alpha_{ij})\,\mu_j} \tag{6-77}$$

对边界面：

$$\mu_{b_{ik}} = \mu_I \tag{6-78}$$

但这里也不仅局限于面黏度，在后面求解压力泊松方程时，其中涉及：

$$\int_{\Omega_i} \nabla\cdot\left(\Delta t^n \nabla(\delta p)\right)\mathrm{d}\Omega \tag{6-79}$$

此时有

$$\mu = \Delta t^n \tag{6-80}$$

然后，将面积 S_{ij} 记为 SURFN，$S_{b_{ik}}$ 记为 SURFBN，距离 $|\overline{I'J'}|$ 记为 DIST，$|\overline{I'F}|$ 记为 DISTBR，内部面黏度记为 VISCF，边界面记为 VISCB，面扩散项系数为

$$\frac{\text{VISCF}\times\text{SURFN}}{\text{DIST}} \text{和} \frac{\text{VISCB}\times\text{SURFBN}}{\text{DISTBR}} \tag{6-81}$$

这样，根据具体的扩散项类型，都可以计算相应的系数值。

下面将介绍 N-S 方程的数值求解过程。这里采用速度压力解耦的方法，通过两个步骤，即通过速度预测步来获得初始速度场；第二步，由已知速度场通过求解压力泊松方程，获得压力场，然后通过压力梯度修正速度场。

6.6　速度预测步

下面介绍不可压缩或微弱可压缩 N-S 方程的求解方法，基本方程组为

$$\rho\frac{\partial \boldsymbol{u}}{\partial t} = \underbrace{-\nabla\cdot(\rho\boldsymbol{u}\otimes\boldsymbol{u})}_{\text{对流项}} + \underbrace{\nabla\cdot(\mu\nabla\boldsymbol{u})}_{\text{扩散项}} + \underbrace{\nabla\cdot\left(\mu\nabla\boldsymbol{u}^{\mathrm{T}}\right)}_{\text{梯度转置项}} \underbrace{-\frac{2}{3}\nabla(\mu\nabla\cdot\boldsymbol{u})}_{\text{第二黏性项}}$$
$$+\boldsymbol{u}\nabla\cdot(\rho\boldsymbol{u}) + (\rho-\rho_0)\,\boldsymbol{g} - \nabla p - \nabla\cdot(\rho\boldsymbol{R}) + \underbrace{\Gamma\left(\boldsymbol{u}^{\mathrm{in}}-\boldsymbol{u}\right)}_{\text{动量源项}} + \underbrace{T_s^{\exp} + T_s^{\mathrm{imp}}\boldsymbol{u}}_{\text{其他源项}} \tag{6-82}$$

其中，除了对流、扩散项以外，都可分别离散计算，而对流–扩散方程可采用前述方法求解。另外，有时也可将压力项记为热力学压力与参考静压力的差距，即 $p^* = p - \rho_0\boldsymbol{g}\cdot\boldsymbol{r}$。实际水静压力由密度 ρ 计算，而不是 ρ_0。

其中，雷诺应力的散度写为

$$
-\nabla\cdot(\rho\boldsymbol{R})=\begin{cases}0, & \text{层流}\\ -\dfrac{2}{3}\nabla\left(\mu_t\nabla\cdot\boldsymbol{u}\right)+\nabla\cdot\left(\mu_t\left(\nabla\boldsymbol{u}+\nabla\boldsymbol{u}^{\mathrm{T}}\right)\right)-\dfrac{2}{3}\nabla\left(\rho k\right), & \text{涡黏模型}\\ -\nabla\cdot\left(\rho\boldsymbol{R}\right), & \text{二阶模型}\\ -\dfrac{2}{3}\nabla\left(\mu_t\nabla\cdot\boldsymbol{u}\right)+\nabla\cdot\left(\mu_t\left(\nabla\boldsymbol{u}+\nabla\boldsymbol{u}^{\mathrm{T}}\right)\right), & \text{大涡模拟}\end{cases}
\tag{6-83}
$$

式 (6-82) 含有速度分量间的耦合，具有非线性，因此，在速度预测步将对三个速度分量线性化并解耦。在预测步，速度表示为

$$
\tilde{\boldsymbol{u}}=\boldsymbol{u}^n+\delta\boldsymbol{u}
\tag{6-84}
$$

其中，$\boldsymbol{u}^n$ 为上一步已知量；$\tilde{\boldsymbol{u}}$ 为当前步的预测量。

$$
\nabla\cdot(\rho\tilde{\boldsymbol{u}}\otimes\tilde{\boldsymbol{u}})=\nabla\cdot(\rho\boldsymbol{u}^n\otimes\boldsymbol{u}^n)+\nabla\cdot(\rho\boldsymbol{u}^n\otimes\delta\boldsymbol{u})+\underbrace{\nabla\cdot(\rho\delta\boldsymbol{u}\otimes\boldsymbol{u}^n)}_{\text{线性耦合项}}+\underbrace{\nabla\cdot(\rho\delta\boldsymbol{u}\otimes\delta\boldsymbol{u})}_{\text{非线性耦合项}}
\tag{6-85}
$$

在预测步，式中的耦合项均不考虑，从而得到解耦的系统。采用 θ 格式，形成离散格式如下：

$$
\begin{aligned}
&\rho\frac{\tilde{\boldsymbol{u}}^{n+1}-\boldsymbol{u}^n}{\Delta t}+\nabla\cdot\left((\rho\boldsymbol{u})\otimes\tilde{\boldsymbol{u}}^{n+\theta}\right)-\nabla\cdot\left(\mu_{\mathrm{tot}}\nabla\tilde{\boldsymbol{u}}^{n+\theta}\right)\\
&=\tilde{\boldsymbol{u}}^{n+\theta}\nabla\cdot(\rho\boldsymbol{u})+(\rho-\rho_0)\,\boldsymbol{g}-\nabla p^{n-1+\theta}+\left(\varGamma\boldsymbol{u}^{\mathrm{in}}\right)^{n+\theta_S}-\varGamma^n\tilde{\boldsymbol{u}}^{n+\theta}\\
&\quad+\left(T_s^{\exp}\right)^{n+\theta_S}+T_s^{\mathrm{imp}}\tilde{\boldsymbol{u}}^{n+\theta}+\left(\nabla\cdot\left(\mu_{\mathrm{tot}}\nabla\boldsymbol{u}^{\mathrm{T}}\right)\right)^{n+\theta_S}-\frac{2}{3}\left(\nabla\left(\mu_{\mathrm{tot}}\nabla\cdot\boldsymbol{u}\right)\right)^{n+\theta_S}-(\mathrm{turb})^{n+\theta_S}
\end{aligned}
\tag{6-86}
$$

其中，将式 (6-82) 和式 (6-83) 中的黏度项合并，统一由 μ_{tot} 表示，即

$$
\mu_{\mathrm{tot}}=\begin{cases}\mu+\mu_t, & \text{涡黏模型或大涡模拟}\\ \mu, & \text{层流或二阶模型}\end{cases}
\tag{6-87}
$$

余下的湍动量部分 $(\mathrm{turb})^{n+\theta_S}$ 记为

$$
(\mathrm{turb})^{n+\theta_S}=\begin{cases}\dfrac{2}{3}\nabla\left(\rho^n k^n\right), & \text{涡黏模型}\\ \nabla\cdot\left(\rho^n\boldsymbol{R}^n\right), & \text{二阶模型}\\ 0, & \text{大涡模拟}\end{cases}
\tag{6-88}
$$

类似于标量的 θ 格式，对速度 $\boldsymbol{u}$ 采用 $n+1$ 步预测量与上一步已知量的插值，有

$$\tilde{\boldsymbol{u}}^{n+\theta}=\theta\tilde{\boldsymbol{u}}^{n+1}+(1-\theta)\,\boldsymbol{u}^{n} \tag{6-89}$$

有如下时间格式：

$$\theta=\begin{cases}1, & \text{一阶隐式欧拉格式}\\ \dfrac{1}{2}, & \text{二阶Crank-Nicolson格式}\end{cases} \tag{6-90}$$

代入式 (6-86) 可得

$$\begin{aligned}&\underbrace{\left(\frac{\rho}{\Delta t}-\theta\nabla\cdot(\rho\boldsymbol{u})+\theta\Gamma^{n}-\theta T_{s}^{\mathrm{imp}}\right)}_{f_{s}^{\mathrm{imp}}}\left(\tilde{\boldsymbol{u}}^{n+1}-\boldsymbol{u}^{n}\right)+\theta\nabla\cdot\left((\rho\boldsymbol{u})\otimes\tilde{\boldsymbol{u}}^{n+1}\right)\\&-\theta\nabla\cdot\left(\mu_{\mathrm{tot}}\nabla\tilde{\boldsymbol{u}}^{n+1}\right)\\&=-(1-\theta)\,\nabla\cdot((\rho\boldsymbol{u})\otimes\boldsymbol{u}^{n})+(1-\theta)\,\nabla\cdot(\mu_{\mathrm{tot}}\nabla\boldsymbol{u}^{n})\\&\left.\begin{aligned}&+\boldsymbol{u}^{n}\nabla\cdot(\rho\boldsymbol{u})+(\rho-\rho_{0})\,\boldsymbol{g}-\nabla p^{n-1+\theta}+\left(\Gamma\boldsymbol{u}^{\mathrm{in}}\right)^{n+\theta_{S}}-\Gamma^{n}\boldsymbol{u}^{n}\\&+\left(T_{s}^{\exp}\right)^{n+\theta_{S}}+T_{s}^{\mathrm{imp}}\boldsymbol{u}^{n}+\left(\nabla\cdot\left(\mu_{\mathrm{tot}}\nabla\boldsymbol{u}^{\mathrm{T}}\right)\right)^{n+\theta_{S}}-\frac{2}{3}\left(\nabla\left(\mu_{\mathrm{tot}}\nabla\cdot\boldsymbol{u}\right)\right)^{n+\theta_{S}}\\&-(\mathrm{turb})^{n+\theta_{S}}\end{aligned}\right\}f_{s}^{\exp}\end{aligned} \tag{6-91}$$

简记为

$$\begin{aligned}&f_{s}^{\mathrm{imp}}\left(\tilde{\boldsymbol{u}}^{n+1}-\boldsymbol{u}^{n}\right)+\theta\nabla\cdot\left((\rho\boldsymbol{u})\otimes\tilde{\boldsymbol{u}}^{n+1}\right)-\theta\nabla\cdot\left(\mu_{\mathrm{tot}}\nabla\tilde{\boldsymbol{u}}^{n+1}\right)\\&=-(1-\theta)\,\nabla\cdot((\rho\boldsymbol{u})\otimes\boldsymbol{u}^{n})+(1-\theta)\,\nabla\cdot(\mu_{\mathrm{tot}}\nabla\boldsymbol{u}^{n})+f_{s}^{\exp}\end{aligned} \tag{6-92}$$

式 (6-92) 变为与式 (6-20) 相同的形式，方程的求解采取解耦式求解法，因此，对每个速度分量的运动方程中不同项分别积分计算，然后，将这些项组装到对流 - 扩散系统，根据 6.2 节的方法进行求解。

1. $f_s^{\exp}$ 中的项的处理

(1) 对不作插值，而每次迭代都需重新计算的部分，采用 TRAV 代表 ($\nabla p^{n-1+\theta}$ 和 $(\rho-\rho_0)\,\boldsymbol{g}$)；

(2) 对不作插值，且每次迭代都不会改变的部分，采用 TRAVA 代表 ($T_s^{\mathrm{imp}}\boldsymbol{u}^n$ 和 $-\Gamma^n\boldsymbol{u}^n$ 等)；

(3) 对插值部分，用 PROPCE 代表。

在第 $n-1+\theta$ 步，已经有压力梯度，这一项跟重力项加到一起，记为

$$\mathrm{TRAV}\,(\mathrm{IEL},1)=|\Omega|_{\mathrm{IEL}}\left[-\left(\frac{\partial p}{\partial x}\right)_{\mathrm{IEL}}+(\rho\,(\mathrm{IEL})-\rho_0)\,g_x\right] \tag{6-93}$$

类似地，可计算出其他两个方向的值。再计算湍动部分，具体如下。

(1) 对涡黏模型，为简单，只计算 $-\frac{2}{3}\rho\nabla(k)$，而不是 $-\frac{2}{3}\nabla(\rho k)$ 项，$\nabla(k)$ 可直接由单元梯度计算，该项也可隐式包含于压力梯度项中。

(2) 对二阶模型，后面将专门介绍。然后，计算第二黏性项 $-\frac{2}{3}\nabla\left(\mu_{\mathrm{tot}}\nabla\cdot\boldsymbol{u}\right)$ 和梯度转置项 $\nabla\cdot\left(\mu_{\mathrm{tot}}\nabla\boldsymbol{u}^{\mathrm{T}}\right)$。

2. 面黏度的计算

面黏度值可直接由本节的方法计算，这里需要计算的是

$$(\mu_{\mathrm{tot}})_F\,\frac{\mathrm{SURFN}}{\mathrm{DIST}} \tag{6-94}$$

对内部面，$(\mu_{\mathrm{tot}})_F$ 记为 VISCF，边界面记为 VISCB。

3. 计算方程右端项 —— f_s^{imp} 的计算

方程采取顺序求解的方法，逐个求解每个速度分量的运动方程，矩阵对角部分采用 ROVSDT 表示，有：

(1) T_s^{imp} 隐式部分，记为 XIMPA，用于后续迭代，而 $T_s^{\mathrm{imp}}\boldsymbol{u}^n$ 加到 TRAVA 或 TRAV 中；

(2) 质量累积 $\nabla\cdot(\rho\boldsymbol{u})$ 由面质量流量累加获得。

4. 对方程右端项进行组装

1) 若源项插值

现将各项展开，在 $k=1$ 步，有

$$\mathrm{ROVSDT}^n=\frac{\rho}{\Delta t}-\theta\nabla\cdot(\rho\boldsymbol{u})+\theta\Gamma^n-\theta T_s^{\mathrm{imp}} \tag{6-95}$$

$$\mathrm{PROPCE}^n=T_s^{\exp,n}+\Gamma^n\boldsymbol{u}^{\mathrm{in},n}-\mathrm{turb}^n+\nabla\cdot\left(\mu_{\mathrm{tot}}^n\nabla\boldsymbol{u}^{\mathrm{T},n}\right)+\frac{2}{3}\nabla\left(\mu_{\mathrm{tot}}^n\frac{\nabla\cdot(\rho\boldsymbol{u})}{\rho^n}\right) \tag{6-96}$$

$$\mathrm{TRAV}^n=(\rho-\rho_0)\,\boldsymbol{g}-\nabla p^{n-1+\theta}-\theta_s\mathrm{PROPCE}^{n-1}+T_s^{\mathrm{imp}}\boldsymbol{u}^n+\nabla\cdot(\rho\boldsymbol{u})\,\boldsymbol{u}^n-\Gamma^n\boldsymbol{u}^n \tag{6-97}$$

最后，方程右端项为

$$\mathrm{RHSR}^n=(1-\theta_s)\,\mathrm{PROPCE}^n+\mathrm{TRAV}^n \tag{6-98}$$

在 $k>1$ 步，有

$$\mathrm{ROVSDT}^n=\frac{\rho}{\Delta t}-\theta\nabla\cdot(\rho\boldsymbol{u})+\theta\Gamma^n-\theta T_s^{\mathrm{imp}} \tag{6-99}$$

$$\mathrm{PROPCE}^n=T_s^{\mathrm{exp},n}+\Gamma^n\boldsymbol{u}^{\mathrm{in},n}-\mathrm{turb}^n+\nabla\cdot\left(\mu_{\mathrm{tot}}^n\nabla\boldsymbol{u}^{\mathrm{T},n}\right)+\frac{2}{3}\nabla\left(\mu_{\mathrm{tot}}^n\frac{\nabla\cdot(\rho\boldsymbol{u})}{\rho^n}\right) \tag{6-100}$$

$$\mathrm{TRAVA}^n=-\theta_s\mathrm{PROPCE}^{n-1}+T_s^{\mathrm{imp}}\boldsymbol{u}^n+\nabla\cdot(\rho\boldsymbol{u})\,\boldsymbol{u}^n-\Gamma^n\boldsymbol{u}^n \tag{6-101}$$

$$\mathrm{TRAV}^n=(\rho-\rho_0)\,\boldsymbol{g}-\nabla\left(p^{n+\theta}\right)^{k-1} \tag{6-102}$$

最后，方程右端项为

$$\mathrm{RHSR}^n=(1-\theta_s)\,\mathrm{PROPCE}^n+\mathrm{TRAVA}^n+\mathrm{TRAV}^n \tag{6-103}$$

2) 若源项不插值

在 $k=1$ 步，各项表示如下：

$$\mathrm{ROVSDT}^n=\frac{\rho}{\Delta t}-\theta\nabla\cdot(\rho\boldsymbol{u})+\Gamma^n+\max\left(-T_s^{\mathrm{imp}},0\right) \tag{6-104}$$

$$\begin{aligned}\mathrm{TRAV}^n=&(\rho-\rho_0)\,\boldsymbol{g}-\nabla p^{n-1+\theta}+T_s^{\mathrm{imp}}\boldsymbol{u}^n+\nabla\cdot(\rho\boldsymbol{u})\,\boldsymbol{u}^n-\Gamma^n\boldsymbol{u}^n\\&+T_s^{\mathrm{exp}}+\Gamma^n\boldsymbol{u}^{\mathrm{in},n}-\mathrm{turb}^n+\nabla\cdot\left(\mu_{\mathrm{tot}}\nabla\boldsymbol{u}^{\mathrm{T},n}\right)+\frac{2}{3}\nabla\left(\mu_{\mathrm{tot}}\frac{\nabla\cdot(\rho\boldsymbol{u})}{\rho}\right)\end{aligned} \tag{6-105}$$

最后，方程右端项为

$$\mathrm{RHSR}^n=\mathrm{TRAV}^n \tag{6-106}$$

在 $k>1$ 步，有

$$\mathrm{ROVSDT}^n=\frac{\rho}{\Delta t}-\theta\nabla\cdot(\rho\boldsymbol{u})+\Gamma^n+\max\left(-T_s^{\mathrm{imp}},0\right) \tag{6-107}$$

$$\begin{aligned}\mathrm{TRAVA}^n=&T_s^{\mathrm{imp}}\boldsymbol{u}^n+\nabla\cdot(\rho\boldsymbol{u})\,\boldsymbol{u}^n-\Gamma^n\boldsymbol{u}^n\\&+T_s^{\mathrm{exp}}+\Gamma^n\boldsymbol{u}^{\mathrm{in},n}-\mathrm{turb}^n+\nabla\cdot\left(\mu_{\mathrm{tot}}\nabla\boldsymbol{u}^{\mathrm{T},n}\right)+\frac{2}{3}\nabla\left(\mu_{\mathrm{tot}}\frac{\nabla\cdot(\rho\boldsymbol{u})}{\rho}\right)\end{aligned} \tag{6-108}$$

$$\mathrm{TRAV}^n=(\rho-\rho_0)\,\boldsymbol{g}-\nabla\left(p^{n+\theta}\right)^{k-1} \tag{6-109}$$

最后，方程右端项为

$$\mathrm{RHSR}^n=\mathrm{TRAVA}^n+\mathrm{TRAV}^n \tag{6-110}$$

这样，预测步可以采用前述对流–扩散方程的求解方法予以迭代求解。

5. 压力残差计算

对单元 IEL 的体积分：

$$\mathrm{XNORMP}\,(\mathrm{IEL}) = \int_{\Omega_{\mathrm{IEL}}} \left(\nabla \cdot \left(\Delta t \nabla p^{n-1+\theta}\right) - \varGamma\right) \mathrm{d}\Omega \tag{6-111}$$

式 (6-111) 的体积分转为 $\sum\limits_{j\in \mathrm{Nei}(i)} \left[\Delta t\,(\nabla p)_{ij}\right] \cdot \boldsymbol{S}_{ij} + \sum\limits_{k\in \gamma b(i)} \left[\Delta t\,(\nabla p)_{b_{ik}}\right] \cdot \boldsymbol{S}_{b_{ik}}$，内部面有 $\left[\Delta t\,(\nabla p)_{ij}\right] \cdot \boldsymbol{S}_{ij} = \dfrac{\Delta t S_{ij}}{\left|\overline{I'J'}\right|}(p_I - p_J)$，边界面 $\left[\Delta t\,(\nabla p)_{b_{ik}}\right] \cdot \boldsymbol{S}_{b_{ik}} = \dfrac{\Delta t S_{b_{ik}}}{\left|\overline{I'F}\right|}\left[(1-B_{b,ik})p_I - A_{b,ik}\right]$，系数 $A_{b,ik}$ 和 $B_{b,ik}$ 根据边界条件计算给定。下面将介绍压力泊松方程的求解。

6.7　压力泊松方程求解

由于压力仅以梯度形式出现于三个速度分量对应的运动方程中，而连续方程没有压力项，只能通过间接的方式来推得压力方程。这里，将式 (6-82) 的运动方程简记为

$$\rho\frac{\tilde{\boldsymbol{u}}^{n+1} - \boldsymbol{u}^n}{\Delta t} + \underbrace{\nabla \cdot (\rho \boldsymbol{u} \otimes \boldsymbol{u} + \mu \nabla \boldsymbol{u})}_{\text{对流–扩散部分}} = -\nabla p + \underbrace{T_s^{\exp} + T_s^{\mathrm{imp}} \boldsymbol{u}}_{\text{显式、隐式源项}} \tag{6-112}$$

对式 (6-112) 体积分，再利用一些简化的记号来表示为

$$\boldsymbol{M}_\alpha^n \boldsymbol{R}^n \left(\widetilde{\boldsymbol{V}}_\alpha - \boldsymbol{V}_\alpha^n\right) + \boldsymbol{A}_\alpha^n \widetilde{\boldsymbol{V}}_\alpha = -\boldsymbol{G}_\alpha \boldsymbol{p}^n + \boldsymbol{S}_\alpha^n + \boldsymbol{I}_{s,\alpha} \widetilde{\boldsymbol{V}}_\alpha \tag{6-113}$$

其中，$\alpha \in \{1,2,3\}$ 代表空间三个坐标方向。式 (6-113) 中各项的意义如下：

(1) $\boldsymbol{M}_\alpha^n$ 为对角矩阵，对角元素为 $\boldsymbol{M}_\alpha^n(i,i) = \dfrac{|\Omega_i|}{\Delta t_{\alpha,I}^n}$，其中，$\Delta t_{\alpha,I}^n$ 为时间步长；

(2) $\boldsymbol{R}^n$ 为对角矩阵，对角元素为 $\boldsymbol{R}^n(i,i) = \rho_I^n$；

(3) $\widetilde{\boldsymbol{V}}_\alpha$ 为速度 $\tilde{\boldsymbol{u}}$ 的 α 方向分量；

(4) $\boldsymbol{V}_\alpha^n$ 为前一个时间步 n 的速度 $\boldsymbol{u}^n$；

(5) $\boldsymbol{A}_\alpha^n$ 为对流–扩散部分；

(6) $\boldsymbol{G}_\alpha$ 为 α 方向分量的单元梯度算子；

(7) $\boldsymbol{p}^n$ 为前一个时间步 n 的压力；

(8) $\boldsymbol{S}_\alpha^n$ 为显式源项；

(9) $\boldsymbol{I}_{s,\alpha}$ 为对角张量，为速度的隐式项。

施加连续条件：

$$\nabla \cdot (\rho \boldsymbol{u}) = \Gamma \tag{6-114}$$

记 $\boldsymbol{W}$ 为三维向量，用 $\boldsymbol{V}$ 表示 $\boldsymbol{V}^n$、$\boldsymbol{V}^{n+1}$ 或 $\widetilde{\boldsymbol{V}}$，写为

$$\boldsymbol{W} = \boldsymbol{R}^n \boldsymbol{V} = \begin{bmatrix} \rho^n \boldsymbol{V}_1 \\ \rho^n \boldsymbol{V}_2 \\ \rho^n \boldsymbol{V}_3 \end{bmatrix} \tag{6-115}$$

用 $\boldsymbol{D}$ 表示散度算子，则式 (6-114) 写为

$$\boldsymbol{DW} = \Gamma \tag{6-116}$$

将式 (6-113) 写为

$$\left[\boldsymbol{M}_\alpha^n + \boldsymbol{A}_\alpha^n (\boldsymbol{R}^n)^{-1} - \boldsymbol{I}_{s,\alpha} (\boldsymbol{R}^n)^{-1}\right] \boldsymbol{R}^n \widetilde{\boldsymbol{V}}_\alpha = -\boldsymbol{G}_\alpha \boldsymbol{p}^n + \boldsymbol{S}_\alpha^n + \boldsymbol{M}_\alpha \boldsymbol{R}^n \boldsymbol{V}_\alpha^n \tag{6-117}$$

记 $\boldsymbol{B}_\alpha = \boldsymbol{M}_\alpha^n + \boldsymbol{A}_\alpha^n (\boldsymbol{R}^n)^{-1} - \boldsymbol{I}_{s,\alpha} (\boldsymbol{R}^n)^{-1}$，展开记为

$$\boldsymbol{B} = \begin{bmatrix} \boldsymbol{B}_1 & 0 & 0 \\ 0 & \boldsymbol{B}_2 & 0 \\ 0 & 0 & \boldsymbol{B}_3 \end{bmatrix}, \quad \boldsymbol{G} = \begin{bmatrix} \boldsymbol{G}_1 \\ \boldsymbol{G}_2 \\ \boldsymbol{G}_3 \end{bmatrix}, \quad \boldsymbol{S} = \begin{bmatrix} \boldsymbol{S}_1 + \boldsymbol{M}_1 \boldsymbol{R}^n \boldsymbol{V}_1^n \\ \boldsymbol{S}_2 + \boldsymbol{M}_2 \boldsymbol{R}^n \boldsymbol{V}_2^n \\ \boldsymbol{S}_3 + \boldsymbol{M}_3 \boldsymbol{R}^n \boldsymbol{V}_3^n \end{bmatrix} \tag{6-118}$$

因此，式 (6-117) 简记为

$$\boldsymbol{B}\widetilde{\boldsymbol{W}} = -\boldsymbol{G}\boldsymbol{p}^n + \boldsymbol{S}^n \tag{6-119}$$

校正步算法的构造用到两个步骤：

(1) 求解式 (6-113)，或求解

$$\boldsymbol{M}_\alpha^n \boldsymbol{R}^n \left(\widetilde{\boldsymbol{V}}_\alpha - \boldsymbol{V}_\alpha^n\right) + \boldsymbol{A}_\alpha^n \widetilde{\boldsymbol{V}}_\alpha - \boldsymbol{I}_{s,\alpha} \widetilde{\boldsymbol{V}}_\alpha = -\boldsymbol{G}_\alpha \boldsymbol{p}^n + \boldsymbol{S}_\alpha^n \tag{6-120}$$

(2) 构造 $n+1$ 时间步的方程，减去式 (6-120) 得

$$\boldsymbol{M}_\alpha^n \boldsymbol{R}^n \left(\boldsymbol{V}_\alpha^{n+1} - \widetilde{\boldsymbol{V}}_\alpha\right) + \boldsymbol{A}_\alpha^n \left(\boldsymbol{V}_\alpha^{n+1} - \widetilde{\boldsymbol{V}}_\alpha\right) - \boldsymbol{I}_{s,\alpha} \left(\boldsymbol{V}_\alpha^{n+1} - \widetilde{\boldsymbol{V}}_\alpha\right) = -\boldsymbol{G}_\alpha \left(\boldsymbol{p}^{n+1} - \boldsymbol{p}^n\right) \tag{6-121}$$

式 (6-121) 简记为

$$\boldsymbol{B}\left(\boldsymbol{W}^{n+1} - \widetilde{\boldsymbol{W}}\right) = -\boldsymbol{G}\left(\boldsymbol{p}^{n+1} - \boldsymbol{p}^n\right) \tag{6-122}$$

其中

$$\boldsymbol{W}^{n+1} = \boldsymbol{R}^n \boldsymbol{V}^{n+1} \tag{6-123}$$

或者

$$\boldsymbol{D}\boldsymbol{W}^{n+1}=\Gamma \tag{6-124}$$

取 $\delta p=p^{n+1}-p^{n}$，有

$$\boldsymbol{D}\boldsymbol{B}^{-1}\boldsymbol{G}\delta p=\boldsymbol{D}\widetilde{\boldsymbol{W}}-\Gamma \tag{6-125}$$

这样，由式 (6-125) 求得 δp，并进而获得 p^{n+1}，再修正获得速度 $\boldsymbol{u}^{n+1}$。

这里，存在的问题是如何计算 $\boldsymbol{B}^{-1}$，由于求逆比较复杂，必须适当简化，采用近似该算子，设 $\boldsymbol{B}_{\alpha}^{-1}=\boldsymbol{M}_{\alpha}^{-1}$。

上述算子在同位网格上的离散存在天然缺陷，实际上，算子 $\boldsymbol{D}\boldsymbol{B}^{-1}\boldsymbol{G}$ 在规则笛卡儿网格上会造成奇偶失耦缺陷，也称为棋盘失耦问题，为避免该问题，定义算子 $\boldsymbol{L}$，对单元 Ω_i，中心 I 处的关系式：

$$\left(\boldsymbol{L}p^{n+1}\right)_I=\int_{\Omega_i}\nabla\cdot\left(\boldsymbol{T}^{n}\nabla p^{n+1}\right)\mathrm{d}\Omega \tag{6-126}$$

展开形成：

$$(\boldsymbol{L}\delta p)_I=\sum_{j\in \mathrm{Nei}(i)}\left[T_{ij}^{n}\left(\nabla\delta p\right)_{f_{ij}}\right]\cdot S_{ij}+\sum_{k\in\gamma b(i)}\left[T_{b_{ik}}^{n}\left(\nabla\delta p\right)_{f_{b_{ik}}}\right]\cdot S_{b_{ik}} \tag{6-127}$$

其中，$\boldsymbol{T}^{n}$ 为二阶对角张量，展开为

$$\boldsymbol{T}_I^{n}=\begin{bmatrix}\Delta t_I^{n} & 0 & 0\\ 0 & \Delta t_I^{n} & 0\\ 0 & 0 & \Delta t_I^{n}\end{bmatrix} \tag{6-128}$$

对角元素为时间步长，实际上，算子 $\boldsymbol{L}$ 不会产生笛卡儿网格的失耦问题。式 (6-127) 中的项的计算将在后面给出。

接下来计算方程右端 $\boldsymbol{D}\widetilde{\boldsymbol{W}}$ 项。

$$\begin{aligned}\left(\boldsymbol{D}\widetilde{\boldsymbol{W}}\right)_I=&\sum_{j\in \mathrm{Nei}(i)}\left[\rho^{n}\tilde{\boldsymbol{u}}+\alpha_{\mathrm{Arak}}\left(\boldsymbol{G}\left(\boldsymbol{p}^{n}\right)\right)_{\mathrm{cell}}\right]_{f_{ij}}\cdot\boldsymbol{S}_{ij}-\alpha_{\mathrm{Arak}}\sum_{j\in \mathrm{Nei}(i)}T_{ij}^{n}\left(\nabla p^{n}\right)_{f_{ij}}\cdot\boldsymbol{S}_{ij}\\&+\sum_{k\in\gamma b(i)}\left[\rho^{n}\tilde{\boldsymbol{u}}+\alpha_{\mathrm{Arak}}\left(\boldsymbol{G}\left(\boldsymbol{p}^{n}\right)\right)_{\mathrm{cell}}\right]_{f_{b_{ik}}}\cdot\boldsymbol{S}_{b_{ik}}\\&-\alpha_{\mathrm{Arak}}\sum_{k\in\gamma b(i)}T_{b_{ik}}^{n}\left(\nabla p^{n}\right)_{f_{b_{ik}}}\cdot\boldsymbol{S}_{b_{ik}}\\=&\sum_{j\in \mathrm{Nei}(i)}\widetilde{m}_{ij}+\sum_{k\in\gamma b(i)}\widetilde{m}_{b_{ik}}\end{aligned} \tag{6-129}$$

其中，$(\boldsymbol{G}(\boldsymbol{p}^n))_{\text{cell}}$ 为压力的单元梯度，可由单元梯度算法计算；$(\nabla p^n)_{f_{ij}}$ 为面梯度，由单元梯度插值获得；α_{Arak} 为插值 Arak 常数。这样，式 (6-129) 简记为内部 ij 面质量流量 $\widetilde{m}_{ij}$ 和边界 ik 面上 $\widetilde{m}_{b_{ik}}$ 的总和。

代入式 (6-125)，变为

$$\begin{aligned}&\sum_{j\in\text{Nei}(i)}\left[T_{ij}^n(\nabla\delta p)_{f_{ij}}\right]\cdot S_{ij}+\sum_{k\in\gamma b(i)}\left[T_{b_{ik}}^n(\nabla\delta p)_{f_{b_{ik}}}\right]\cdot S_{b_{ik}}\\&=\sum_{j\in\text{Nei}(i)}\widetilde{m}_{ij}+\sum_{k\in\gamma b(i)}\widetilde{m}_{b_{ik}}-\Gamma_I\end{aligned}\tag{6-130}$$

构建迭代格式如下：

$$\begin{aligned}&\sum_{j\in\text{Nei}(i)}T_{ij}^n\frac{(\delta(\delta p))_I^{k+1}-(\delta(\delta p))_J^{k+1}}{\left|\overline{I'J'}\right|}S_{ij}\\&+\sum_{k\in\gamma b(i)}T_{b_{ik}}^n\frac{(\delta(\delta p))_I^{k+1}-(\delta(\delta p))_{b_{ik}}^{k+1}}{\left|\overline{I'F}\right|}S_{b_{ik}}\\&=\sum_{j\in\text{Nei}(i)}\widetilde{m}_{ij}+\sum_{k\in\gamma b(i)}\widetilde{m}_{b_{ik}}\\&-\sum_{j\in\text{Nei}(i)}\left[T_{ij}^n\left(\nabla(\delta p)^k\right)_{f_{ij}}\right]\cdot S_{ij}-\sum_{k\in\gamma b(i)}\left[T_{b_{ik}}^n\left(\nabla(\delta p)^k\right)_{f_{b_{ik}}}\right]\cdot S_{b_{ik}}-\Gamma_I\end{aligned}\tag{6-131}$$

给定如下迭代关系：

$$(\delta(\delta p))^{k+1}=(\delta p)^{k+1}-(\delta p)^k\tag{6-132}$$

其中，$k\in[1,N]$。给定初始值 $(\delta(\delta p))^0=0$，就可以迭代求得 δp。而压力由 k 次迭代过程的增量累积形成 $p^{n+1}=p^n+\sum_{l=1}^{k}(\delta(\delta p))^l$。

再根据压力增量的梯度修正，获得如下速度校正关系式：

$$\tilde{\boldsymbol{u}}^{n+1}=\tilde{\boldsymbol{u}}^n-\frac{1}{\rho}\boldsymbol{T}^n\nabla\delta p\tag{6-133}$$

这样，完成速度校正后，再进入预测步，由已知压力梯度求解速度、湍动及其他输运方程，循环迭代完成整个求解过程。

6.8　k-ε 方程的求解

6.8.1　控制方程

k-ε 基本方程如下：

$$\rho\frac{\partial k}{\partial t}+\nabla\cdot\left[\rho\boldsymbol{u}k-\left(\mu+\frac{\mu_t}{\sigma_k}\right)\nabla k\right]$$
$$=\mathcal{P}+\mathcal{G}-\rho\varepsilon+k\nabla\cdot(\rho\boldsymbol{u})+\Gamma\left(k^{\text{in}}-k\right)+\alpha_k k+\beta_k$$

$$\rho\frac{\partial\varepsilon}{\partial t}+\nabla\cdot\left[\rho\boldsymbol{u}\varepsilon-\left(\mu+\frac{\mu_t}{\sigma_\varepsilon}\right)\nabla\varepsilon\right]$$
$$=C_{\varepsilon1}\frac{\varepsilon}{k}\left[\mathcal{P}+(1-C_{\varepsilon3})\,\mathcal{G}\right]-\rho C_{\varepsilon2}\frac{\varepsilon^2}{k}+\varepsilon\nabla\cdot(\rho\boldsymbol{u})+\Gamma\left(\varepsilon^{\text{in}}-\varepsilon\right)+\alpha_\varepsilon\varepsilon+\beta_\varepsilon \tag{6-134}$$

其中，$\mathcal{P}$ 为平均剪切产生项，即

$$\mathcal{P}=-\rho R_{ij}\frac{\partial u_i}{\partial x_j}=-\left[-\mu_t\left(\frac{\partial u_i}{\partial x_j}+\frac{\partial u_j}{\partial x_i}\right)+\frac{2}{3}\mu_t\frac{\partial u_k}{\partial x_k}\delta_{ij}+\frac{2}{3}\rho k\delta_{ij}\right]\frac{\partial u_i}{\partial x_j}$$
$$=\mu_t\left(\frac{\partial u_i}{\partial x_j}+\frac{\partial u_j}{\partial x_i}\right)\frac{\partial u_i}{\partial x_j}-\frac{2}{3}\mu_t\left(\nabla\cdot\boldsymbol{u}\right)^2-\frac{2}{3}\rho k\nabla\cdot\boldsymbol{u}$$
$$=\mu_t\Bigg[2\left(\frac{\partial u}{\partial x}\right)^2+2\left(\frac{\partial v}{\partial y}\right)^2+2\left(\frac{\partial w}{\partial z}\right)^2$$
$$+\left(\frac{\partial u}{\partial y}+\frac{\partial v}{\partial x}\right)^2+\left(\frac{\partial u}{\partial z}+\frac{\partial w}{\partial x}\right)^2+\left(\frac{\partial v}{\partial z}+\frac{\partial w}{\partial y}\right)^2\Bigg]$$
$$-\frac{2}{3}\mu_t\left(\nabla\cdot\boldsymbol{u}\right)^2-\frac{2}{3}\rho k\nabla\cdot\boldsymbol{u}$$

$\mathcal{G}$ 为重力产生项，$\mathcal{G}=-\dfrac{1}{\rho}\dfrac{\mu_t}{\sigma_\varepsilon}\dfrac{\partial\rho}{\partial x_i}g_i$，湍动黏度为 $\mu_t=\rho C_\mu\dfrac{k^2}{\varepsilon}$。常数为 $C_\mu=0.09$，$C_{\varepsilon2}=1.92$，$\sigma_k=1$，$\sigma_\varepsilon=1.3$，当 $\mathcal{G}\geqslant 0$ 时，$C_{\varepsilon3}=0$，当 $\mathcal{G}<0$ 时，$C_{\varepsilon3}=1$。

α_k、β_k、α_ε 和 β_ε 为自定义源项相关系数。

6.8.2　离散格式

为简单起见，将式 (6-134) 简记为

$$\rho\frac{\partial k}{\partial t}=D(k)+S_k(k,\varepsilon)+k\nabla\cdot(\rho\boldsymbol{u})+\varGamma\left(k^{\mathrm{in}}-k\right)+\alpha_k k+\beta_k$$
$$\rho\frac{\partial \varepsilon}{\partial t}=D(\varepsilon)+S_\varepsilon(k,\varepsilon)+\varepsilon\nabla\cdot(\rho\boldsymbol{u})+\varGamma\left(\varepsilon^{\mathrm{in}}-\varepsilon\right)+\alpha_\varepsilon \varepsilon+\beta_\varepsilon \tag{6-135}$$

其中，记号 D 表示对流–扩散算子；S_k 和 S_ε 分别为 k 和 ε 的源项。

离散需经过三个处理步骤。

1) 显式处理

写出显式格式的方程如下：

$$\rho^n\frac{k_e-k^n}{\Delta t}=D(k^n)+S_k(k^n,\varepsilon^n)+k^n\nabla\cdot(\rho\boldsymbol{u})+\varGamma\left(k^{\mathrm{in}}-k^n\right)+\alpha_k k^n+\beta_k$$
$$\rho^n\frac{\varepsilon_e-\varepsilon^n}{\Delta t}=D(\varepsilon^n)+S_\varepsilon(k^n,\varepsilon^n)+\varepsilon^n\nabla\cdot(\rho\boldsymbol{u})+\varGamma\left(\varepsilon^{\mathrm{in}}-\varepsilon^n\right)+\alpha_\varepsilon \varepsilon^n+\beta_\varepsilon \tag{6-136}$$

2) 耦合源项

将源项以隐式方式进行耦合：

$$\rho^n\frac{k_{ts}-k^n}{\Delta t}=D(k^n)+S_k(k_{ts},\varepsilon_{ts})+k^n\nabla\cdot(\rho\boldsymbol{u})+\varGamma\left(k^{\mathrm{in}}-k^n\right)+\alpha_k k^n+\beta_k$$
$$\rho^n\frac{\varepsilon_{ts}-\varepsilon^n}{\Delta t}=D(\varepsilon^n)+S_\varepsilon(k_{ts},\varepsilon_{ts})+\varepsilon^n\nabla\cdot(\rho\boldsymbol{u})+\varGamma\left(\varepsilon^{\mathrm{in}}-\varepsilon^n\right)+\alpha_\varepsilon \varepsilon^n+\beta_\varepsilon \tag{6-137}$$

根据式 (6-136) 和式 (6-137) 整理后有

$$\rho^n\frac{k_{ts}-k^n}{\Delta t}=\rho^n\frac{k_e-k^n}{\Delta t}+S_k(k_{ts},\varepsilon_{ts})-S_k(k^n,\varepsilon^n)$$
$$\rho^n\frac{\varepsilon_{ts}-\varepsilon^n}{\Delta t}=\rho^n\frac{\varepsilon_e-\varepsilon^n}{\Delta t}+S_\varepsilon(k_{ts},\varepsilon_{ts})-S_\varepsilon(k^n,\varepsilon^n) \tag{6-138}$$

其中，$\varGamma$ 和自定义源项仍采用显式格式。由式 (6-138) 可见两个方程形式上类似，因此，统一用变量 φ 表示 k 和 ε，根据全导数方法有

$$S_\varphi(k_{ts},\varepsilon_{ts})-S_\varphi(k^n,\varepsilon^n)=(k_{ts}-k^n)\left.\frac{\partial S_\varphi}{\partial k}\right|_{k^n,\varepsilon^n}+(\varepsilon_{ts}-\varepsilon^n)\left.\frac{\partial S_\varphi}{\partial \varepsilon}\right|_{k^n,\varepsilon^n} \tag{6-139}$$

这样，将方程组写成 2×2 矩阵形式：

$$\begin{bmatrix} \dfrac{\rho^n}{\Delta t}-\left.\dfrac{\partial S_k}{\partial k}\right|_{k^n,\varepsilon^n} & -\left.\dfrac{\partial S_k}{\partial \varepsilon}\right|_{k^n,\varepsilon^n} \\ -\left.\dfrac{\partial S_\varepsilon}{\partial k}\right|_{k^n,\varepsilon^n} & \dfrac{\rho^n}{\Delta t}-\left.\dfrac{\partial S_\varepsilon}{\partial \varepsilon}\right|_{k^n,\varepsilon^n} \end{bmatrix}\begin{bmatrix} (k_{ts}-k^n) \\ (\varepsilon_{ts}-\varepsilon^n) \end{bmatrix}=\begin{bmatrix} \rho^n\dfrac{k_e-k^n}{\Delta t} \\ \rho^n\dfrac{\varepsilon_e-\varepsilon^n}{\Delta t} \end{bmatrix} \tag{6-140}$$

3) 隐式对流–扩散项

求解如下系统：

$$\begin{aligned} \rho^n\frac{k^{n+1}-k^n}{\Delta t}=&D\left(k^{n+1}\right)+S_k\left(k_{ts},\varepsilon_{ts}\right)+k^{n+1}\nabla\cdot(\rho\boldsymbol{u}) \\ &+\Gamma\left(k^{\text{in}}-k^{n+1}\right)+\alpha_k k^{n+1}+\beta_k \\ \rho^n\frac{\varepsilon^{n+1}-\varepsilon^n}{\Delta t}=&D\left(\varepsilon^{n+1}\right)+S_\varepsilon\left(k_{ts},\varepsilon_{ts}\right)+\varepsilon^{n+1}\nabla\cdot(\rho\boldsymbol{u}) \\ &+\Gamma\left(\varepsilon^{\text{in}}-\varepsilon^{n+1}\right)+\alpha_\varepsilon\varepsilon^{n+1}+\beta_\varepsilon \end{aligned} \tag{6-141}$$

整理变为

$$\begin{aligned} \rho^n\frac{k^{n+1}-k^n}{\Delta t}=&D\left(k^{n+1}\right)-D\left(k^n\right)+\rho^n\frac{k_{ts}-k^n}{\Delta t}+\left(k^{n+1}-k^n\right)\nabla\cdot(\rho\boldsymbol{u}) \\ &-\Gamma\left(k^{n+1}-k^n\right)+\alpha_k\left(k^{n+1}-k^n\right) \\ \rho^n\frac{\varepsilon^{n+1}-\varepsilon^n}{\Delta t}=&D\left(\varepsilon^{n+1}\right)-D\left(\varepsilon^n\right)+\rho^n\frac{\varepsilon_{ts}-\varepsilon^n}{\Delta t}+\left(\varepsilon^{n+1}-\varepsilon^n\right)\nabla\cdot(\rho\boldsymbol{u}) \\ &-\Gamma\left(\varepsilon^{n+1}-\varepsilon^n\right)+\alpha_\varepsilon\left(\varepsilon^{n+1}-\varepsilon^n\right) \end{aligned} \tag{6-142}$$

其中，除$\rho^n\dfrac{k_{ts}-k^n}{\Delta t}$ 和 $\rho^n\dfrac{\varepsilon_{ts}-\varepsilon^n}{\Delta t}$ 项以外，各项都已写成基本的迭代格式。为计算这两项，现将源项完整形式写出：

$$\begin{aligned} S_k&=\rho C_\mu\frac{k^2}{\varepsilon}\left(\overline{\mathcal{P}}+\overline{\mathcal{G}}\right)-\frac{2}{3}\rho k\nabla\cdot\boldsymbol{u}-\rho\varepsilon \\ S_\varepsilon&=\rho C_{\varepsilon1}C_\mu k\left[\overline{\mathcal{P}}+\left(1-C_{\varepsilon3}\right)\overline{\mathcal{G}}\right]-\frac{2}{3}C_{\varepsilon1}\rho\varepsilon\nabla\cdot\boldsymbol{u}-\rho C_{\varepsilon2}\frac{\varepsilon^2}{k} \end{aligned} \tag{6-143}$$

其中

$$\overline{\mathcal{P}}=\left(\frac{\partial u_i}{\partial x_j}+\frac{\partial u_j}{\partial x_i}\right)\frac{\partial u_i}{\partial x_j}-\frac{2}{3}\left(\nabla\cdot\boldsymbol{u}\right)^2,\quad \overline{\mathcal{G}}=-\frac{1}{\rho\sigma_t}\frac{\partial\rho}{\partial x_i}g_i$$

形成如下导数关系式:

$$
\begin{aligned}
&\frac{\partial S_k}{\partial k}=2\rho C_\mu\frac{k}{\varepsilon}\left(\overline{\mathcal{P}}+\overline{\mathcal{G}}\right)-\frac{2}{3}\rho\nabla\cdot\boldsymbol{u}\\
&\frac{\partial S_k}{\partial \varepsilon}=-\rho\\
&\frac{\partial S_\varepsilon}{\partial k}=\rho C_{\varepsilon1}C_\mu\left[\overline{\mathcal{P}}+\left(1-C_{\varepsilon3}\right)\overline{\mathcal{G}}\right]+\rho C_{\varepsilon2}\frac{\varepsilon^2}{k^2}\\
&\frac{\partial S_\varepsilon}{\partial \varepsilon}=-\frac{2}{3}C_{\varepsilon1}\rho\nabla\cdot\boldsymbol{u}-2\rho C_{\varepsilon2}\frac{\varepsilon}{k}
\end{aligned}
\tag{6-144}
$$

式 (6-140) 变为

$$
\begin{bmatrix} A_{11} & A_{12}\\ A_{21} & A_{22}\end{bmatrix}\begin{bmatrix}\left(k_{ts}-k^n\right)\\ \left(\varepsilon_{ts}-\varepsilon^n\right)\end{bmatrix}=\begin{bmatrix}\dfrac{k_e-k^n}{\Delta t}\\ \dfrac{\varepsilon_e-\varepsilon^n}{\Delta t}\end{bmatrix}
\tag{6-145}
$$

其中，各项具体如下:

$$
\begin{aligned}
&A_{11}=\frac{1}{\Delta t}-2C_\mu\frac{k^n}{\varepsilon^n}\min\left[\left(\overline{\mathcal{P}}+\overline{\mathcal{G}}\right),0\right]+\frac{2}{3}\max\left[\nabla\cdot\boldsymbol{u},0\right]\\
&A_{12}=1\\
&A_{21}=-C_{\varepsilon1}C_\mu\left(\overline{\mathcal{P}}+\left(1-C_{\varepsilon3}\right)\overline{\mathcal{G}}\right)-C_{\varepsilon2}\left(\frac{\varepsilon^n}{k^n}\right)^2\\
&A_{22}=\frac{1}{\Delta t}+\frac{2}{3}C_{\varepsilon1}\max\left[\nabla\cdot\boldsymbol{u},0\right]+2C_{\varepsilon2}\frac{\varepsilon^n}{k^n}
\end{aligned}
\tag{6-146}
$$

这样，通过对式 (6-145) 求逆，即可解得 $k_{ts}-k^n$ 和 $\varepsilon_{ts}-\varepsilon^n$ 项。将式 (6-142) 隐式项系数合并写为

$$
\begin{aligned}
&\mathrm{TINSTK}=\frac{\Omega\rho^n}{\Delta t}-\Omega\nabla\cdot(\rho\boldsymbol{u})+\Omega\Gamma+\Omega\max\left(-\alpha_k,0\right)\\
&\mathrm{TINSTE}=\frac{\Omega\rho^n}{\Delta t}-\Omega\nabla\cdot(\rho\boldsymbol{u})+\Omega\Gamma+\Omega\max\left(-\alpha_\varepsilon,0\right)
\end{aligned}
\tag{6-147}
$$

统一记为 TINST，将除去对流、扩散项之外余下的部分记为 RHSR，这样，形成如下迭代格式:

$$
\mathrm{TINST}\times\left(\varphi^{n+1}-\varphi^n\right)=D\left(\varphi^{n+1}\right)+\mathrm{RHSR}
\tag{6-148}
$$

可由前面对流–扩散方程解法顺序求解 k 和 ε 方程。下面介绍雷诺应力方程的求解。

6.9 雷诺应力方程的求解

6.9.1 控制方程

$$\rho\frac{\partial R_{ij}}{\partial t}+\nabla\cdot(\rho\boldsymbol{u}R_{ij}-\mu\nabla R_{ij})=\mathcal{P}_{ij}+\mathcal{G}_{ij}+\varPhi_{ij}+d_{ij}-\varepsilon_{ij}+R_{ij}\nabla\cdot(\rho\boldsymbol{u})$$
$$+\varGamma\left(R_{ij}^{\text{in}}-R_{ij}\right)+\alpha_{R_{ij}}R_{ij}+\beta_{R_{ij}} \tag{6-149}$$

其中，$\mathcal{P}_{ij}$ 为平均剪切产生项，即

$$\mathcal{P}_{ij}=-\rho\left(R_{ik}\frac{\partial u_j}{\partial x_k}+R_{jk}\frac{\partial u_i}{\partial x_k}\right) \tag{6-150}$$

$\mathcal{G}_{ij}$ 为重力产生项，即

$$\mathcal{G}_{ij}=G_{ij}-C_3\left(G_{ij}-\frac{1}{3}\delta_{ij}G_{kk}\right) \tag{6-151}$$

其中

$$G_{ij}=-\frac{3}{2}\frac{C_\mu}{\sigma_t}\frac{k}{\varepsilon}(r_ig_j+r_jg_i)$$
$$k=\frac{1}{2}R_{ll} \tag{6-152}$$
$$r_i=R_{ik}\frac{\partial\rho}{\partial x_k}$$

与 6.8 节相同，k 为湍能，g_i 为重力在 i 方向的分量，σ_t 为湍流 Prandtl 数，C_μ 和 C_3 为常数，如表 6-1 所示。

表 6-1　常用常数

参数	C_μ	C_ε	$C_{\varepsilon1}$	$C_{\varepsilon2}$	C_1	C_2	C_3	C_S	C_1'	C_2'
数值	0.09	0.18	1.44	1.92	1.8	0.6	0.55	0.22	0.5	0.3

$\varPhi_{ij}$ 为压力–应变率关系，与耗散项 ε_{ij} 采用如下模化方式：

$$\varPhi_{ij}-\left(\varepsilon_{ij}-\frac{2}{3}\rho\delta_{ij}\varepsilon\right)=\phi_{ij,1}+\phi_{ij,2}+\phi_{ij,w} \tag{6-153}$$

再整理为

$$\varPhi_{ij}-\varepsilon_{ij}=\phi_{ij,1}+\phi_{ij,2}+\phi_{ij,w}-\frac{2}{3}\rho\delta_{ij}\varepsilon \tag{6-154}$$

其中，$\phi_{ij,1}$ 为各向同性的慢变项，即

$$\phi_{ij,1} = -\rho C_1 \frac{\varepsilon}{k}\left(R_{ij} - \frac{2}{3}k\delta_{ij}\right) \tag{6-155}$$

$\phi_{ij,2}$ 为各向同性的快变产生项，具体如下：

$$\phi_{ij,2} = -\rho C_2 \left(\mathcal{P}_{ij} - \frac{2}{3}\mathcal{P}\delta_{ij}\right) \tag{6-156}$$

其中，$\mathcal{P} = \dfrac{1}{2}\mathcal{P}_{kk}$。

$\phi_{ij,w}$ 为壁面反馈项，记 y 为到壁面的距离，有

$$\begin{aligned}\phi_{ij,w} =& \rho C_1' \frac{k}{\varepsilon}\left(R_{km}n_k n_m \delta_{ij} - \frac{3}{2}R_{ki}n_k n_j - \frac{3}{2}R_{kj}n_k n_i\right) f\left(\frac{l}{y}\right) \\ &+\rho C_2' \left(\phi_{km,2}n_k n_m \delta_{ij} - \frac{3}{2}\phi_{ki,2}n_k n_j - \frac{3}{2}\phi_{kj,2}n_k n_i\right) f\left(\frac{l}{y}\right)\end{aligned} \tag{6-157}$$

其中，f 为阻尼函数，在壁面处为 1，随着远离壁面趋于 0。

长度 l 为 $\dfrac{k^{3/2}}{\varepsilon}$，表示湍动特征尺度，有

$$f\left(\frac{l}{y}\right) = \min\left(1, C_\mu^{0.75}\frac{k^{3/2}}{\varepsilon\kappa y}\right) \tag{6-158}$$

d_{ij} 为湍动扩散项，有

$$d_{ij} = C_S \frac{\partial}{\partial x_k}\left(\rho\frac{k}{\varepsilon}R_{km}\frac{\partial R_{ij}}{\partial x_m}\right) \tag{6-159}$$

因此，记 $\boldsymbol{A} = C_S\rho\dfrac{k}{\varepsilon}\boldsymbol{R}$，式 (6-159) 记为 $d_{ij} = \nabla\cdot(\boldsymbol{A}\nabla(\boldsymbol{R}))$，为一张量的扩散系数。

类似地，这里也要解一个 ε 方程，它与 k–ε 模型非常相似，只有湍动黏度和重力项有所改变，求解如下方程：

$$\begin{aligned}&\rho\frac{\partial\varepsilon}{\partial t} + \nabla\cdot(\rho\boldsymbol{u}\varepsilon - \mu\nabla\varepsilon) \\ =& d_\varepsilon + C_{\varepsilon1}\frac{\varepsilon}{k}(\mathcal{P}+\mathcal{G}_\varepsilon) - \rho C_{\varepsilon2}\frac{\varepsilon^2}{k} + \varepsilon\nabla\cdot(\rho\boldsymbol{u}) + \varGamma\left(\varepsilon^{\text{in}} - \varepsilon\right) + \alpha_\varepsilon\varepsilon + \beta_\varepsilon\end{aligned} \tag{6-160}$$

d_ε 为湍动扩散项：

$$d_\varepsilon = C_\varepsilon\frac{\partial}{\partial x_k}\left(\rho\frac{k}{\varepsilon}R_{km}\frac{\partial\varepsilon}{\partial x_m}\right) \tag{6-161}$$

记 $\boldsymbol{A}' = \rho C_\varepsilon \dfrac{k}{\varepsilon}\boldsymbol{R}$，湍动扩散项按如下模化：

$$d_\varepsilon = \nabla \cdot \left(\boldsymbol{A}'\nabla(\varepsilon)\right) \tag{6-162}$$

k–ε 模型中的涡黏度，此处由一个张量 $\boldsymbol{A}'$ 来表示。

变量 ε 的重力效应生成项 $\mathcal{G}_\varepsilon$ 为

$$\mathcal{G}_\varepsilon = \max\left(0, \frac{1}{2}G_{kk}\right) \tag{6-163}$$

6.9.2　离散格式

1. *雷诺应力*

$$\begin{aligned}\rho^n \frac{R_{ij}^{n+1} - R_{ij}^n}{\Delta t^n} &+ \nabla \cdot \left((\rho \boldsymbol{u})^n R_{ij}^{n+1} - \mu^n \nabla R_{ij}^{n+1}\right)\\ &= \mathcal{P}_{ij}^n + \mathcal{G}_{ij}^n + \phi_{ij,1}^{n,n+1} + \phi_{ij,2}^n + \phi_{ij,w}^n + d_{ij}^{n,n+1}\\ &\quad -\frac{2}{3}\rho^n\varepsilon^n\delta_{ij} + R_{ij}^{n+1}\nabla\cdot(\rho\boldsymbol{u})^n + \varGamma\left(R_{ij}^{\text{in}} - R_{ij}^{n+1}\right) + \alpha_{R_{ij}}^n R_{ij}^{n+1} + \beta_{R_{ij}}^n\end{aligned} \tag{6-164}$$

其中，μ^n 为分子动力黏度，下面给出 $\phi_{ij,1}^{n,n+1}$，其中，雷诺应力项为隐式的，有

$$\phi_{ij,1}^{n,n+1} = -\rho^n C_1 \frac{\varepsilon^n}{k^n}\left[\left(1 - \frac{\delta_{ij}}{3}\right)R_{ij}^{n+1} - \delta_{ij}\frac{2}{3}\left(k^n - \frac{1}{2}R_{ii}^n\right)\right] \tag{6-165}$$

湍动扩散项记为 $d_{ij} = \nabla \cdot (\boldsymbol{A}\nabla(\boldsymbol{R}))$，其中，$\boldsymbol{A}$ 取显式格式，对单元 $\varOmega_l$ 体积分，张量 $\boldsymbol{R}_{ij}$ 的湍动扩散为

$$\int_{\varOmega_l} d_{ij}^{n,n+1}\mathrm{d}\varOmega = \sum_{m\in \mathrm{Nei}(l)} \left[\boldsymbol{A}^n\nabla\left(R_{ij}^{n+1}\right)\right]_{lm} \cdot n_{lm}S_{lm} \tag{6-166}$$

其中，n_{lm} 为面的外法向量。将 $\boldsymbol{A}^n$ 分解为对角张量 $\boldsymbol{D}^n$ 和非对角张量 $\boldsymbol{E}^n$，有 $\boldsymbol{A}^n = \boldsymbol{D}^n + \boldsymbol{E}^n$。这样，上面的积分变为

$$\int_{\varOmega_l} d_{ij}\mathrm{d}\varOmega = \sum_{m\in \mathrm{Nei}(l)} \underbrace{\left[\boldsymbol{D}^n\nabla(R_{ij})\right]_{lm}\cdot n_{lm}S_{lm}}_{\text{对角部分}} + \sum_{m\in \mathrm{Nei}(l)} \underbrace{\left[\boldsymbol{E}^n\nabla(R_{ij})\right]_{lm}\cdot n_{lm}S_{lm}}_{\text{非对角部分}} \tag{6-167}$$

非对角部分将采用全显式格式。对于对角部分，引入张量 R_{ij} 的主应力，有

$$\nabla R_{ij} = \nabla R_{ij} - (\nabla R_{ij}\cdot n_{lm})\,n_{lm} + (\nabla R_{ij}\cdot n_{lm})\,n_{lm} \tag{6-168}$$

与

$$\left[\boldsymbol{D}^{n}\left(\left(\nabla R_{ij}\cdot n_{lm}\right)n_{lm}\right)\right]\cdot n_{lm}=\gamma_{lm}^{n}\left(\nabla R_{ij}\cdot n_{lm}\right) \tag{6-169}$$

其中

$$\gamma_{lm}^{n}=\left(D_{11}^{n}\right)n_{1,lm}^{2}+\left(D_{22}^{n}\right)n_{2,lm}^{2}+\left(D_{33}^{n}\right)n_{3,lm}^{2} \tag{6-170}$$

然后，写出

$$\begin{aligned}\int_{\Omega_l} d_{ij}^{n,n+1}\mathrm{d}\Omega=&\sum_{m\in\mathrm{Nei}(l)}\left[\boldsymbol{D}^{n}\nabla\left(R_{ij}\right)\right]_{lm}\cdot n_{lm}S_{lm}\\&+\sum_{m\in\mathrm{Nei}(l)}\left[\boldsymbol{E}^{n}\nabla\left(R_{ij}\right)\right]_{lm}\cdot n_{lm}S_{lm}\\&-\sum_{m\in\mathrm{Nei}(l)}\gamma_{lm}^{n}\left(\nabla R_{ij}^{n}\cdot n_{lm}\right)S_{lm}+\sum_{m\in\mathrm{Nei}(l)}\gamma_{lm}^{n}\left(\nabla R_{ij}^{n+1}\cdot n_{lm}\right)S_{lm}\end{aligned} \tag{6-171}$$

其中，前三项均采用显式格式，对应的算子原型为显式 $\nabla\cdot(\boldsymbol{E}^{n}\nabla R_{ij}^{n})+\nabla\cdot\left[\boldsymbol{D}^{n}(\nabla R_{ij}^{n}-(\nabla R_{ij}^{n}\cdot\boldsymbol{n})\boldsymbol{n})\right]$。最后一项的原型为隐式 $\nabla\cdot[\boldsymbol{D}^{n}(\nabla R_{ij}^{n+1}\cdot\boldsymbol{n})\boldsymbol{n}]$。

2. **耗散**

耗散 ε 的离散过程类似于雷诺应力项，有

$$\begin{aligned}&\rho^{n}\frac{\varepsilon^{n+1}-\varepsilon^{n}}{\Delta t^{n}}+\nabla\cdot\left(\left(\rho\boldsymbol{u}\right)^{n}\varepsilon^{n+1}-\mu^{n}\nabla\varepsilon^{n+1}\right)\\&=d_{\varepsilon}^{n,n+1}+C_{\varepsilon1}\frac{k^{n}}{\varepsilon^{n}}\left(\mathcal{P}^{n}+\mathcal{G}_{\varepsilon}^{n}\right)\\&-\rho^{n}C_{\varepsilon2}\frac{\left(\varepsilon^{n}\right)^{2}}{k^{n}}+\varepsilon^{n+1}\nabla\cdot\left(\rho\boldsymbol{u}\right)^{n}+\Gamma\left(\varepsilon^{\mathrm{in}}-\varepsilon^{n+1}\right)+\alpha_{\varepsilon}^{n}\varepsilon^{n+1}+\beta_{\varepsilon}^{n}\end{aligned} \tag{6-172}$$

扩散项 $d_{\varepsilon}^{n,n+1}$ 处理类似于 R_{ij}，有 $d_{\varepsilon}^{n,n+1}=\nabla\cdot\left(\boldsymbol{A}'^{n}\nabla\varepsilon^{n+1}\right)$。其中，$\boldsymbol{A}'$ 也是采用显式格式，类似地，将其分解为两个部分，有 $\boldsymbol{A}'^{n}=\boldsymbol{D}'^{n}+\boldsymbol{E}'^{n}$。

对单元体积分，有

$$\begin{aligned}\int_{\Omega_l} d_{\varepsilon}^{n,n+1}\mathrm{d}\Omega=&\sum_{m\in\mathrm{Nei}(l)}\left[\boldsymbol{D}'^{n}\nabla\varepsilon^{n}\right]_{lm}\cdot n_{lm}S_{lm}\\&+\sum_{m\in\mathrm{Nei}(l)}\left[\boldsymbol{E}'^{n}\nabla\varepsilon^{n}\right]_{lm}\cdot n_{lm}S_{lm}\\&-\sum_{m\in\mathrm{Nei}(l)}\eta_{lm}^{n}\left(\nabla\varepsilon^{n}\cdot n_{lm}\right)S_{lm}+\sum_{m\in\mathrm{Nei}(l)}\eta_{lm}^{n}\left(\nabla\varepsilon^{n+1}\cdot n_{lm}\right)S_{lm}\end{aligned} \tag{6-173}$$

其中

$$\eta_{lm}^{n}=\left(D'^{n}_{11}\right)n_{1,lm}^{2}+\left(D'^{n}_{22}\right)n_{2,lm}^{2}+\left(D'^{n}_{33}\right)n_{3,lm}^{2} \tag{6-174}$$

其中，前三项都采用显式 $\nabla\cdot\left(\boldsymbol{E}'^{n}\varepsilon^{n}\right)+\nabla\cdot\left[\boldsymbol{D}'^{n}\left(\nabla\varepsilon^{n}-\left(\nabla\varepsilon^{n}\cdot\boldsymbol{n}\right)\boldsymbol{n}\right)\right]$，最后一项为隐式 $\nabla\cdot\left[\boldsymbol{D}'^{n}\left(\nabla\varepsilon^{n+1}\cdot\boldsymbol{n}\right)\boldsymbol{n}\right]$。

然后，对中心位于 L 的单元 Ω_l，积分后，式 (6-164) 写为

$$
\begin{aligned}
&\underbrace{|\Omega_l|\left[\frac{\rho_L^n}{\Delta t^n}-\rho_L^n C_1\frac{\varepsilon_L^n}{k_L^n}\left(1-\frac{\delta_{ij}}{3}\right)-m_{lm}^n+\varGamma_L+\max\left(-\alpha_{R_{ij}}^n,0\right)\right]}_{\text{ROVSDT}}\left(\delta R_{ij}^{n+1,p+1}\right)_L\\
&+\sum_{m\in\mathrm{Nei}(l)}\left[m_{lm}^n\left(\delta R_{ij,f_{lm}}^{n+1,p+1}\right)-\left(\mu_{lm}^n+\gamma_{lm}^n\right)\frac{\left(\delta R_{ij}^{n+1,p+1}\right)_M-\left(\delta R_{ij}^{n+1,p+1}\right)_L}{\left|\overline{L'M'}\right|}S_{lm}\right]\\
=&-\frac{\rho_L^n}{\Delta t^n}\left((R_{ij}^{n+1,p})_L-(R_{ij}^n)_L\right)\underbrace{-\int_{\Omega_l}\left(\nabla\cdot\left[(\rho\boldsymbol{u})^n R_{ij}^{n+1,p}-\left(\mu^n+\gamma^n\right)\nabla R_{ij}^{n+1,p}\right]\right)\mathrm{d}\Omega}_{\text{对流–扩散贡献}}\\
&+\int_{\Omega_l}\left[\mathcal{P}_{ij}^{n+1,p}+\mathcal{G}_{ij}^{n+1,p}-\rho^n C_1\frac{\varepsilon^n}{k^n}\left(R_{ij}^{n+1,p}-\frac{2}{3}k^n\delta_{ij}\right)+\phi_{ij,2}^{n+1,p}+\phi_{ij,w}^{n+1,p}\right]\mathrm{d}\Omega\\
&+\int_{\Omega_l}\left[-\frac{2}{3}\rho^n\varepsilon^n\delta_{ij}+\varGamma\left(R_{ij}^{\mathrm{in}}-R_{ij}^{n+1,p}\right)+\alpha_{R_{ij}}^n R_{ij}^{n+1,p}+\beta_{R_{ij}}^n\right]\mathrm{d}\Omega\\
&+\sum_{m\in\mathrm{Nei}(l)}\left[\boldsymbol{E}^n\nabla\left(R_{ij}^{n+1,p}\right)\right]_{lm}\cdot n_{lm}S_{lm}\\
&+\sum_{m\in\mathrm{Nei}(l)}\left[\boldsymbol{D}^n\nabla\left(R_{ij}^{n+1,p}\right)\right]_{lm}\cdot n_{lm}S_{lm}\\
&-\sum_{m\in\mathrm{Nei}(l)}\gamma_{lm}^n\left(\nabla R_{ij}^{n+1,p}\cdot n_{lm}\right)S_{lm}+\sum_{m\in\mathrm{Nei}(l)}m_{lm}^n\left(R_{ij}^{n+1,p}\right)_L
\end{aligned}
\tag{6-175}
$$

其中，$m_{lm}^n=\sum\limits_{m\in\mathrm{Nei}(l)}(\rho\boldsymbol{u})_{lm}^n\cdot S_{lm}$，给定如下迭代格式：

$$
R_{ij}^{n+1,p+1}=R_{ij}^{n+1,p}+\delta R_{ij}^{n+1,p+1}\tag{6-176}
$$

给定初值 $R_{ij}^{n+1,0}=R_{ij}^n$，按 6.2 节方法迭代顺序求解雷诺应力各分量，耗散项由式 (6-172) 采用标量对流–扩散方程求解。

第 7 章　边界条件的处理

7.1　概　　况

这里的边界条件是针对离散方程提出的，对于每个计算变量 (速度、压力、雷诺应力以及其他标量)，必须给定每个边界面上的边界条件。

边界条件主要用于三个方面的计算：

(1) 边界上对流项的计算 (空间一阶导数)，计算中用到边界的质量流量，以及用到边界上的对流变量；

(2) 扩散项的计算 (空间二阶导数)，计算中需要用到边界上空间一阶导数值；

(3) 毗邻边界单元梯度计算，需要用到边界面上的变量值。

边界条件的类型可以是 Neumann 边界 (给定流量)，也可以是 Dirichlet 边界 (给定变量值)，或者是混合类型，也称为 Robin 边界 (给定流量和给定变量值)。

壁面上的边界条件需作特殊处理，这里将采用壁面函数近似流体在近壁面处的流动特征，壁面可以是光滑的抑或是粗糙的，需分别进行处理，后面我们将详细给出具体计算过程。

对于每一个边界面 f_b，对于任一变量 Y，都计算出两组系数对。

(1) 系数对 ($A^g_{f_b}$，$B^g_{f_b}$) 用于梯度算子和对流算子，这样，边界面 f_b 上的变量 Y 值为

$$Y^g_{f_b} = A^g_{f_b} + B^g_{f_b} Y_{I'} \tag{7-1}$$

(2) 系数对 (A^f_{ib}，B^f_{ib}) 用于扩散算子，边界面 f_b 上的变量 Y 值的扩散流量为

$$D_{ib}\left(K_{f_b}, Y\right) = A^f_{ib} + B^f_{ib} Y_{I'} \tag{7-2}$$

注意，扩散流量边界系数是有方向的。

7.2　常用边界条件

有一些边界条件是经常用到的，主要有以下几类。

(1) 进口，对所有传输变量对应的是 Dirichlet 边界条件；对于压力，可以是均匀 Neumann 边界条件。

(2) 出口，对所有传输变量对应的是均匀 Neumann 边界条件；对于压力，给定 Dirichlet 边界，近似 $\dfrac{\partial^2 p}{\partial \boldsymbol{n} \partial \boldsymbol{\tau}} = 0$ 的效果，这里 $\boldsymbol{\tau}$ 沿出口方向，这个条件意味着压力的分布沿着出口方向不发生变化。

(3) 壁面，对应的边界条件处理将在后面详细给出，对于速度，壁面上的流体速度等于壁面速度，然后，将 Dirichlet 边界条件转为 Neumann 边界条件，从而获得壁面处的壁面剪应力及湍动强度；对于其他传输变量，则采用类似壁面函数的方法；对于压力，采用均匀 Neumann 边界条件；

7.3　边界条件的离散

如前所述，对于任一变量 Y，给定的边界条件将被处理形成一对系数，对于梯度算子和对流算子为系数对 $(A_{f_b}^g, B_{f_b}^g)$，对扩散算子为系数对 (A_{ib}^f, B_{ib}^f)。对于任一变量 Y，回忆其对流–扩散方程为

$$C\rho\frac{\partial Y}{\partial t} + C\nabla Y \cdot (\rho \boldsymbol{u}) = \nabla \cdot (K\nabla Y) + ST_Y \tag{7-3}$$

其中，ρ 为流体密度；$(\rho \boldsymbol{u})$ 为变量 Y 的对流质量流量；K 为扩散系数；ST_Y 为附加源项。注意，对于 RANS，K 表示分子和湍流动力黏度系数，对于温度，C 为比热容 C_p，对于其他变量，C 为 1，详见表 7-1。下面讨论具体的离散。

表 7-1　常用变量及系数

Y			K		
符号	名称	单位	符号	名称	单位
u_i	速度	$\mathrm{m\cdot s^{-1}}$	μ或$\mu+\mu_t$	动力黏度	$\mathrm{kg\cdot m^{-1}\cdot s^{-1}}$
p	压力	$\mathrm{kg\cdot m^{-1}\cdot s^{-2}}$	Δt	时间步	s
T	温度	K	λ	热导率	$\mathrm{kg\cdot m\cdot s^{-3}\cdot K^{-1} = W\cdot m^{-1}\cdot K^{-1}}$
h	焓	$\mathrm{m^2\cdot s^{-2} = J\cdot kg^{-1}}$	λ/C_p	热导率/比热容	$\mathrm{kg\cdot m^{-1}\cdot s^{-1}}$
Y	变量	Y 的单位	K	传导或扩散率	$\mathrm{kg\cdot m^{-1}\cdot s^{-1}}$

1. Dirichlet 边界条件

当给定一个 Dirichlet 边界条件 $Y_{f_b}^{\mathrm{imp}}$ 作用于边界面 f_b 上，将其转换为

$$\begin{cases} A_{f_b}^g = Y_{f_b}^{\mathrm{imp}} \\ B_{f_b}^g = 0 \end{cases}, \quad \begin{cases} A_{ib}^f = -h_{\mathrm{int}} Y_{f_b}^{\mathrm{imp}} \\ B_{ib}^f = h_{\mathrm{int}} \end{cases} \tag{7-4}$$

其中，h_{int} 由具体边界值确定，详见表 7-2。

2. Neumann 边界条件

当给定一个 Neumann 边界条件 D_{ib}^{imp} 作用于边界面 f_b 上，将其转换为

$$\begin{cases} A_{f_b}^{g}=-\dfrac{D_{ib}^{\mathrm{imp}}}{h_{\mathrm{int}}} \\ B_{f_b}^{g}=1 \end{cases},\quad \begin{cases} A_{ib}^{f}=D_{ib}^{\mathrm{imp}} \\ B_{ib}^{f}=0 \end{cases} \tag{7-5}$$

其中，D_{ib}^{imp} 由具体边界值确定，详见表 7-2。

表 7-2　h_{int} 和 D^{imp} 常用系数

Y			h_{int}		D^{imp}	
符号	名称	单位	符号	单位	符号	单位
u_i	速度	$\mathrm{m\cdot s^{-1}}$	$\frac{\mu+\mu_t}{\lvert I'F\rvert}$	$\mathrm{kg\cdot m^{-2}\cdot s^{-1}}$	$((\mu+\mu_t)\nabla\boldsymbol{u})\cdot\boldsymbol{n}$	$\mathrm{kg\cdot m^{-1}\cdot s^{-2}}$
p	压力	$\mathrm{kg\cdot m^{-1}\cdot s^{-2}}$	$\frac{\Delta t}{\lvert I'F\rvert}$	$\mathrm{s\cdot m^{-1}}$	$(\Delta t(\nabla p))\cdot\boldsymbol{n}$	$\mathrm{kg\cdot m^{-2}\cdot s^{-1}}$
T	温度	K	$\frac{\lambda+C_p\mu_t/\sigma_t}{\lvert I'F\rvert}$	$\mathrm{kg\cdot s^{-3}\cdot K^{-1}}$ $\mathrm{=W\cdot m^{-2}\cdot K^{-1}}$	$((\lambda+C_p\mu_t/\sigma_t)\nabla T)\cdot\boldsymbol{n}$	$\mathrm{kg\cdot s^{-3}}$ $\mathrm{=W\cdot m^{-2}}$
h	焓	$\mathrm{m^2\cdot s^{-2}}$ $\mathrm{=J\cdot kg^{-1}}$	$\frac{\lambda+C_p\mu_t/\sigma_t}{\lvert I'F\rvert}$	$\mathrm{kg\cdot s^{-3}\cdot K^{-1}}$ $\mathrm{=W\cdot m^{-2}\cdot K^{-1}}$	$((\lambda/C_p+\mu_t/\sigma_t)\nabla H)\cdot\boldsymbol{n}$	$\mathrm{kg\cdot s^{-3}}$ $\mathrm{=W\cdot m^{-2}}$
Y	标量	Y 的单位	$\frac{\alpha}{\lvert I'F\rvert}$	$\mathrm{kg\cdot m^{-2}\cdot s^{-1}}$	$\mathrm{K}(\nabla Y)\cdot\boldsymbol{n}$	$\mathrm{kg\cdot m^{-2}\cdot s^{-1}}$ ·(Y的单位)

3. 高级 Dirichlet 边界条件

对于外部施加的 Dirichlet 边界条件 $Y^{\mathrm{imp,ext}}$，未作用于边界面 f_b 上，而是通过一个交换系数 h_{ext}，作用于距离壁面一个微小距离处，这样，按如下进行转换：

$$\begin{cases} A_{f_b}^{g}=\dfrac{h_{\mathrm{ext}}}{h_{\mathrm{int}}+h_{\mathrm{ext}}}Y^{\mathrm{imp,ext}} \\ B_{f_b}^{g}=\dfrac{h_{\mathrm{int}}}{h_{\mathrm{int}}+h_{\mathrm{ext}}} \end{cases},\quad \begin{cases} A_{ib}^{f}=-h_{\mathrm{eq}}Y^{\mathrm{imp,ext}} \\ B_{ib}^{f}=h_{\mathrm{eq}} \end{cases} \tag{7-6}$$

其中，$h_{\mathrm{eq}}=\dfrac{h_{\mathrm{int}}h_{\mathrm{ext}}}{h_{\mathrm{int}}+h_{\mathrm{ext}}}$，当 h_{ext} 趋于无穷大时，该值趋于 h_{int}，即等价于式 (7-4) 的情形。

4. 对流出口边界条件

当施加对流出口边界条件时，有如下方程：

$$\frac{\partial Y}{\partial t}+C\frac{\partial Y}{\partial n}=0 \tag{7-7}$$

这样，边界条件转变为

$$\begin{cases} A_{f_b}^g = \dfrac{1}{1+\text{CFL}} Y_{f_b}^n \\ B_{f_b}^g = \dfrac{\text{CFL}}{1+\text{CFL}} \end{cases}, \quad \begin{cases} A_{ib}^f = -\dfrac{h_{\text{int}}}{1+\text{CFL}} Y_{f_b}^n \\ B_{ib}^f = \dfrac{h_{\text{int}}}{1+\text{CFL}} \end{cases} \tag{7-8}$$

其中，$\text{CFL} = \dfrac{C\Delta t}{\left|\overline{I'F}\right|}$；$Y_{f_b}^n$ 和 C 均由边界值给定。

5. **压力出口边界条件**

对于压力边界条件的推导，需要用到一些假设，即对于槽道流、管流等基本类型流动，出口垂直于流向，这样，在平行于出口面的平面上的压力分布，近似于出口面上的压力分布，这种分布对于上述基本流动及远离扰动的流动情形是比较符合的。对于这类情形，有

$$\frac{\partial^2 p}{\partial \boldsymbol{n} \partial \boldsymbol{\tau}} = 0 \tag{7-9}$$

其中，$\boldsymbol{n}$ 为出口面外法向量；$\boldsymbol{\tau}$ 为出口面上的任意向量。这样，边界面 f_b 上的压力通过与 I' 点压力建立如下关系：

$$p_{f_b} = p_{I'} + \nabla_i p \cdot \overline{I'F} \tag{7-10}$$

再假设压力梯度沿法向均一，且 I' 所在平面平行于出口面，即 $\nabla_i p \cdot \overline{I'F}$ 为常数，记为 R。然后，将出口面 f_b^{imp} 上的压力固定为常数 p_0，这样，压力场需调整一个常数值使之满足上述假定，即 $R_0 = p_0 - p_b^{\text{imp}} = p_0 - \left(p_{I'}^{\text{imp}} + R\right)$，这样有

$$p_{f_b} = p_{I'} + R + R_0 = p_{I'} + R + p_0 - \left(p_{I'}^{\text{imp}} + R\right) = p_{I'} + \underbrace{p_0 - p_{I'}^{\text{imp}}}_{\tilde{R}} = p_{I'} + \tilde{R} \tag{7-11}$$

综上所述，出口压力边界条件处理中实质上使用了 I' 点的 Dirichlet 边界条件，再调整压力场满足边界面 f_b 上的压力为常数 p_0。

7.4 壁面边界的处理

壁面边界条件的处理主要包括速度、湍动量 (k、ε、R_{ij}) 和温度等。同样，这里也要计算系数对 (A_b, B_b)，这里，在壁面边界中心点上，有 $f_{b,\text{int}} = A_b + B_b f_{I'}$，$I'$ 的位置如图 7-1 所示。

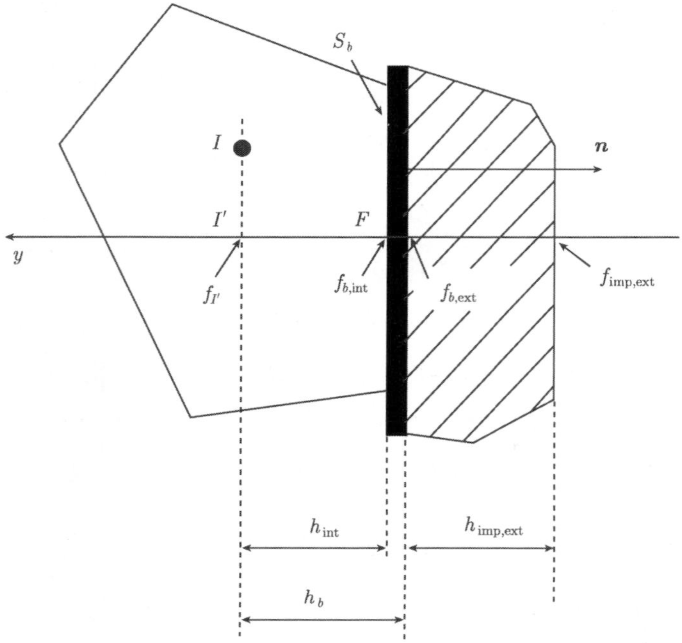

图 7-1 边界几何示意图

7.4.1 变量及记号

将壁面速度记为 $\boldsymbol{u}_p$，流体速度记为 $\boldsymbol{u}$，将速度 $\boldsymbol{u}$ 投影到壁面切平面上，该投影速度分量记为 $\boldsymbol{u}_\tau$。特别地，当选定附着于壁面的坐标系作为参考系时，流体速度变为 $\boldsymbol{u}^r = \boldsymbol{u} - \boldsymbol{u}_p$，即为相对速度。

将附着于壁面的正交坐标系记为 $\hat{\boldsymbol{R}} = (\boldsymbol{\tau}, \tilde{\boldsymbol{n}}, \boldsymbol{b})$。

(1) 记 $\tilde{\boldsymbol{n}} = -\boldsymbol{n}$，表示指向单元内部的边界面单位法向量；

(2) 记 $\boldsymbol{\tau} = \dfrac{1}{|u^r_{I'} - (u^r_{I'} \cdot \tilde{\boldsymbol{n}})|}[u^r_{I'} - (u^r_{I'} \cdot \tilde{\boldsymbol{n}})]$，为壁面切平面上的单位向量；

(3) $\boldsymbol{b}$ 为单位向量，与 $\tilde{\boldsymbol{n}}$ 和 $\boldsymbol{\tau}$ 共同构成壁面局部正交坐标系。

用 y^+_{lim} 作为黏性底层和对数率层分界的极限无量纲距离，其值为 $1/\kappa$，κ 为 Karman 常数。

7.4.2 两速度模型

对于两速度模型，涉及主要的变量如下。

(1) u_k 为壁面摩擦速度，u^* 为壁面摩擦速度，由式 $\dfrac{u^r_{\tau,I'}}{u^*} = f\left(y^+_k\right)$ 计算。

(2) y^+_k 为无量纲壁面距离，$y^+_k = \dfrac{u_k\left|I'F\right|}{\upsilon}$，其中，$\upsilon$ 为分子运动黏度，函数 f

给出近壁面速度分布。当 $z > y_{\lim}^{+}$ 时，函数 f 用对数律表示 $f(z) = \frac{1}{\kappa}\ln(z) + 5.2$；反之，用线性率表示 $f(z) = z$。

(3) u_k 和 u^* 都可计算，但需用到单元中心 I 处的湍动能 k_I。

采用 u_k 和 u^* 来给出速度和标量的边界条件，对于两速度模型，有

$$u_k = C_\mu^{1/4} k_I^{1/2} \tag{7-12}$$

u^* 由式 (7-13) 求解

$$\begin{aligned} \frac{u_{\tau,I'}^r}{u^*} &= \frac{1}{\kappa}\ln\left(y_k^+\right) + 5.2, \quad y_k^+ > y_{\lim}^+ \\ \frac{u_{\tau,I'}^r}{u^*} &= y_k^+, \quad y_k^+ \leqslant y_{\lim}^+ \end{aligned} \tag{7-13}$$

其中，$C_\mu = 0.09$；$\kappa = 0.42$。

7.4.3 单速度模型

对单速度模型，由 $\frac{u_{\tau,I'}^r}{u^*} = f(y^+)$ 计算 u^*，其中，y^+ 为无量纲壁面距离，$y^+ = \frac{u^*\left|\overline{I'F}\right|}{\upsilon}$，与两速度模型一样，函数 f 给出近壁面速度分布。此时，有如下简化关系：

$$u_k = u^* \tag{7-14}$$

对单速度模型，u^* 由式 (7-15) 求解：

$$\begin{aligned} \frac{u_{\tau,I'}^r}{u^*} &= \frac{1}{\kappa}\ln\left(y^+\right) + 5.2, \quad y^+ > y_{\lim}^+ \\ \frac{u_{\tau,I'}^r}{u^*} &= y^+, \quad y^+ \leqslant y_{\lim}^+ \end{aligned} \tag{7-15}$$

采用两速度模型更为普遍，在此基础上，可以由以下途径实施边界条件：

(1) 可以通过壁面函数来实施，即只需给出 $u^* = \frac{u_{\tau,I'}}{g(y^+)}$，有壁面函数 $\frac{u_{\tau,I'}}{u^*} = g(y^+)$；

(2) 也可以通过粗糙壁面函数来实施，即给定$u^* = u_{\tau,I'}/\left[\frac{1}{\kappa}\ln\left(\frac{y}{\xi}\right) + 8.5\right]$，其中，$y$ 由 $y = y^+\frac{\upsilon}{u_k}$ 计算，此时有壁面函数为 $\frac{u_{\tau,I'}}{u^*} = \frac{1}{\kappa}\ln\left(\frac{y}{\xi}\right) + 8.5$，其中，$\xi$ 为粗糙壁面高度；

(3) 也可以通过更复杂的 Colebrook 公式来实施，此时，$u^* = u_{\text{deb}}/\left[-4\sqrt{2}\lg\left(\frac{2.51}{2\sqrt{2}D_{\text{H}}^+} + \frac{\xi}{3.7D_{\text{H}}}\right)\right]$，其中，$D_{\text{H}}^+$ 为水力直径，u_{deb} 为平均流速，$\frac{\xi}{D_{\text{H}}}$ 为相对粗糙度。

7.4.4　k-ε 模型中的速度边界条件

首先考虑 k-ε 模型中的边界条件，实际上这些条件也是最复杂和最一般的。边界条件的施加应能正确给定动量方程中的切应力 $\sigma_\tau = \rho_I u^* u_k$。动量方程中，需要用到边界条件的是含有壁面法向速度导数的项，即 $(\mu_I + \mu_{t,I})(\nabla \boldsymbol{u})\boldsymbol{n}$，通常出现于动量方程的右端。

对于 k-ε 模型，它趋向于过高估算湍动能的生成，该模型的长度尺度 $L_{k\text{-}\varepsilon}$ 会明显超出湍流边界层涡的最大理论尺寸 L_{theo}，这两个尺度分别写为

$$
\begin{aligned}
L_{k\text{-}\varepsilon} &= C_\mu \frac{k^{3/2}}{\varepsilon} \\
L_{\text{theo}} &= \kappa \left|\overline{I'F}\right|
\end{aligned}
\tag{7-16}
$$

这样，当 $L_{k\text{-}\varepsilon} > L_{\text{theo}}$ 时，有 $\mu_{t,I} > \mu_t^{lm}$，其中，$\mu_{t,I}$ 为 k-ε 模型中在 I 点处的湍动黏度，$\mu_t^{lm} = \rho_I L_{\text{theo}} u_k$ 为混合长度模型的湍动黏度。这样，将剪应力写为

$$
\sigma_\tau = \rho_I u^* u_k = \frac{u^*}{\kappa\left|\overline{I'F}\right|} \underbrace{\rho_I \kappa \left|\overline{I'F}\right| u_k}_{\mu_t^{lm}}
\tag{7-17}
$$

其中，显式含有湍动黏度 μ_t^{lm}，而该黏度可能会与模型计算的单元黏度 $\mu_{t,I}$ 不符。因此，当 k-ε 模型的尺度 $L_{k\text{-}\varepsilon}$ 小于理论尺度 L_{theo}，将应力写为

$$
\sigma_\tau = \frac{u^*}{\kappa\left|\overline{I'F}\right|} \max\left(\mu_t^{lm}, \mu_{t,I}\right)
\tag{7-18}
$$

这样，可以由式 (7-18) 计算 N-S 方程中的扩散流量：

$$
(\mu_I + \mu_{t,I})(\nabla \boldsymbol{u})\boldsymbol{n} = -\sigma_\tau \boldsymbol{\tau}
\tag{7-19}
$$

其中，速度梯度按如下计算：

$$
(\mu_I + \mu_{t,I})(\nabla \boldsymbol{u})\boldsymbol{n} = \frac{(\mu_I + \mu_{t,I})}{\left|\overline{I'F}\right|}(u_F - u_{I'})
\tag{7-20}
$$

根据式 (7-19) 和式 (7-20)，计算 u_F，并重记为 $u_{F,\text{flux}}$ 为

$$
u_{F,\text{flux}} = u_{I'} - \frac{\left|\overline{I'F}\right|}{(\mu_I + \mu_{t,I})}\sigma_\tau \boldsymbol{\tau} = u_{I'} - \frac{u^*}{\kappa(\mu_I + \mu_{t,I})}\max\left(\mu_t^{lm}, \mu_{t,I}\right)\boldsymbol{\tau}
\tag{7-21}
$$

实际上，还用到一个额外假设，即沿壁面法向速度分量为 0。然后，将式 (7-21) 投影至壁面的切平面上，有

$$
u_{F,\text{flux}} = \left[u_{\tau,I'} - \frac{u^*}{\kappa(\mu_I + \mu_{t,I})}\max\left(\mu_t^{lm}, \mu_{t,I}\right)\right]\boldsymbol{\tau}
\tag{7-22}
$$

同时，若所得 y^+ 值小于 y^+_{lim} 时，则采用无滑移条件，然后，让壁面速度显式出现于最后的表达式中：

$$
\begin{aligned}
&u_{F,\text{flux}} = u_p, \quad y^+ \leqslant y^+_{\text{lim}} \\
&u_{F,\text{flux}} = u_p + \left[u^r_{\tau,I'} - \frac{u^*}{\kappa\left(\mu_I + \mu_{t,I}\right)}\max\left(\mu_t^{lm}, \mu_{t,I}\right)\right]\boldsymbol{\tau}, \quad y^+ > y^+_{\text{lim}}
\end{aligned} \tag{7-23}
$$

这样，可以将上式记为一对系数 (A_{flux}，B_{flux})

$$
\begin{aligned}
&A_{\text{flux}} = u_p, \quad y^+ \leqslant y^+_{\text{lim}} \\
&A_{\text{flux}} = u_p + \left[u^r_{\tau,I'} - \frac{u^*}{\kappa\left(\mu_I + \mu_{t,I}\right)}\max\left(\mu_t^{lm}, \mu_{t,I}\right)\right]\boldsymbol{\tau}, \quad y^+ > y^+_{\text{lim}} \\
&B_{\text{flux}} = 0
\end{aligned} \tag{7-24}
$$

下面的计算涉及速度梯度，先定义

$$
P_{\text{theo}} = \rho_I u^* u_k \left|\frac{\partial u_\tau}{\partial \boldsymbol{n}}\right|_I = \rho_I \frac{u_k\left(u^*\right)^2}{\kappa\left|\overline{I'F}\right|} \tag{7-25}
$$

同时，对经典情形 (y 轴方向为法向 $\boldsymbol{n}$)，单元 I 处生成项计算如下：

$$
P_{\text{calc}} = \mu_{t,I}\left(\frac{\partial u_\tau}{\partial y}\right)_I^2 \tag{7-26}
$$

其中，切向速度的法向梯度 (单元梯度) 采用有限体积法计算，对正交网格按如下计算：

$$
P_{\text{calc}} = \mu_{t,I}\left(\frac{u_{\tau,G} - u_{\tau,F}}{2d}\right)^2 = \mu_{t,I}\left(\frac{u_{\tau,I} + u_{\tau,J} - 2u_{\tau,F}}{4d}\right)^2 \tag{7-27}
$$

其中，$u_{\tau,J}$ 可通过对数律关系，由 $u_{\tau,I}$ 和在 G 点处的切向速度 u_τ 的法向梯度来计算，即

$$
\begin{aligned}
u_{\tau,J} &= u_{\tau,I} + \overline{IJ}\cdot\left(\partial_y u_\tau\right)_G + O\left(\left|\overline{IJ}\right|^2\right) \approx u_{\tau,I} + \overline{IJ}\cdot\left[\partial_y\left(\frac{u^*}{\kappa}\ln\left(y^+\right) + 5.2\right)\right]_G \\
&= u_{\tau,I} + 2d\frac{u^*}{\kappa 2d}
\end{aligned} \tag{7-28}
$$

这样，代入式 (7-27)，有

$$\begin{aligned}P_{\text{calc}} &= \mu_{t,I}\left(\frac{u_{\tau,I}+u_{\tau,J}+2d\dfrac{u^*}{\kappa 2d}-2u_{\tau,F}}{4d}\right)^2 \\ &= \mu_{t,I}\left(\frac{2u_{\tau,I}+2\dfrac{u^*}{2\kappa}-2u_{\tau,F}}{4d}\right)^2 = \mu_{t,I}\left(\frac{u_{\tau,I}+\dfrac{u^*}{2\kappa}-u_{\tau,F}}{2d}\right)^2\end{aligned} \tag{7-29}$$

这样，根据式 (7-25) 和式 (7-29)，可保证计算生成项等于理论生成项。上述推导也可直接应用到非正交网格 (I 点改为 I' 点)，可得

$$u_{\tau,F,\text{grad}} = u_{\tau,I'} - \frac{u^*}{\kappa}\left(2\sqrt{\frac{\rho_I \kappa u_k\left|\overline{I'F}\right|}{\mu_{t,I}}}-\frac{1}{2}\right) \tag{7-30}$$

其中，使梯度保持与理论速度分布法向梯度值一致，在 I' 点有 $\partial_y u_\tau = \partial_y\left(\dfrac{u^*}{\kappa}\ln\left(y^+\right)+5.2\right) = \dfrac{u^*}{\kappa\left|\overline{I'F}\right|}$，有

$$u_{\tau,F,\text{grad}} = u_{\tau,I'} - \frac{u^*}{\kappa}\max\left(1, 2\sqrt{\frac{\rho_I \kappa u_k\left|\overline{I'F}\right|}{\mu_{t,I}}}-\frac{1}{2}\right) \tag{7-31}$$

然后，假设我们处于对数律层，截取壁面处速度最小值，有

$$\begin{aligned}u_{\tau,F,\text{grad}} = \max\Bigg[&u^*\left(\frac{1}{\kappa}\ln\left(y^+_{\text{lim}}\right)+5.2\right), u_{\tau,I'} \\ &-\frac{u^*}{\kappa}\left(\max\left(1, 2\sqrt{\frac{\rho_I \kappa u_k\left|\overline{I'F}\right|}{\mu_{t,I}}}-\frac{1}{2}\right)\right)\Bigg]\end{aligned} \tag{7-32}$$

再给定壁面处法向导数为 0，此时，若壁面处 y^+ 值小于 y^+_{lim}，施加无滑移边界条件，这样，有如下关系式：

$$\begin{aligned}&u_{F,\text{grad}} = u_p, \quad y^+ \leqslant y^+_{\text{lim}} \\ &u_{F,\text{grad}} = u_p + \Bigg\{\max\Bigg[u^*\left(\frac{1}{\kappa}\ln\left(y^+_{\text{lim}}\right)+5.2\right), u^r_{\tau,I'} \\ &\qquad -\frac{u^*}{\kappa}\left(\max\left(1, 2\sqrt{\frac{\rho_I \kappa u_k\left|\overline{I'F}\right|}{\mu_{t,I}}}-\frac{1}{2}\right)\right)\Bigg]\Bigg\}\boldsymbol{\tau}, \quad y^+ > y^+_{\text{lim}}\end{aligned} \tag{7-33}$$

这样，可以将式 (7-33) 记为一对梯度系数 (A_{grad}，B_{grad})：

$$\begin{aligned}
&A_{\text{grad}} = u_p, \quad y^+ \leqslant y^+_{\text{lim}} \\
&A_{\text{grad}} = u_p + \left\{\max\left[u^*\left(\frac{1}{\kappa}\ln\left(y^+_{\text{lim}}\right) + 5.2\right), \quad u^r_{\tau,I'}\right.\right. \\
&\qquad \left.\left. -\frac{u^*}{\kappa}\left(\max\left(1, 2\sqrt{\frac{\rho_I \kappa u_k\left|\overline{I'F}\right|}{\mu_{t,I}}} - \frac{1}{2}\right)\right)\right]\right\}\boldsymbol{\tau}, \quad y^+ > y^+_{\text{lim}} \\
&B_{\text{grad}} = 0
\end{aligned} \tag{7-34}$$

对于需要用到速度梯度的场合，可由上述关系式给定边界条件。

7.4.5　R_{ij}-ε 模型中的速度边界条件

R_{ij}-ε 模型中的速度边界条件更为简单，我们需要保证切向速度梯度与对数律速度分布的理论值一致，理论梯度计算如下：

$$G_{\text{theo}} = \left(\frac{\partial u_\tau}{\partial y}\right)_{I'} = \frac{u^*}{\kappa\left|\overline{I'F}\right|} \tag{7-35}$$

切向速度的法向梯度 (单元梯度) 也采用有限体积法，对正交网格有

$$G_{\text{calc}} = \frac{u_{\tau,G} - u_{\tau,F}}{2d} = \frac{u_{\tau,I} + u_{\tau,J} - 2u_{\tau,F}}{4d} \tag{7-36}$$

同样，这里 $u_{\tau,J}$ 通过对数律关系，由 $u_{\tau,I}$ 和在 G 点处的切向速度 u_τ 的法向梯度来计算 $u_{\tau,J} = u_{\tau,I} + 2d\dfrac{u^*}{\kappa 2d}$，这样有

$$G_{\text{calc}} = \frac{u_{\tau,I} + u_{\tau,J} + 2d\dfrac{u^*}{\kappa 2d} - 2u_{\tau,F}}{4d} = \frac{2u_{\tau,I} + 2\dfrac{u^*}{2\kappa} - 2u_{\tau,F}}{4d} = \frac{u_{\tau,I} + \dfrac{u^*}{2\kappa} - u_{\tau,F}}{2d} \tag{7-37}$$

这样，根据式 (7-35) 和式 (7-37)，可计算 $u_{\tau,F}$ 如下：

$$u_{\tau,F} = u_{\tau,I'} - \frac{3u^*}{2\kappa} \tag{7-38}$$

再给定壁面处法向导数为 0，此时，若壁面处 y^+ 值小于 y^+_{lim}，施加无滑移边界条件，这样，有如下关系式：

$$\begin{aligned}
&u_F = u_p, \quad y^+ \leqslant y^+_{\text{lim}} \\
&u_F = \left(u^r_{\tau,I'} - \frac{3u^*}{2\kappa}\right)\boldsymbol{\tau} + u_p, \quad y^+ > y^+_{\text{lim}}
\end{aligned} \tag{7-39}$$

类似地，也可形成系数对 (A, B) 如下:

$$
\begin{aligned}
&A = u_p, \quad y^+ \leqslant y^+_{\text{lim}} \\
&A = \left(u^r_{\tau,I'} - \frac{3u^*}{2\kappa}\right)\boldsymbol{\tau} + u_p, \quad y^+ > y^+_{\text{lim}} \\
&B = 0
\end{aligned} \tag{7-40}
$$

对每个速度分量可推得对应的梯度系数 (A_{grad}，B_{grad})。

7.4.6 k-ε 模型中的 k 和 ε 边界条件

通过壁面摩擦速度 u_k 施加 k 的 Dirichlet 边界条件，有

$$
k = \frac{u_k^2}{C_\mu^{1/2}} \tag{7-41}
$$

然后，参考图 7-2，由以下关系式给定 ε 的法向导数:

$$
G_{\text{theo},\varepsilon} = \frac{\partial\left(u_k^3/(\kappa y)\right)}{\partial y} \tag{7-42}
$$

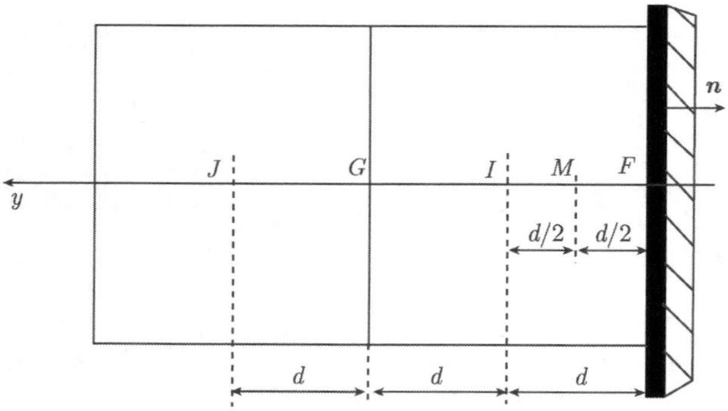

图 7-2　壁面几何示意图

为获得更高阶空间精度，这里采用 M 点施加边界条件。由 $\varepsilon_F = \varepsilon_I + d\partial_y\varepsilon_I + O\left(d^2\right)$，这能保证一阶精度，若需二阶精度，可用如下泰勒级数展开:

$$
\begin{aligned}
\varepsilon_M &= \varepsilon_I - \frac{d}{2}\partial_y\varepsilon_I + \frac{d^2}{8}\partial_y^2\varepsilon_I + O\left(d^3\right) \\
\varepsilon_M &= \varepsilon_F + \frac{d}{2}\partial_y\varepsilon_F + \frac{d^2}{8}\partial_y^2\varepsilon_F + O\left(d^3\right)
\end{aligned} \tag{7-43}
$$

两式相减，得

$$
\varepsilon_F = \varepsilon_I - \frac{d}{2}\left(\partial_y\varepsilon_I + \partial_y\varepsilon_F\right) + O\left(d^3\right) \tag{7-44}
$$

同时，还有

$$
\begin{aligned}
\partial_y \varepsilon_I &= \partial_y \varepsilon_M + d\partial_y^2 \varepsilon_M + O\left(d^2\right) \\
\partial_y \varepsilon_F &= \partial_y \varepsilon_M - d\partial_y^2 \varepsilon_M + O\left(d^2\right)
\end{aligned} \tag{7-45}
$$

式 (7-45) 中两式相加得 $\partial_y \varepsilon_I + \partial_y \varepsilon_F = 2\partial_y \varepsilon_M + O\left(d^2\right)$，代入式 (7-44) 可得二阶精度近似为

$$
\varepsilon_F = \varepsilon_I - d\partial_y \varepsilon_M + O\left(d^3\right) \tag{7-46}
$$

然后，由式 (7-42) 计算 $\partial_y \varepsilon_M$，这样边界值可得 $(d = \left|\overline{I'F}\right|)$

$$
\varepsilon_F = \varepsilon_I + d\frac{u_k^3}{\kappa\left(d/2\right)^2} \tag{7-47}
$$

当 $y^+ \leqslant y_{\text{lim}}^+$ 时，$u_k = 0$。此时，k 的值和 ε 的流量都为 0。然后，有

$$
\begin{aligned}
k_F &= \frac{u_k^2}{C_\mu^{1/2}} \\
\varepsilon_F &= \varepsilon_{I'} + \left|\overline{I'F}\right| \frac{u_k^3}{\kappa\left(\left|\overline{I'F}\right|/2\right)^2}, \quad y^+ \leqslant y_{\text{lim}}^+, \quad u_k = 0
\end{aligned} \tag{7-48}
$$

给出对应的系数对如下：

$$
\begin{aligned}
A_k &= \frac{u_k^2}{C_\mu^{1/2}}, \quad B_k = 0 \\
A_\varepsilon &= \left|\overline{I'F}\right| \frac{u_k^3}{\kappa\left(\left|\overline{I'F}\right|/2\right)^2}, B_\varepsilon = 1, \quad y^+ \leqslant y_{\text{lim}}^+, \quad u_k = 0
\end{aligned} \tag{7-49}
$$

7.4.7　R_{ij}-ε 模型中的 R_{ij} 和 ε 边界条件

同样，联系壁面局部坐标系 $\hat{\boldsymbol{R}}$，雷诺应力的边界条件为

$$
\partial_{\tilde{n}} \hat{R}_{\tau\tau} = \partial_{\tilde{n}} \hat{R}_{\tilde{n}\tilde{n}} = \partial_{\tilde{n}} \hat{R}_{bb} = 0, \quad \hat{R}_{\tau\tilde{n}} = -u^* u_k, \quad \hat{R}_{\tau b} = \hat{R}_{\tilde{n}b} = 0 \tag{7-50}
$$

当 $y^+ \leqslant y_{\text{lim}}^+$ 时，雷诺应力分量都为 0。在相对坐标系下进行这些计算需要一些具体的处理，这是需要注意的。这样，可以归结为

$$
\begin{cases}
\hat{R}_{\alpha\alpha,F} = \hat{R}_{\alpha\beta,F} = 0, & y^+ \leqslant y_{\text{lim}}^+ \\
\hat{R}_{\alpha\alpha,F} = \hat{R}_{\alpha\alpha,I'}, & \alpha \in \{\tau, \tilde{n}, b\}, y^+ > y_{\text{lim}}^+ \\
\hat{R}_{\tau\tilde{n}} = -u^* u_k, & \hat{R}_{\tau b} = \hat{R}_{\tilde{n}b} = 0
\end{cases} \tag{7-51}
$$

对于耗散率 ε，它的边界条件与 $k-\varepsilon$ 模型的完全相同，即

$$
\varepsilon_F = \varepsilon_{I'} + \left|\overline{I'F}\right| \frac{u_k^3}{\kappa\left(\left|\overline{I'F}\right|/2\right)^2}, \quad y^+ \leqslant y_{\text{lim}}^+, \quad u_k = 0 \tag{7-52}
$$

然后，写出对应的边界条件系数对。

(1) 对 R_{ij} 和 ε 采用显式边界条件：

$$\begin{aligned}
&A_{\hat{R}_{\alpha\alpha}} = A_{\hat{R}_{\alpha\beta}} = 0, \quad B_{\hat{R}_{\alpha\alpha}} = B_{\hat{R}_{\alpha\beta}} = 0, y^+ \leqslant y^+_{\text{lim}} \\
&A_{\hat{R}_{\alpha\alpha}} = (R_{\alpha\alpha})_I, \quad B_{\hat{R}_{\alpha\alpha}} = 0 \\
&A_{\hat{R}_{\tau\tilde{n}}} = -u^* u_k, \quad B_{\hat{R}_{\tau\tilde{n}}} = 0, \quad \alpha \in \{\tau, \tilde{n}, b\}, y^+ > y^+_{\text{lim}} \\
&A_{\hat{R}_{\tau b}} = A_{\hat{R}_{\tilde{n}b}} = 0, \quad B_{\hat{R}_{\tau b}} = B_{\hat{R}_{\tilde{n}b}} = 0 \\
&A_\varepsilon = \varepsilon_I + \left|\overline{I'F}\right| \frac{u_k^3}{\kappa\left(\left|\overline{I'F}\right|/2\right)^2}, \quad B_\varepsilon = 0, \text{无论} y^+ \leqslant y^+_{\text{lim}} \text{或} y^+ > y^+_{\text{lim}} \\
&u_k = 0, y^+ \leqslant y^+_{\text{lim}}
\end{aligned} \tag{7-53}$$

(2) 对 R_{ij} 和 ε 采用半隐式边界条件：

$$\begin{aligned}
&A_{\hat{R}_{\alpha\alpha}} = A_{\hat{R}_{\alpha\beta}} = 0, \quad B_{\hat{R}_{\alpha\alpha}} = B_{\hat{R}_{\alpha\beta}} = 0, y^+ \leqslant y^+_{\text{lim}} \\
&A_{\hat{R}_{\alpha\alpha}} = 0, \quad B_{\hat{R}_{\alpha\alpha}} = 1 \\
&A_{\hat{R}_{\tau\tilde{n}}} = -u^* u_k, \quad B_{\hat{R}_{\tau\tilde{n}}} = 0, \quad \alpha \in \{\tau, \tilde{n}, b\}, y^+ > y^+_{\text{lim}} \\
&A_{\hat{R}_{\tau b}} = A_{\hat{R}_{\tilde{n}b}} = 0, \quad B_{\hat{R}_{\tau b}} = B_{\hat{R}_{\tilde{n}b}} = 0 \\
&A_\varepsilon = \left|\overline{I'F}\right| \frac{u_k^3}{\kappa\left(\left|\overline{I'F}\right|/2\right)^2}, \quad B_\varepsilon = 1, \text{无论} y^+ \leqslant y^+_{\text{lim}} \text{或} y^+ > y^+_{\text{lim}} \\
&u_k = 0, y^+ \leqslant y^+_{\text{lim}}
\end{aligned} \tag{7-54}$$

7.4.8　标量的边界条件

当给定了标量的边界值时，可采用前述类似方法给定边界条件形式。由边界上变量 f 的法向流量守恒，有

$$\underbrace{h_{\text{int}}\left(f_{b,\text{int}} - f_{I'}\right)}_{\phi_{\text{int}}} = \underbrace{h_b\left(f_{b,\text{ext}} - f_{I'}\right)}_{\phi_b} = \begin{cases} \underbrace{h_{\text{imp,ext}}\left(f_{\text{imp,ext}} - f_{b,\text{ext}}\right)}_{\phi_{\text{real imposed}}}, & \text{Dirichlet边界条件} \\ \underbrace{\phi_{\text{imp,ext}}}_{\phi_{\text{real imposed}}}, & \text{Neumann边界条件} \end{cases} \tag{7-55}$$

式 (7-55) 重新整理，根据给定的 $f_{\text{imp,ext}}$ 和 $h_{\text{imp,ext}}$ 及 h_b 的值，获得壁面上的流量 $f_{b,\text{int}} = f_F$，这样可推得系数对如下：

$$f_{b,\text{int}} = \underbrace{\frac{h_{\text{imp,ext}}}{h_{\text{int}} + h_r h_{\text{imp,ext}}} f_{\text{imp,ext}}}_{A} + \underbrace{\frac{h_{\text{int}} + h_{\text{imp,ext}}(h_r - 1)}{h_{\text{int}} + h_r h_{\text{imp,ext}}}}_{B} f_{I'} \tag{7-56}$$

其中，$h_r = \dfrac{h_{\text{int}}}{h_b}$，其中唯一未确定的量为 h_b，下面给出 h_b 的具体计算。根据表 7-2，有 $h_{\text{int}} = \dfrac{\alpha}{|I'F|}$，$h_b$ 的值必须考虑边界层，将流量值与 $f_{I'}$ 和 $f_{b,\text{ext}}$ 建立联系，有

$$\phi_b = h_b \left(f_{b,\text{ext}} - f_{I'}\right) \tag{7-57}$$

这里，Prandtl-Schmidt 数为 $\sigma = \dfrac{\upsilon \rho C}{\alpha}$，若标量 f 为温度，有如下关系：

(1) $C = C_p$(比热容)；

(2) $\alpha = \lambda$(分子热导率)；

(3) $\sigma = \dfrac{\upsilon \rho C_p}{\lambda} = Pr$(Prandtl 数)；

(4) $\sigma_t = Pr_t$(湍流 Prandtl 数)；

(5) $\phi = \left(\lambda + \dfrac{C_p \mu_t}{\sigma_t}\right) \dfrac{\partial T}{\partial y}$(流量，单位为 $\mathrm{W \cdot m^{-2}}$)。

这样，边界上标量 f 的流量为

$$\phi = -\left(\alpha + C\frac{\mu_t}{\sigma_t}\right)\frac{\partial f}{\partial y} = -\rho C \left(\frac{\alpha}{\rho C} + \frac{\mu_t}{\rho \sigma_t}\right)\frac{\partial f}{\partial y} \tag{7-58}$$

注意，以流入单元的流量为正。

类似地，对温度，记 $a = \dfrac{\lambda}{\rho C_p}$ 和 $a_t = \dfrac{\mu_t}{\rho \sigma_t}$，有

$$\phi = -\rho C_p \left(a + a_t\right) \frac{\partial T}{\partial y} \tag{7-59}$$

将 f 无量纲化，采用壁面上的流量 ϕ_b，定义无量纲量：

$$f^* = -\frac{\phi_b}{\rho C u_k} \tag{7-60}$$

对于温度，有

$$T^* = -\frac{\phi_b}{\rho C_p u_k} \tag{7-61}$$

将式 (7-58) 两端同时除以 ϕ_b，对等式左边，由流量守恒 $\phi = \phi_b$，对等式右边，将 ϕ_b 替换为 $-\rho C u_k f^*$，有如下关系：

$$\upsilon = \frac{\mu}{\rho},\quad \upsilon_t = \frac{\mu_t}{\rho},\quad y^+ = \frac{y u_k}{\upsilon},\quad f^+ = \frac{f - f_{b,\text{ext}}}{f^*} \tag{7-62}$$

于是有

$$1 = \left(\frac{1}{\sigma} + \frac{1}{\sigma_t}\frac{\upsilon_t}{\upsilon}\right)\frac{\partial f^+}{\partial y^+} \tag{7-63}$$

这样，我们将 h_b 表示为 $f_{I'}^+$ 的函数：

$$h_b = \frac{\phi_b}{f_{b,\text{ext}} - f_{I'}} = \frac{\rho C u_k}{f_{I'}^+} \tag{7-64}$$

为计算 h_b，对式 (7-63) 积分求出 $f_{I'}^+$，这样，唯一的问题在于确定 $\mathcal{K}=\dfrac{1}{\sigma}+\dfrac{1}{\sigma_t}\dfrac{\upsilon_t}{\upsilon}$。

在充分发展湍流区 (远离壁面，$y^+ \geqslant y_2^+$)，采用混合长度模型，有

$$\upsilon_t = l^2\left|\frac{\partial U}{\partial y}\right| = \kappa y u^* \tag{7-65}$$

此时，分子扩散远低于湍动扩散，这样，与 $\dfrac{1}{\sigma_t}\dfrac{\upsilon_t}{\upsilon}$ 相比，$\dfrac{1}{\sigma}$ 非常小，这里忽略 $\dfrac{1}{\sigma}$，有

$$\mathcal{K}=\frac{\kappa y^+}{\sigma_t} \tag{7-66}$$

相反，在近壁面区 ($y^+ < y_1^+$)，湍动贡献远小于分子贡献，因此，这里忽略 $\dfrac{1}{\sigma_t}\dfrac{\upsilon_t}{\upsilon}$，这样，可以把范围确定在这两个区间内，Arpaci 和 Larsen 建议引入一个过渡区间 ($y_1^+ \leqslant y^+ < y_2^+$)，在该区间内，有如下假设：

$$\frac{\upsilon_t}{\upsilon}=a_1\left(y^+\right)^3 \tag{7-67}$$

其中，a_1 为常数，根据实验有如下关系式：

$$a_1=\frac{\sigma_t}{1000} \tag{7-68}$$

这样，关于 $\mathcal{K}$ 的完整表述如下：

$$\mathcal{K}=\begin{cases}\dfrac{1}{\sigma}, & y^+ < y_1^+\\[2mm] \dfrac{1}{\sigma}+\dfrac{a_1\left(y^+\right)^3}{\sigma_t}, & y_1^+ \leqslant y^+ < y_2^+\\[2mm] \dfrac{\kappa y^+}{\sigma_t}, & y^+ \geqslant y_2^+\end{cases} \tag{7-69}$$

其中，y_1^+ 和 y_2^+ 的值由 $\mathcal{K}$ 变化曲线的交点确定，如图 7-3 所示。

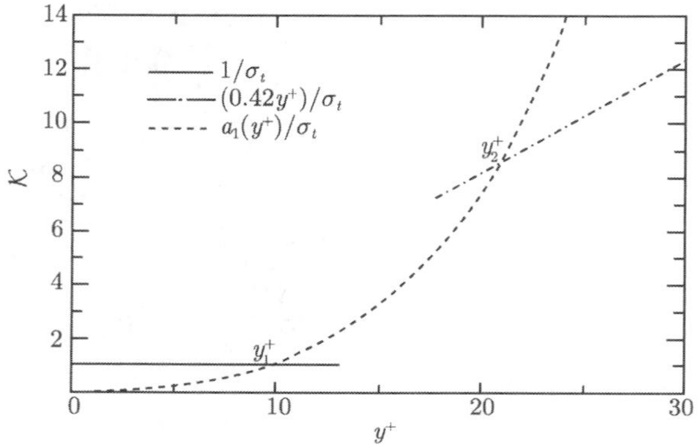

图 7-3　$\mathcal{K}$ 与 y^+ 的函数关系曲线

由于是否存在过渡区间取决于 σ 的值，首先，我们考虑 σ 与 1 相比尚不可忽略的情形，实际上，只需考虑 $\sigma > 0.1$ 的情形。假设在过渡区间，$\dfrac{1}{\sigma}$ 与 $\dfrac{a_1\left(y^+\right)^3}{\sigma_t}$ 相比可忽略，可得

$$y_1^+ = \left(\frac{1000}{\sigma}\right)^{1/3}, \quad y_2^+ = \sqrt{\frac{1000\kappa}{\sigma_t}} \tag{7-70}$$

无量纲式 (7-63) 在相同的假设下积分，可得 f^+ 的变化关系如下：

$$f^+ = \begin{cases} \sigma y^+, & y^+ < y_1^+ \\ a_2 - \dfrac{\sigma_t}{2a_1\left(y^+\right)^2}, & y_1^+ \leqslant y^+ < y_2^+ \\ \dfrac{\sigma_t}{\kappa}\ln\left(y^+\right) + a_3, & y^+ \geqslant y_2^+ \end{cases} \tag{7-71}$$

其中，a_2 和 a_3 为积分常数，应符合 f^+ 变化连续的基本要求，有

$$a_2 = 15\sigma^{2/3}, \quad a_3 = 15\sigma^{2/3} - \frac{\sigma_t}{2\kappa}\left(1 + \ln\left(\frac{1000\kappa}{\sigma_t}\right)\right) \tag{7-72}$$

其次，考虑 $\sigma \ll 1$ 的情形，实际上，只需考虑 $\sigma \leqslant 0.1$ 的情形。此时，过渡区间自然消失，这样，近壁面区和远离壁面区的交界为

$$y_0^+ = \frac{\sigma_t}{\kappa\sigma} \tag{7-73}$$

无量纲式 (7-63) 在相同的假设下积分，可得 f^+ 的变化关系如下：

$$f^+ = \begin{cases} \sigma y^+, & y^+ \leqslant y_0^+ \\ \dfrac{\sigma_t}{\kappa}\ln\left(\dfrac{y^+}{y_0^+}\right) + \sigma y_0^+, & y^+ > y_0^+ \end{cases} \tag{7-74}$$

这样，取 $y^+ = y_{I'}^+$ 来计算 $f_{I'}^+$，再由式 (7-64) 计算 h_b。

7.5　粗糙壁面边界的处理

7.5.1　变量及记号

粗糙壁面边界的处理在原理方面与 7.4 节相似，仍然需要采用局部坐标系，因此，这里延用 7.4 节的符号，不再具体列出。

7.5.2　两速度模型

两速度模型，这里涉及如下主要变量：

(1) u_k 为壁面摩擦速度，由湍能计算；

(2) u^* 为壁面摩擦速度，由 $\dfrac{u_{\tau,I'}^r}{u^*}=f(z_p)$ 关系式计算；

(3) z_p 为到壁面的距离，$z_p=\left|\overline{I'F}\right|$，如图 7-1 所示，函数 f 给出近壁面速度分布。这是一个包含了动力粗糙度 z_0 的对数律函数 $f(z_p)=\dfrac{1}{\kappa}\ln\left(\dfrac{z_p+z_0}{z_0}\right)$；

(4) u_k 和 u^* 都可计算，但需用到单元中心 I 处的湍动能 k_I。

采用 u_k 和 u^* 来给出速度和标量的边界条件，对于两速度模型，有

$$u_k=C_\mu^{1/4}k_I^{1/2} \tag{7-75}$$

u^* 由式 (7-76) 求解：

$$\begin{aligned}&\frac{u_{\tau,I'}^r}{u^*}=\frac{1}{\kappa}\ln(z_k)\\&z_k=\frac{\left|\overline{I'F}\right|+z_0}{z_0}=\frac{z_p+z_0}{z_0}\end{aligned} \tag{7-76}$$

其中，$C_\mu=0.09$；$\kappa=0.42$。

7.5.3　单速度模型

对单速度模型，由 $\dfrac{u_{\tau,I'}^r}{u^*}=f(z_p)$ 计算 u^*，其中，z_p 为到壁面的距离，$z_p=\left|\overline{I'F}\right|$，与两速度模型一样，函数 f 给出近壁面速度分布。此时，有简化关系：

$$u_k=u^* \tag{7-77}$$

对单速度模型，u^* 由式 (7-76) 求解。

7.5.4　k-ε 模型中的速度边界条件

首先考虑 k-ε 模型中的边界条件。同样，边界条件的施加应能正确给定动量方程中的切应力 $\sigma_\tau=\rho_I u^* u_k$。动量方程中，需要用到边界条件的是含有壁面法方向速度导数的项，即 $(\mu_I+\mu_{t,I})(\nabla\boldsymbol{u})\boldsymbol{n}$，通常出现于动量方程的右端。

对于 k-ε 模型，它趋向于过高估算湍动能的生成，该模型的长度尺度 $L_{k\text{-}\varepsilon}$ 会明显超出湍流边界层涡的最大理论尺寸 L_{theo}，这两个尺度分别写为

$$\begin{aligned}&L_{k\text{-}\varepsilon}=C_\mu\frac{k^{3/2}}{\varepsilon}\\&L_{\text{theo}}=\kappa\left(\left|\overline{I'F}\right|+z_0\right)=\kappa(z_p+z_0)\end{aligned} \tag{7-78}$$

这样，当 $L_{k\text{-}\varepsilon} > L_{\text{theo}}$ 时，有 $\mu_{t,I} > \mu_t^{lm}$，其中，$\mu_{t,I}$ 为 k-ε 模型中在 I 点处的湍动黏度，$\mu_t^{lm} = \rho_I L_{\text{theo}} u_k$ 为混合长度模型的湍动黏度。这样，将剪应力写为

$$\sigma_\tau = \rho_I u^* u_k = \frac{u^*}{\kappa\left(\left|\overline{I'F}\right| + z_0\right)} \underbrace{\rho_I \kappa\left(\left|\overline{I'F}\right| + z_0\right) u_k}_{\mu_t^{lm}} \tag{7-79}$$

其中，显式含有湍动黏度 μ_t^{lm}，而该黏度可能会与模型计算的单元黏度 $\mu_{t,I}$ 不符。因此，当 k-ε 模型的尺度 $L_{k\text{-}\varepsilon}$ 小于理论尺度 L_{theo}，将应力写为

$$\sigma_\tau = \frac{u^*}{\kappa\left(\left|\overline{I'F}\right| + z_0\right)} \max\left(\mu_t^{lm}, \mu_{t,I}\right) \tag{7-80}$$

这样，可以由式 (7-80) 计算 N-S 方程中的扩散流量：

$$\left(\mu_I + \mu_{t,I}\right)(\nabla \boldsymbol{u})\,\boldsymbol{n} = -\sigma_\tau \boldsymbol{\tau} \tag{7-81}$$

其中，速度梯度按如下计算：

$$\left(\mu_I + \mu_{t,I}\right)(\nabla \boldsymbol{u})\,\boldsymbol{n} = \frac{\left(\mu_I + \mu_{t,I}\right)}{\left|\overline{I'F}\right|}\left(u_F - u_{I'}\right) \tag{7-82}$$

根据式 (7-81) 和式 (7-82)，计算 u_F，并重记为 $u_{F,\text{flux}}$ 为

$$\begin{aligned} u_{F,\text{flux}} &= u_{I'} - \frac{\left|\overline{I'F}\right|}{\left(\mu_I + \mu_{t,I}\right)} \sigma_\tau \boldsymbol{\tau} \\ &= u_{I'} - \frac{u^*}{\kappa\left(\mu_I + \mu_{t,I}\right)} \max\left(\mu_t^{lm}, \mu_{t,I}\right) \frac{\left|\overline{I'F}\right|}{\left(\left|\overline{I'F}\right| + z_0\right)} \boldsymbol{\tau} \end{aligned} \tag{7-83}$$

实际上，还用到一个额外假设，即沿壁面法向速度分量为 0。然后，将式 (7-83) 投影至壁面的切平面上，有

$$u_{F,\text{flux}} = \left[u_{\tau,I'} - \frac{u^*}{\kappa\left(\mu_I + \mu_{t,I}\right)} \max\left(\mu_t^{lm}, \mu_{t,I}\right) \frac{\left|\overline{I'F}\right|}{\left(\left|\overline{I'F}\right| + z_0\right)}\right] \boldsymbol{\tau} \tag{7-84}$$

然后，让壁面速度显式出现于最后的表达式中：

$$u_{F,\text{flux}} = u_p + \left[u_{\tau,I'}^r - \frac{u^*}{\kappa\left(\mu_I + \mu_{t,I}\right)} \max\left(\mu_t^{lm}, \mu_{t,I}\right) \frac{\left|\overline{I'F}\right|}{\left(\left|\overline{I'F}\right| + z_0\right)}\right] \boldsymbol{\tau} \tag{7-85}$$

这样，可以将式 (7-85) 记为一对系数 $(A_{\text{flux}}, B_{\text{flux}})$：

$$\begin{aligned} A_{\text{flux}} &= u_p + \left[u_{\tau,I'}^r - \frac{u^*}{\kappa\left(\mu_I + \mu_{t,I}\right)} \max\left(\mu_t^{lm}, \mu_{t,I}\right) \frac{\left|\overline{I'F}\right|}{\left(\left|\overline{I'F}\right| + z_0\right)}\right] \boldsymbol{\tau} \\ B_{\text{flux}} &= 0 \end{aligned} \tag{7-86}$$

下面的计算涉及速度梯度，先定义

$$P_{\text{theo}}=\rho_I u^* u_k\left|\frac{\partial u_\tau}{\partial \boldsymbol{n}}\right|_I=\rho_I\frac{u_k\left(u^*\right)^2}{\kappa\left(\left|\overline{I'F}\right|+z_0\right)} \tag{7-87}$$

同时，对经典情形 (z 轴方向为法向 $\boldsymbol{n}$)，单元 I 处生成项计算如下：

$$P_{\text{calc}}=\mu_{t,I}\left(\frac{\partial u_\tau}{\partial z}\right)_I^2 \tag{7-88}$$

其中，切向速度的法向梯度 (单元梯度) 采用有限体积法计算，对正交网格按如下计算：

$$P_{\text{calc}}=\mu_{t,I}\left(\frac{u_{\tau,G}-u_{\tau,F}}{2d}\right)^2=\mu_{t,I}\left(\frac{u_{\tau,I}+u_{\tau,J}-2u_{\tau,F}}{4d}\right)^2 \tag{7-89}$$

其中，$u_{\tau,J}$ 可通过对数律关系，由 $u_{\tau,I}$ 和在 G 点处的切向速度 u_τ 的法向梯度来计算：

$$\begin{aligned}u_{\tau,J}&=u_{\tau,I}+\overline{IJ}\cdot\left(\partial_z u_\tau\right)_G+O\left(\left|\overline{IJ}\right|^2\right)\approx u_{\tau,I}+\overline{IJ}\cdot\left[\partial_z\left(\frac{u^*}{\kappa}\ln\left(z^+\right)\right)\right]_G\\&=u_{\tau,I}+2d\frac{u^*}{\kappa\left(2d+z_0\right)}\end{aligned} \tag{7-90}$$

然后，代入式 (7-89)，有

$$P_{\text{calc}}=\mu_{t,I}\left(\frac{2u_{\tau,I}+2d\dfrac{u^*}{\kappa\left(2d+z_0\right)}-2u_{\tau,F}}{4d}\right)^2=\mu_{t,I}\left(\frac{u_{\tau,I}+d\dfrac{u^*}{\kappa\left(2d+z_0\right)}-u_{\tau,F}}{2d}\right)^2 \tag{7-91}$$

这样，根据式 (7-87) 和式 (7-91)，可保证计算生成项等于理论生成项。上述推导也可直接应用到非正交网格 (I 点改为 I' 点)，可得

$$u_{\tau,F,\text{grad}}=u_{\tau,I'}-\frac{u^*}{\kappa}\left(2d\sqrt{\frac{\rho_I\kappa u_k}{\mu_{t,I}\left(\left|\overline{I'F}\right|+z_0\right)}}-\frac{1}{2+z_0/\left|\overline{I'F}\right|}\right) \tag{7-92}$$

其中，使梯度保持与理论速度分布法向梯度值一致，在 I' 点有

$$\partial_z u_\tau=\partial_z\left(\frac{u^*}{\kappa}\ln\left(z^+\right)\right)=\frac{u^*}{\kappa\left(\left|\overline{I'F}\right|+z_0\right)} \tag{7-93}$$

这样，有

$$u_{\tau,F,\text{grad}}=u_{\tau,I'}-\frac{u^*}{\kappa}\max\left(1,2d\sqrt{\frac{\rho_I\kappa u_k}{\mu_{t,I}\left(\left|\overline{I'F}\right|+z_0\right)}}-\frac{1}{2+z_0/\left|\overline{I'F}\right|}\right) \tag{7-94}$$

再给定壁面处法向导数为 0，此时，在 I' 处的切向速度为 0(低于小值 10^{-12})，即施加无滑移边界条件，有如下关系式：

$$\mu_{F,\text{grad}} = \begin{cases} u_p, \quad u^r_{\tau,I'} < 10^{-12} \\ u_p + u^r_{\tau,I'} - \dfrac{u^*}{\kappa}\left[\max\left(1, 2d\sqrt{\dfrac{\rho_I \kappa u_k}{\mu_{t,I}\left(\left|\overline{I'F}\right| + z_0\right)}} - \dfrac{1}{2 + z_0/\left|\overline{I'F}\right|}\right)\right]\boldsymbol{\tau} \end{cases} \tag{7-95}$$

这样，可以将式 (7-95) 记为一对梯度系数 $(A_{\text{grad}}, B_{\text{grad}})$：

$$\begin{cases} A_{\text{grad}} = \begin{cases} u_p, \quad u^r_{\tau,I'} < 10^{-12} \\ u_p + u^r_{\tau,I'} - \dfrac{u^*}{\kappa}\left[\max\left(1, 2d\sqrt{\dfrac{\rho_I \kappa u_k}{\mu_{t,I}\left(\left|\overline{I'F}\right| + z_0\right)}} - \dfrac{1}{2 + z_0/\left|\overline{I'F}\right|}\right)\right]\boldsymbol{\tau} \end{cases} \\ B_{\text{grad}} = 0 \end{cases} \tag{7-96}$$

对于需要用到速度梯度的场合，可由上述关系式给定边界条件。

7.5.5　k-ε 模型中的 k 和 ε 边界条件

通过壁面摩擦速度 u_k 施加 k 的 Dirichlet 边界条件，有

$$k = \frac{u_k^2}{C_\mu^{1/2}} \tag{7-97}$$

然后，由以下关系式给定 ε 的法向导数：

$$G_{\text{theo},\varepsilon} = \frac{\partial}{\partial z}\left[\frac{u_k^3}{\kappa\,(z + z_0)}\right] \tag{7-98}$$

为获得更高阶空间精度，这里采用 M 点施加边界条件。由 $\varepsilon_F = \varepsilon_I + d\partial_z\varepsilon_I + O\left(d^2\right)$，这能保证一阶精度，若需二阶精度，可用如下泰勒级数展开：

$$\begin{aligned} \varepsilon_M &= \varepsilon_I - \frac{d}{2}\partial_z\varepsilon_I + \frac{d^2}{8}\partial_z^2\varepsilon_I + O\left(d^3\right) \\ \varepsilon_M &= \varepsilon_F + \frac{d}{2}\partial_z\varepsilon_F + \frac{d^2}{8}\partial_z^2\varepsilon_F + O\left(d^3\right) \end{aligned} \tag{7-99}$$

两式相减，得

$$\varepsilon_F = \varepsilon_I - \frac{d}{2}\left(\partial_z\varepsilon_I + \partial_z\varepsilon_F\right) + O\left(d^3\right) \tag{7-100}$$

同时，还有

$$\begin{aligned} \partial_z\varepsilon_I &= \partial_z\varepsilon_M + d\partial_z^2\varepsilon_M + O\left(d^2\right) \\ \partial_z\varepsilon_F &= \partial_z\varepsilon_M - d\partial_z^2\varepsilon_M + O\left(d^2\right) \end{aligned} \tag{7-101}$$

式 (7-101) 中两式相加得 $\partial_z\varepsilon_I+\partial_z\varepsilon_F=2\partial_z\varepsilon_M+O\left(d^2\right)$，代入式 (7-100) 可得二阶精度近似为

$$\varepsilon_F=\varepsilon_I-d\partial_z\varepsilon_M+O\left(d^3\right) \tag{7-102}$$

然后，由式 (7-98) 计算 $\partial_z\varepsilon_M$，这样边界值可得 $(d=\left|\overline{I'F}\right|)$

$$\varepsilon_F=\varepsilon_I+d\frac{u_k^3}{\kappa\left(d/2+z_0\right)^2} \tag{7-103}$$

然后，有

$$\begin{aligned}k_F&=\frac{u_k^2}{C_\mu^{1/2}}\\ \varepsilon_F&=\varepsilon_{I'}+\left|\overline{I'F}\right|\frac{u_k^3}{\kappa\left(\left|\overline{I'F}\right|/2+z_0\right)^2}\end{aligned} \tag{7-104}$$

给出对应的系数对如下：

$$\begin{aligned}A_k&=\frac{u_k^2}{C_\mu^{1/2}},\quad B_k=0\\ A_\varepsilon&=\left|\overline{I'F}\right|\frac{u_k^3}{\kappa\left(\left|\overline{I'F}\right|/2+z_0\right)^2},\quad B_\varepsilon=1\end{aligned} \tag{7-105}$$

7.5.6　标量的边界条件

当给定了标量的边界值时，可采用前面类似方法给定边界条件形式。

由边界上变量 f 的法向流量守恒，有

$$\underbrace{h_{\text{int}}\left(f_{b,\text{int}}-f_{I'}\right)}_{\phi_{\text{int}}}=\underbrace{h_b\left(f_{b,\text{ext}}-f_{I'}\right)}_{\phi_b}=\begin{cases}\underbrace{h_{\text{imp,ext}}\left(f_{\text{imp,ext}}-f_{b,\text{ext}}\right)}_{\phi_{\text{real imposed}}}, & \text{Dirichlet边界条件}\\ \underbrace{\phi_{\text{imp,ext}}}_{\phi_{\text{real imposed}}}, & \text{Neumann边界条件}\end{cases} \tag{7-106}$$

式 (7-106) 重新整理，根据给定的 $f_{\text{imp,ext}}$ 和 $h_{\text{imp,ext}}$ 及 h_b 的值，获得壁面上的流量 $f_{b,\text{int}}=f_F$，这样可推得系数对如下：

$$f_{b,\text{int}}=\underbrace{\frac{h_{\text{imp,ext}}}{h_{\text{int}}+h_r h_{\text{imp,ext}}}f_{\text{imp,ext}}}_{A}+\underbrace{\frac{h_{\text{int}}+h_{\text{imp,ext}}\left(h_r-1\right)}{h_{\text{int}}+h_r h_{\text{imp,ext}}}f_{I'}}_{B} \tag{7-107}$$

其中，$h_r=\dfrac{h_{\text{int}}}{h_b}$，其中唯一未确定的量为 h_b，下面给出 h_b 的具体计算。根据表 7-2，有 $h_{\text{int}}=\dfrac{\alpha}{\left|\overline{I'F}\right|}$，$h_b$ 的值必须考虑边界层，将流量值与 $f_{I'}$ 和 $f_{b,\text{ext}}$ 建立联系，有

$$\phi_b=h_b\left(f_{b,\text{ext}}-f_{I'}\right) \tag{7-108}$$

其中，Prandtl-Schmidt 数为 $\sigma = \dfrac{\upsilon\rho C}{\alpha}$，若标量 f 为温度，有如下关系：

(1) $C = C_p$(比热容)；

(2) $\alpha = \lambda$(分子热导率)；

(3) $\sigma = \dfrac{\upsilon\rho C_p}{\lambda} = Pr$(Prandtl 数)；

(4) $\sigma_t = Pr_t$(湍流 Prandtl 数)；

(5) $\phi = \left(\lambda + \dfrac{C_p\mu_t}{\sigma_t}\right)\dfrac{\partial T}{\partial y}$(流量，单位为 $\mathrm{W\cdot m^{-2}}$)。

这样，边界上标量 f 的流量为

$$\phi = -\left(\alpha + C\frac{\mu_t}{\sigma_t}\right)\frac{\partial f}{\partial y} = -\rho C\left(\frac{\alpha}{\rho C} + \frac{\mu_t}{\rho\sigma_t}\right)\frac{\partial f}{\partial y} \tag{7-109}$$

注意，以流入单元的流量为正。

类似地，对温度，记 $a = \dfrac{\lambda}{\rho C_p}$ 和 $a_t = \dfrac{\mu_t}{\rho\sigma_t}$，有

$$\phi = -\rho C_p\left(a + a_t\right)\frac{\partial T}{\partial y} \tag{7-110}$$

将 f 无量纲化，采用壁面上的流量 ϕ_b，定义无量纲量：

$$f^* = -\frac{\phi_b}{\rho C u_k} \tag{7-111}$$

对于温度，有

$$T^* = -\frac{\phi_b}{\rho C_p u_k} \tag{7-112}$$

将式 (7-109) 两端同时除以 ϕ_b，对等式左边，由流量守恒 $\phi = \phi_b$，对等式右边，将 ϕ_b 替换为 $-\rho C u_k f^*$，有如下关系：

$$\upsilon = \frac{\mu}{\rho},\quad \upsilon_t = \frac{\mu_t}{\rho},\quad f^+ = \frac{f - f_{b,\mathrm{ext}}}{f^*} \tag{7-113}$$

于是有

$$1 = \left(\frac{\upsilon}{\sigma} + \frac{\upsilon_t}{\sigma_t}\right)\frac{\partial f^+}{\partial z}\frac{1}{u_k} \tag{7-114}$$

这样，将 h_b 表示为 $f_{I'}^+$ 的函数：

$$h_b = \frac{\phi_b}{f_{b,\mathrm{ext}} - f_{I'}} = \frac{\rho C u_k}{f_{I'}^+} \tag{7-115}$$

为计算 h_b，对式 (7-114) 积分求出 $f_{I'}^+$，这样，唯一的问题在于确定 $\mathcal{K} = \dfrac{\upsilon}{\sigma} + \dfrac{\upsilon_t}{\sigma_t}$。

在充分发展湍流区，采用混合长度模型，有

$$v_t = l^2 \left| \frac{\partial U}{\partial z} \right| = \kappa u^* (z + z_0) \tag{7-116}$$

此时，分子扩散远低于湍动扩散，这样，与 $\frac{v_t}{\sigma_t}$ 相比，$\frac{v}{\sigma}$ 非常小，这里忽略 $\frac{v}{\sigma}$，有

$$\mathcal{K} = \frac{\kappa u_k}{\sigma_t} (z + z_0) \tag{7-117}$$

采用同样假设并积分式 (7-114)，有

$$f^+ = \frac{\sigma_t}{\kappa} \ln \left(\frac{z + z_0}{z_{0T}} \right) \tag{7-118}$$

其中，z_{0T} 为热粗糙度，与动力粗糙度 z_0 有近似关系 $\ln \left(\frac{z_0}{z_{0T}} \right) \approx 2$。然后，先计算 $f_{I'}^+$ 如下：

$$f_{I'}^+ = \frac{\sigma_t}{\kappa} \ln \left(\frac{\left| \overline{I'F} \right| + z_0}{z_{0T}} \right) \tag{7-119}$$

这样，由式 (7-115) 计算出 h_b。

第 8 章　代数方程组的求解方法

8.1　概　　况

随着数值模型在规模和复杂度上的不断增长，方程组规模日益庞大，如何快速准确地求解这些大规模矩阵系统是本章将要讨论的主要内容。由于涉及矩阵相关的求解方法涵盖面非常广，这里着重介绍大型矩阵系统的迭代法。

8.1.1　概述

迭代法最早可以追溯到 Gauss、Jacobi 一类方法；1946 年，Southwell 发展了一种 Gauss-Seidel 松弛法，也就是 SOR 的原型；1950 年，Young 形成标准的 SOR 法。这一类方法也称为静态迭代法，它易于理解，但通常不够高效。

另一种是非静态迭代法，该方法比较新，它的特点为：① 这种方法在每一步迭代都会发生变化；② 这种方法很难理解，但效果更好；③ 通常基于正交向量和子空间投影思想；④ 最典型的例子是 Krylov 子空间迭代法。

8.1.2　向量范数及内积

1. 欧几里得内积

对两个列向量，$\boldsymbol{x},\boldsymbol{y}\in\mathbf{R}^n$，它们的欧几里得内积可以表示为

$$(\boldsymbol{x},\boldsymbol{y})\equiv\boldsymbol{x}^{\mathrm{T}}\boldsymbol{y}=\sum_{i=1}^{n}\boldsymbol{x}_i\boldsymbol{y}_i \tag{8-1}$$

其中，$(\boldsymbol{x},\boldsymbol{y})$ 采用希尔伯特空间标记法，$\boldsymbol{x}^{\mathrm{T}}\boldsymbol{y}$ 很容易理解，它可以看做矩阵相乘的特例，即该内积表示矩阵行向量与列向量的点积。欧几里得内积所对应的范数，记为 l^2 范数，具体如下：

$$\|\boldsymbol{x}\|_2^2=(\boldsymbol{x},\boldsymbol{x})=\boldsymbol{x}^{\mathrm{T}}\boldsymbol{x}=\sum_{i=1}^{n}\boldsymbol{x}_i^2 \tag{8-2}$$

它属于 l^m 范数家族，l^m 范数定义为

$$\|\boldsymbol{x}\|_m=\begin{cases}\left(\sum\limits_{i=1}^{n}|\boldsymbol{x}_i|^m\right)^{1/m}, & m\in\mathbf{N}\\ \max\limits_{i=1,\cdots,n}(|\boldsymbol{x}_i|), & m=\infty\end{cases} \tag{8-3}$$

2. 更一般的 $\boldsymbol{M}$-内积

这里，$\boldsymbol{M}$ 为对称正定矩阵，定义内积如下

$$(\boldsymbol{x},\boldsymbol{y})_{\boldsymbol{M}}=(\boldsymbol{M}\boldsymbol{x},\boldsymbol{y})=\boldsymbol{x}^{\mathrm{T}}\boldsymbol{M}\boldsymbol{y} \tag{8-4}$$

注意到，$\boldsymbol{M}$ 的对称性，有

$$(\boldsymbol{x},\boldsymbol{y})_{\boldsymbol{M}}=(\boldsymbol{x},\boldsymbol{M}\boldsymbol{y})=(\boldsymbol{M}\boldsymbol{x},\boldsymbol{y})=(\boldsymbol{y},\boldsymbol{x})_{\boldsymbol{M}} \tag{8-5}$$

这样，与之对应的 $\boldsymbol{M}$-范数为

$$\|\boldsymbol{x}\|_{\boldsymbol{M}}^2=(\boldsymbol{x},\boldsymbol{x})_{\boldsymbol{M}} \tag{8-6}$$

其中，$\dfrac{1}{2}\boldsymbol{x}^{\mathrm{T}}\boldsymbol{M}\boldsymbol{x}$ 在很多应用场合表示能量，因此，$\boldsymbol{M}$-范数也常称为能量范数。

3. 向量空间的范数属性

对 $\mathbf{R}$ 域上的向量空间 $\boldsymbol{V}$，对于任意两个向量 $\boldsymbol{x},\boldsymbol{y}\in\boldsymbol{V}$，有如下属性：

(1) 对于任意 $\alpha\in\mathbf{R}$，有 $\|\alpha\boldsymbol{x}\|=\|\alpha\|\,\|\boldsymbol{x}\|$；

(2) $\|\boldsymbol{x}\|\geqslant 0$，且有 $\|\boldsymbol{x}\|=0\Leftrightarrow\boldsymbol{x}=0$；

(3) 满足三角不等式，$\|\boldsymbol{x}+\boldsymbol{y}\|\leqslant\|\boldsymbol{x}\|+\|\boldsymbol{y}\|$。

8.1.3 主值及矩阵范数

1. 矩阵主值属性

设 $\boldsymbol{A}\in\mathbf{R}^{n\times n}$，若存在一个主向量 $\boldsymbol{v}\in\mathbf{C}^n$，且满足 $\boldsymbol{A}\boldsymbol{v}=\lambda\boldsymbol{v}$，其中，$\lambda\in\mathbf{C}$，此时称 λ 为 $\boldsymbol{A}$ 的主值。集合如下：

$$\sigma(\boldsymbol{A})=\{\lambda\in\mathbf{C},\quad \lambda\text{为矩阵 }\boldsymbol{A}\text{ 的主值}\} \tag{8-7}$$

式 (8-7) 为矩阵 $\boldsymbol{A}$ 的谱。若 $\boldsymbol{A}$ 对称，$\boldsymbol{A}$ 的所有主值为实数，则矩阵主值的极值满足

$$\lambda_{\min}=\min_{x\neq 0}\frac{(\boldsymbol{A}\boldsymbol{x},\boldsymbol{x})}{(\boldsymbol{x},\boldsymbol{x})},\quad \lambda_{\max}=\max_{x\neq 0}\frac{(\boldsymbol{A}\boldsymbol{x},\boldsymbol{x})}{(\boldsymbol{x},\boldsymbol{x})} \tag{8-8}$$

2. 矩阵范数属性

对于 $n\times n$ 的矩阵，通过向量空间范数定义，由式 (8-9) 定义矩阵范数：

$$\|\boldsymbol{A}\|=\max_{x\neq 0}\frac{\|\boldsymbol{A}\boldsymbol{x}\|}{\|\boldsymbol{x}\|}=\max_{x=1}\|\boldsymbol{A}\boldsymbol{x}\| \tag{8-9}$$

这样，给定任意两个矩阵 $\boldsymbol{A}$、$\boldsymbol{B}\in\mathbf{R}^{n\times n}$，矩阵范数具有次可乘属性：

$$\|\boldsymbol{A}\boldsymbol{B}\|\leqslant\|\boldsymbol{A}\|\,\|\boldsymbol{B}\| \tag{8-10}$$

对于矩阵的 $\|\cdot\|_2$ 范数尤为重要，它有如下属性：

$$\left\|\boldsymbol{A}^{\mathrm{T}}\right\|_2=\|\boldsymbol{A}\|_2,\quad \|\boldsymbol{A}\|_2^2\leqslant n\max_j\sum_{i=1}^n|\boldsymbol{A}_{ij}|^2,\quad \|\boldsymbol{A}\|_2^2=\left\|\boldsymbol{A}^{\mathrm{T}}\right\|_2^2\leqslant n\max_i\sum_{j=1}^n|\boldsymbol{A}_{ij}|^2 \tag{8-11}$$

3. 矩阵谱半径

对于矩阵 $\boldsymbol{A}\in\mathbf{R}^{n\times n}$，谱半径 $\rho(\boldsymbol{A})$ 定义为

$$\rho(\boldsymbol{A})=\max[\sigma(\boldsymbol{A})]=\max\left\{|\lambda|:\lambda\in\mathbf{C},\text{为矩阵 }\boldsymbol{A}\text{ 的主值}\right\} \tag{8-12}$$

如果 $\boldsymbol{A}$ 是对称的，或者更一般些，为正规矩阵，有

$$\|\boldsymbol{A}\|_2=\rho(\boldsymbol{A}) \tag{8-13}$$

4. 矩阵条件数

定义如下量

$$\kappa_m(\boldsymbol{A})=\begin{cases}\|\boldsymbol{A}\|_m\left\|\boldsymbol{A}^{-1}\right\|_m, & \text{当 }\boldsymbol{A}\text{ 可逆}\\ \infty, & \text{当 }\boldsymbol{A}\text{ 奇异}\end{cases} \tag{8-14}$$

式 (8-14) 为矩阵 $\boldsymbol{A}$ 的条件数。特殊情况下，当 $\boldsymbol{A}$ 为对称正定矩阵时，有

$$\kappa_2(\boldsymbol{A})=\frac{\lambda_{\max}}{\lambda_{\min}} \tag{8-15}$$

5. 谱条件数

对一般非对称矩阵且有正主值，有类似式 (8-15) 的量：

$$\kappa_\sigma(\boldsymbol{A})=\frac{\lambda_{\max}}{\lambda_{\min}} \tag{8-16}$$

式 (8-16) 称为矩阵 $\boldsymbol{A}$ 的谱条件数。注意，一般情况下它不等于 $\kappa_2(\boldsymbol{A})$，除非矩阵是对称正定的。

这里，需要注意，矩阵的谱半径 $\rho(\boldsymbol{A})$ 在迭代方法的分析过程中会经常用到。我们有如下定理。

定理 8.1　给定矩阵 $\boldsymbol{A}\in\mathbf{R}^{n\times n}$，有：

(1) 对于所有 $m\in\mathbf{N}$，有 $\rho(\boldsymbol{A}^m)=\rho(\boldsymbol{A})^m$；

(2) 对于任何 $\mathbf{R}^n$ 上的范数 $\|\cdot\|$(或 $\mathbf{C}^n$，此时 $\boldsymbol{A}\in\mathbf{C}^{n\times n}$)，有 $\rho(\boldsymbol{A})\leqslant\|\boldsymbol{A}\|$；

(3) 对于任何 $\varepsilon>0$，在向量空间 $\mathbf{R}^n$(或 $\mathbf{C}^n$) 上存在一个范数 $\|\cdot\|_\varepsilon$，使得 $\rho(\boldsymbol{A})\leqslant\|\boldsymbol{A}\|_\varepsilon\leqslant\rho(\boldsymbol{A})+\varepsilon$；

(4) 对于任何 $\mathbf{R}^n$(或 $\mathbf{C}^n$) 上的范数 $\|\cdot\|$，我们有 $\rho(\boldsymbol{A})=\lim\limits_{m\to\infty}\|\boldsymbol{A}^m\|^{1/m}$。

8.1.4 矩阵类别及矩阵分解

1. Hessenberg 矩阵

对于一个矩阵 $\boldsymbol{A}$，当 $i > j+1$ 时，有 $\boldsymbol{A}_{i,j}=0$，则该矩阵为上 Hessenberg 矩阵，具体如下：

$$\begin{bmatrix} * & \cdots & \cdots & \cdots & * \\ * & * & & & \vdots \\ 0 & * & \ddots & & \vdots \\ \vdots & \ddots & * & \ddots & \vdots \\ 0 & \cdots & 0 & * & * \end{bmatrix} \tag{8-17}$$

当 $j > i+1$ 时，有 $\boldsymbol{A}_{i,j}=0$，则该矩阵为下 Hessenberg 矩阵。

2. 正交矩阵

对于一个矩阵 $\boldsymbol{A}$，当满足 $\boldsymbol{A}^{\mathrm{T}}\boldsymbol{A}=\boldsymbol{A}\boldsymbol{A}^{\mathrm{T}}=1$，称其为正交阵。也就是说，矩阵 $\boldsymbol{A}$ 的行向量彼此是正交的，列向量也是彼此正交的。注意，此时 $\boldsymbol{A}^{\mathrm{T}}=\boldsymbol{A}^{-1}$。

3. $\boldsymbol{QR}$ 分解

设 $m \geqslant n$，任意一个矩阵 $\boldsymbol{A}\in\mathbf{R}^{m\times n}$ 可以写成 $\boldsymbol{A}=\boldsymbol{QR}$，其中，$\boldsymbol{Q}\in\mathbf{R}^{m\times n}$，其列向量是正交的，$\boldsymbol{R}\in\mathbf{R}^{n\times n}$ 是上三角阵。$\boldsymbol{QR}$ 分解可以通过有限步运算，例如，通过 Householder 或 Givens 方法完成分解。

4. Schur 形

对于一个矩阵 $\boldsymbol{A}$，当它可以写成 $\boldsymbol{A}=\boldsymbol{QRQ}^{\mathrm{H}}$，其中，$\boldsymbol{Q}$ 为酉矩阵，$\boldsymbol{R}$ 为上三角矩阵，而且，$\boldsymbol{A}$ 的主值将出现在 $\boldsymbol{R}$ 的对角线上。

5. 对称矩阵的正交对角化

当矩阵 $\boldsymbol{A}\in\mathbf{R}^{n\times n}$ 对称，那么，存在一个正交矩阵 $\boldsymbol{Q}$(其列为 $\boldsymbol{A}$ 的主向量) 和一个对角矩阵 $\boldsymbol{D}$(对角元素为 $\boldsymbol{A}$ 的主值)，满足 $\boldsymbol{A}=\boldsymbol{QDQ}^{\mathrm{T}}$。

6. 正规矩阵的酉对角化

当矩阵 $\boldsymbol{A}\in\mathbf{R}^{n\times n}$ 正规，即 $\boldsymbol{A}\boldsymbol{A}^{\mathrm{T}}=\boldsymbol{A}^{\mathrm{T}}\boldsymbol{A}$，那么，存在一个酉矩阵 $\boldsymbol{Q}\in\mathbf{C}^{n\times n}$(其列为 $\boldsymbol{A}$ 的主向量) 和一个对角矩阵 $\boldsymbol{D}\in\mathbf{C}^{n\times n}$(对角元素为 $\boldsymbol{A}$ 的主值)，满足 $\boldsymbol{A}=\boldsymbol{QDQ}^{\mathrm{H}}$。

7. 对称正定阵

当 $\boldsymbol{A} \in \mathbf{R}^{n\times n}$ 对称正定，那么，存在正交阵 $\boldsymbol{Q}$ 和矩阵 $\boldsymbol{D} > 0$，满足 $\boldsymbol{A} = \boldsymbol{Q}\boldsymbol{D}\boldsymbol{Q}^{\mathrm{T}}$，即谱分解 (正定矩阵的所有主值都为正)。

当矩阵对称正定，该矩阵的平方根 $\boldsymbol{A}^{1/2} = \boldsymbol{Q}\boldsymbol{D}^{1/2}\boldsymbol{Q}^{\mathrm{T}}$，满足 $\boldsymbol{A}^{1/2}\boldsymbol{A}^{1/2} = \boldsymbol{A}$，且该平方根也是对称正定的。

8.1.5 Cayley-Hamilton 定理

对任意方阵 $\boldsymbol{A} \in \mathbf{C}^{n\times n}$，用 $\chi(z) = \det(z\boldsymbol{I} - \boldsymbol{A})$ 表示 $\boldsymbol{A}$ 的特征多项式，即

$$\chi(z) = (z-\lambda_1)\cdots(z-\lambda_n) = z^n + c_1 z^{n-1} + \cdots + c_{n-1}z + c_n \tag{8-18(a)}$$

根据 Cayley-Hamilton 定理，它满足

$$\chi(\boldsymbol{A}) = \boldsymbol{A}^n + c_1\boldsymbol{A}^{n-1} + \cdots + c_{n-1}\boldsymbol{A} + c_n\boldsymbol{I} = 0 \tag{8-18(b)}$$

根据 Cayley-Hamilton 定理，当 $\boldsymbol{A}$ 可逆，该逆 $\boldsymbol{A}^{-1}$ 可以表示为 (将式 (8-18(b)) 乘 $\boldsymbol{A}^{-1}$)

$$\boldsymbol{A}^{-1} = -\frac{1}{c_n}\boldsymbol{A}^{n-1} - \frac{c_1}{c_n}\boldsymbol{A}^{n-2} - \cdots - \frac{c_{n-1}}{c_n}\boldsymbol{I} \tag{8-18(c)}$$

注意，其中，$c_n = (-1)^n\det(\boldsymbol{A}) \neq 0$。这里用 $n-1$ 阶 (系数对应于 $\boldsymbol{A}$ 的谱) 矩阵多项式表示 $\boldsymbol{A}^{-1}$ 的方法，可以认为是后面 Krylov 子空间类方法的思想来源。

8.2 稀疏矩阵存储

稀疏矩阵存储的目的就是仅将非零元素存储，而且，所采取的存储方式应能便于一些矩阵运算，例如，矩阵与向量的乘积等。下面，将提供两种基本的存储方式。

8.2.1 坐标格式

这里所讨论的稀疏格式与计算机存储有紧密联系。首先介绍坐标 (COO) 格式，它包含以下三个数组。

AA：表示一个数组，存储了 $\boldsymbol{A} \in \mathbf{R}^{n\times n}$ 的非零元素。

IR：为整数数组，存储了非零元素的行指标。

IC：为整数数组，存储了非零元素的列指标。

下面举例说明，有任意矩阵 $\begin{bmatrix} -3 & 0 & 0 & 0 & 5 & 1 \\ 0 & 0 & 0 & 0 & 0 & 0 \\ 0 & 0 & 2 & -2 & 0 & 0 \\ -4 & 0 & 0 & 7 & 0 & 0 \\ 0 & -6 & 0 & 0 & -1 & 0 \\ 0 & 0 & 0 & -2 & 0 & 3 \end{bmatrix}$，按上述 COO 存储格式，有

$$\begin{aligned} \mathrm{AA} &= [-3 \quad 5 \quad 1 \quad 2 \quad -2 \quad -4 \quad 7 \quad -6 \quad -1 \quad -2 \quad 3] \\ \mathrm{IR} &= [\,0 \quad 0 \quad 0 \quad 2 \quad 2 \quad 3 \quad 3 \quad 4 \quad 4 \quad 5 \quad 5] \\ \mathrm{IC} &= [\,0 \quad 4 \quad 5 \quad 2 \quad 3 \quad 0 \quad 3 \quad 1 \quad 4 \quad 3 \quad 5] \end{aligned} \tag{8-19(a)}$$

其中，矩阵元素指标从 0 开始计算。上面非零元素的存储采取行方向顺序 (COOR) 存储，如果采用列方向顺序 (COOC) 存储，原理是类似的。

注意到，IR 有许多重复的现象，也就是说，这种方式虽然方便，但存在冗余信息。更经济的方式是采用压缩稀疏行 (CSR) 或者压缩稀疏列 (CSC) 格式。

8.2.2　压缩稀疏行 (列) 格式

CSR 格式包含以下三个数组。

AA：表示一个数组，存储了 $\boldsymbol{A} \in \mathbf{R}^{n\times n}$ 的非零元素。

IC：为整数数组，存储了非零元素的列指标。

PR：为一个数组，包含 n+1 个整数指针。

(1) PR(i) 表示矩阵 $\boldsymbol{A}$ 中第 i 行首个非零元素在 AA 中的对应位置索引号，比如，第 i 行的所有非零元素可以表示为 AA([PR(i) : PR($i+1$) − 1])，类似，其对应的列指标表示为 IC([PR(i) : PR($i+1$) − 1])；

(2) 如果第 i 行所有元素均为零，那么，取 $\mathrm{PR}(i) = \mathrm{PR}(i+1)$；

(3) PR(i) 最后一个元素为总的非零元素个数，即 $\mathrm{PR}(n) = \mathrm{nnz}$，其中，nnz 为非零元素的个数。

这样，矩阵的 CSR 形式写为

$$\begin{aligned} \mathrm{AA} &= [-3 \quad 5 \quad 1 \quad 2 \quad -2 \quad -4 \quad 7 \quad -6 \quad -1 \quad -2 \quad 3] \\ \mathrm{PR} &= [\,0 \quad 3 \quad 3 \quad 5 \quad 7 \quad 9 \quad 11] \\ \mathrm{IC} &= [\,0 \quad 4 \quad 5 \quad 2 \quad 3 \quad 0 \quad 3 \quad 1 \quad 4 \quad 3 \quad 5] \end{aligned} \tag{8-19(b)}$$

需要注意，以上从 0 开始标记，若采用从 1 开始的方式，会有所差别。另外，CSC 存储原理是类似的。现代迭代求解技术中，通常都会用到这些稀疏存储技术。

8.3 迭代法基础

8.3.1 线性迭代方法的收敛特征

下面考虑求解如下代数方程系统：

$$\boldsymbol{A}\boldsymbol{x} = \boldsymbol{b} \tag{8-20}$$

假设矩阵 $\boldsymbol{A}$ 是可逆的，可以将式 (8-20) 写成固定点的迭代形式：

$$\boldsymbol{x}_{k+1} = \Phi\left(\boldsymbol{x}_k; \boldsymbol{b}\right) \tag{8-21}$$

其中，Φ 表示某种映射关系。方程的解 $\boldsymbol{x}_* = \Phi\left(\boldsymbol{x}_*; \boldsymbol{b}\right)$ 称为式 (8-21) 的固定点。由于迭代映射 Φ 是保持固定的，这种方法也称为静态迭代法。

定义 8.1　固定点迭代式 (8-21) 具有以下属性：

(1) 若对每个向量 $\boldsymbol{b}$，对应的解 $\boldsymbol{x}_* = \Phi\left(\boldsymbol{A}^{-1}\boldsymbol{b}\right)$ 为式 (8-21) 的固定点，那么固定点迭代式 (8-21) 与可逆矩阵 $\boldsymbol{A}$ 是一致的；

(2) 若对每个向量 $\boldsymbol{b}$，都存在一个向量 $\boldsymbol{x}_*$，对每个起始向量 $\boldsymbol{x}_0$，由式 (8-21) 所定义的序列 $(\boldsymbol{x}_k) = (\boldsymbol{x}_k)_{k=0}^{\infty}$ 均收敛于 $\boldsymbol{x}_*$，那么，我们说固定点迭代式 (8-21) 是收敛的；

(3) 若映射 Φ 具有仿射形式 $\Phi\left(\boldsymbol{x}; \boldsymbol{b}\right) = \boldsymbol{M}\boldsymbol{x} + \boldsymbol{N}\boldsymbol{b}$，即

$$\boldsymbol{x}_{k+1} = \boldsymbol{M}\boldsymbol{x}_k + \boldsymbol{N}\boldsymbol{b} \tag{8-22}$$

那么，称固定点迭代式 (8-21) 是线性的。其中，$\boldsymbol{M}$ 称为迭代矩阵。

需要注意，式 (8-22) 中的矩阵 $\boldsymbol{M}$ 和 $\boldsymbol{N}$ 需要满足特定的条件，才能与 $\boldsymbol{A}$ 一致。

引理 8.1　假设 $\boldsymbol{A}$ 可逆，且满足 $\boldsymbol{M} = \boldsymbol{I} - \boldsymbol{N}\boldsymbol{A} \Leftrightarrow \left(\boldsymbol{I} - \boldsymbol{M}\right)^{-1}\boldsymbol{N} = \boldsymbol{A}^{-1}$，则固定点迭代式 (8-22) 与 $\boldsymbol{A}$ 是一致的。

定理 8.2　若 $\rho\left(\boldsymbol{M}\right) < 1$，迭代式 (8-22) 存在一个唯一的固定点 $\boldsymbol{x}_*$，且 $\boldsymbol{x}_* = \left(\boldsymbol{I} - \boldsymbol{M}\right)^{-1}\boldsymbol{N}\boldsymbol{b}$，则，对于任意 $\boldsymbol{x}_0 \in \mathbf{K}^n$，迭代均收敛于 $\boldsymbol{x}_*$。

证明　由于 $\rho\left(\boldsymbol{M}\right) < 1$，有 $1 \notin \sigma\left(\boldsymbol{M}\right)$，即存在一个特定的固定点 $\boldsymbol{x}_* = \left(\boldsymbol{I} - \boldsymbol{M}\right)^{-1}\boldsymbol{N}\boldsymbol{b} \in \mathbf{K}^n$。然后，我们把第 k 次迭代的误差记为 $\boldsymbol{e}_k = \boldsymbol{x}_k - \boldsymbol{x}_*$，将方程 $\boldsymbol{x}_{k+1} = \boldsymbol{M}\boldsymbol{x}_k + \boldsymbol{N}\boldsymbol{b}$ 减去 $\boldsymbol{x}_* = \boldsymbol{M}\boldsymbol{x}_* + \boldsymbol{N}\boldsymbol{b}$，可得误差为

$$\boldsymbol{e}_{k+1} = \boldsymbol{M}\boldsymbol{e}_k = \boldsymbol{M}^2\boldsymbol{e}_{k-1} = \cdots = \boldsymbol{M}^{k+1}\boldsymbol{e}_0 \tag{8-23}$$

根据定理 8.1，可在 $\mathbf{R}^n$ 上找到一个范数 $\|\cdot\|_\varepsilon$，满足 $\|\boldsymbol{M}\|_\varepsilon \leqslant \rho(\boldsymbol{M})+\varepsilon<1$，根据式 (8-23)，可得到 $\|\boldsymbol{e}_{k+1}\|_\varepsilon=\left\|\boldsymbol{M}^{k+1}\boldsymbol{e}_0\right\|_\varepsilon \leqslant \left\|\boldsymbol{M}^{k+1}\right\|_\varepsilon \|\boldsymbol{e}_0\|_\varepsilon \leqslant \|\boldsymbol{M}\|_\varepsilon^{k+1}\|\boldsymbol{e}_0\|_\varepsilon$。由于 $\|\boldsymbol{M}\|_\varepsilon<1$，我们推断序列 $(\boldsymbol{x}_k)_{k=0}^{\infty}$ 在任何范数上都收敛于 $\boldsymbol{x}_*$。

推论 8.1 当式 (8-22) 与可逆矩阵 $\boldsymbol{A}$ 一致，并满足 $\rho(\boldsymbol{M})<1$ 时，则，对于每个起始向量 $\boldsymbol{x}_0$，序列 $(\boldsymbol{x}_k)_{k=0}^{\infty}$ 均收敛于 $\boldsymbol{A}\boldsymbol{x}_*=\boldsymbol{b}$ 的解 $\boldsymbol{x}_*$。

关于固定点迭代式 (8-22) 与矩阵 $\boldsymbol{A}$ 一致的实现方法，有三种等价的方式：

(1) 求解 $\boldsymbol{x}_{k+1}=\boldsymbol{M}\boldsymbol{x}_k+\boldsymbol{N}\boldsymbol{b}$，其中，$\boldsymbol{M}=\boldsymbol{I}-\boldsymbol{N}\boldsymbol{A}$；

(2) 求解 $\boldsymbol{x}_{k+1}=\boldsymbol{x}_k+\boldsymbol{N}(\boldsymbol{b}-\boldsymbol{A}\boldsymbol{x}_k)$，形式上变为在 $\boldsymbol{x}_k$ 上增加一个修正量，或残差量 $\boldsymbol{b}-\boldsymbol{A}\boldsymbol{x}_k=:\boldsymbol{r}_k$；

(3) 求解 $\boldsymbol{W}(\boldsymbol{x}_{k+1}-\boldsymbol{x}_k)=\boldsymbol{b}-\boldsymbol{A}\boldsymbol{x}_k$，其中，$\boldsymbol{W}=\boldsymbol{N}^{-1}$，即 $\boldsymbol{W}$ 是 $\boldsymbol{A}$ 的近似矩阵，这样，求解线性系统 $\boldsymbol{W}\boldsymbol{\delta}_k=\boldsymbol{r}_k$(类似于牛顿迭代法)，获得修正量 $\boldsymbol{\delta}_k=\boldsymbol{x}_{k+1}-\boldsymbol{x}_k$。

第三种方法反映了一致迭代的基本内涵。当 $\boldsymbol{W}\approx\boldsymbol{A}$ 时，即充分接近于 $\boldsymbol{A}$，此时，我们期望 $\boldsymbol{W}\boldsymbol{x}_*-\boldsymbol{W}\boldsymbol{x}_k\approx\boldsymbol{A}\boldsymbol{x}_*-\boldsymbol{A}\boldsymbol{x}_k=\boldsymbol{b}-\boldsymbol{A}\boldsymbol{x}_k=\boldsymbol{r}_k$。其中，$\boldsymbol{r}_k$ 用上一层迭代 $\boldsymbol{x}_k$ 算得，所以，从中容易看出 $\boldsymbol{x}_{k+1}$ 的最终趋向。

对于误差 $\boldsymbol{e}_k=\boldsymbol{x}_k-\boldsymbol{x}_*$，有

$$\boldsymbol{e}_{k+1}=\boldsymbol{M}\boldsymbol{e}_k \tag{8-24}$$

其中，残差 $\boldsymbol{r}_k=\boldsymbol{b}-\boldsymbol{A}\boldsymbol{x}_k$，且有 $\boldsymbol{r}_k=-\boldsymbol{A}\boldsymbol{e}_k$。这样，满足 $\boldsymbol{r}_{k+1}=\boldsymbol{M}\boldsymbol{r}_k$。如果迭代矩阵 $\boldsymbol{M}=\boldsymbol{I}-\boldsymbol{N}\boldsymbol{A}$ 满足 $\rho(\boldsymbol{M})<1$，我们称 $\rho(\boldsymbol{M})$ 为式 (8-22) 的渐进收敛系数，表达式 $-\lg\rho(\boldsymbol{M})$ 称为渐进收敛率。它是每缩减 10 倍的误差所需的迭代次数。

8.3.2 分裂法

早期的迭代方法 (包括经典 Jacobi 和 Gauss-Seidel 方法) 是求解式 (8-20) 的分裂法，分裂法可以将系数矩阵写成 $\boldsymbol{A}=\boldsymbol{G}-\boldsymbol{H}$，然后，采用近似逆 $\boldsymbol{N}=\boldsymbol{G}^{-1}\approx\boldsymbol{A}^{-1}$ 表示，同样，可以将式 (8-20) 写成等价式 $\boldsymbol{A}\boldsymbol{x}=\boldsymbol{b}\Leftrightarrow\boldsymbol{G}\boldsymbol{x}=\boldsymbol{H}\boldsymbol{x}+\boldsymbol{b}\Leftrightarrow\boldsymbol{x}=\boldsymbol{G}^{-1}\boldsymbol{H}\boldsymbol{x}+\boldsymbol{G}^{-1}\boldsymbol{b}$，通过构造，形成与矩阵 $\boldsymbol{A}$ 一致的类似式 (8-22) 的固定点形式，对应的固定点迭代写为

$$\boldsymbol{x}_{k+1}=\underbrace{\boldsymbol{G}^{-1}\boldsymbol{H}}_{=\boldsymbol{M}}\boldsymbol{x}_k+\underbrace{\boldsymbol{G}^{-1}\boldsymbol{b}}_{=\boldsymbol{N}}=\left(\boldsymbol{I}-\boldsymbol{G}^{-1}\boldsymbol{A}\right)\boldsymbol{x}_k+\boldsymbol{G}^{-1}\boldsymbol{b}=\boldsymbol{x}_k+\boldsymbol{G}^{-1}(\boldsymbol{b}-\boldsymbol{A}\boldsymbol{x}_k)$$

实际上，通常并不会显式计算近似逆 $\boldsymbol{N}=\boldsymbol{G}^{-1}$，而是计算 $\boldsymbol{z}\mapsto\boldsymbol{G}^{-1}\boldsymbol{z}$。如果说一种方法是高效的，实际是指计算 $\boldsymbol{z}\mapsto\boldsymbol{G}^{-1}\boldsymbol{z}$，或者，计算等效方程 $\boldsymbol{G}\boldsymbol{\delta}_k=\boldsymbol{r}_k$ 时，计算成本都应该是比较低的。

8.3.3 Richardson、Jacobi 和 Gauss-Seidel 迭代法

1. Richardson 迭代

先从一个基本关系开始，即 $\boldsymbol{A}=\boldsymbol{I}-(\boldsymbol{I}-\boldsymbol{A})$，这样，可得 Richardson 迭代为

$$\boldsymbol{x}_{k+1}=\boldsymbol{x}_k+(\boldsymbol{b}-\boldsymbol{A}\boldsymbol{x}_k) \tag{8-25}$$

其中，$\boldsymbol{N}=\boldsymbol{I}$，取 $\boldsymbol{A}$ 的近似逆。

下面，我们将系数矩阵分裂为 $\boldsymbol{A}=\boldsymbol{D}+\boldsymbol{L}+\boldsymbol{U}$，其中，$\boldsymbol{D}$ 为矩阵 $\boldsymbol{A}$ 的对角部分，$\boldsymbol{L}$ 为矩阵 $\boldsymbol{A}$ 的严格下三角部分，$\boldsymbol{U}$ 为矩阵 $\boldsymbol{A}$ 的严格上三角部分。

2. Jacobi 迭代

选择 $\boldsymbol{G}=\boldsymbol{D}$，$\boldsymbol{H}=-(\boldsymbol{L}+\boldsymbol{U})$，近似逆为 $\boldsymbol{N}=\boldsymbol{D}^{-1}$，Jacobi 迭代为

$$\begin{aligned}\boldsymbol{x}_{k+1}&=-\boldsymbol{D}^{-1}(\boldsymbol{L}+\boldsymbol{U})\boldsymbol{x}_k+\boldsymbol{D}^{-1}\boldsymbol{b}=\boldsymbol{x}_k+\boldsymbol{D}^{-1}(\boldsymbol{b}-\boldsymbol{A}\boldsymbol{x}_k)\\&\Leftrightarrow \boldsymbol{D}\boldsymbol{x}_{k+1}+(\boldsymbol{L}+\boldsymbol{U})\boldsymbol{x}_k=\boldsymbol{b}\end{aligned} \tag{8-26(a)}$$

这就意味，对 $i=1,\cdots,n$，由第 i 个方程求解出第 i 个分量，其他分量取前一迭代步的值。矩阵 $\boldsymbol{D}$ 的逆很简单，用分量形式表示，Jacobi 迭代可以写为

$$(\boldsymbol{x}_{k+1})_i=\frac{1}{\boldsymbol{A}_{i,i}}\left(\boldsymbol{b}_i-\sum_{\substack{j=1\\j\neq i}}^{n}\boldsymbol{A}_{i,j}(\boldsymbol{x}_k)_j\right),\quad i=1,\cdots,n \tag{8-26(b)}$$

3. Gauss-Seidel 迭代

选择 $\boldsymbol{G}=(\boldsymbol{D}+\boldsymbol{L})$，$\boldsymbol{H}=-\boldsymbol{U}$，近似逆为 $\boldsymbol{N}=(\boldsymbol{D}+\boldsymbol{L})^{-1}$，由此得到向前 Gauss-Seidel 迭代为

$$\begin{aligned}\boldsymbol{x}_{k+1}&=-(\boldsymbol{D}+\boldsymbol{L})^{-1}(-\boldsymbol{U})\boldsymbol{x}_k+(\boldsymbol{D}+\boldsymbol{L})^{-1}\boldsymbol{b}=\boldsymbol{x}_k+(\boldsymbol{D}+\boldsymbol{L})^{-1}(\boldsymbol{b}-\boldsymbol{A}\boldsymbol{x}_k)\\&\Leftrightarrow(\boldsymbol{D}+\boldsymbol{L})\boldsymbol{x}_{k+1}+\boldsymbol{U}\boldsymbol{x}_k=\boldsymbol{b}\end{aligned} \tag{8-27(a)}$$

注意到，$\boldsymbol{D}$ 是可逆的，$\boldsymbol{z}\mapsto\boldsymbol{G}^{-1}\boldsymbol{z}$ 很容易计算，因为 $\boldsymbol{D}+\boldsymbol{L}$ 是下三角矩阵。采用分量形式，Gauss-Seidel 迭代可以写为

$$\begin{aligned}(\boldsymbol{x}_{k+1})_i&=\frac{1}{\boldsymbol{A}_{i,i}}\left(\boldsymbol{b}_i-\sum_{j=1}^{i-1}\boldsymbol{A}_{i,j}(\boldsymbol{x}_{k+1})_j-\sum_{j=i+1}^{n}\boldsymbol{A}_{i,j}(\boldsymbol{x}_k)_j\right)\\&=(\boldsymbol{x}_k)_i+\frac{1}{\boldsymbol{A}_{i,i}}\left(\boldsymbol{b}_i-\sum_{j=1}^{i-1}\boldsymbol{A}_{i,j}(\boldsymbol{x}_{k+1})_j-\sum_{j=i}^{n}\boldsymbol{A}_{i,j}(\boldsymbol{x}_k)_j\right),\quad i=1,\cdots,n\end{aligned} \tag{8-27(b)}$$

该方法原理类似于 Jacobi 方法，但在内层迭代中，新值 $(\boldsymbol{x}_{k+1})_i$ 立即取代旧值 $(\boldsymbol{x}_k)_i$。

向后 Gauss-Seidel 迭代的过程完全类似于向前迭代，它是将系数矩阵分裂成，$\boldsymbol{G}=(\boldsymbol{D}+\boldsymbol{U})$，$\boldsymbol{H}=-\boldsymbol{L}$，于是有

$$\boldsymbol{x}_{k+1}=(\boldsymbol{D}+\boldsymbol{U})^{-1}(-\boldsymbol{L})\,\boldsymbol{x}_k+(\boldsymbol{D}+\boldsymbol{U})^{-1}\boldsymbol{b}=\boldsymbol{x}_k+(\boldsymbol{D}+\boldsymbol{U})^{-1}(\boldsymbol{b}-\boldsymbol{A}\boldsymbol{x}_k) \quad (8\text{-}28)$$

其中，近似逆 $\boldsymbol{N}=(\boldsymbol{D}+\boldsymbol{U})^{-1}$。

Richardson 和 Jacobi 方法与未知量编号的顺序没有关系，而向前和向后 Gauss-Seidel 方法则不同。实际上，向后 Gauss-Seidel 方法只需将向前的未知量顺序颠倒即可。

8.3.4 阻尼 Richardson、Jacobi 和 Gauss-Seidel 迭代法

上面每种方法都可以通过阻尼，将近似逆 $\boldsymbol{N}$ 代换为 $\omega\boldsymbol{N}$，有

$$\boldsymbol{x}_{k+1}=\boldsymbol{x}_k+\omega\boldsymbol{N}(\boldsymbol{b}-\boldsymbol{A}\boldsymbol{x}_k) \quad (8\text{-}29)$$

其中，$\omega\in\mathbf{R}$ 为阻尼 (松弛) 参数。当 $\boldsymbol{N}=\boldsymbol{I}$ 时，阻尼 Richardson 迭代为

$$\boldsymbol{x}_{k+1}=\boldsymbol{x}_k+\omega(\boldsymbol{b}-\boldsymbol{A}\boldsymbol{x}_k) \quad (8\text{-}30)$$

当 $\boldsymbol{N}=\boldsymbol{D}^{-1}$ 时，阻尼 Jacobi 方法为

$$\boldsymbol{x}_{k+1}=\boldsymbol{x}_k+\omega\boldsymbol{D}^{-1}(\boldsymbol{b}-\boldsymbol{A}\boldsymbol{x}_k) \quad (8\text{-}31)$$

这里引入所谓的 SOR(超松弛，实际上，$\omega>1$ 时为超松弛，$\omega<1$ 时为欠松弛) 方法。在分量式 (8-27) 中引入系数 ω，有向前阻尼 Gauss-Seidel 法为

$$(\boldsymbol{x}_{k+1})_i=(\boldsymbol{x}_k)_i+\frac{\omega}{\boldsymbol{A}_{i,i}}\left(\boldsymbol{b}_i-\sum_{j=1}^{i-1}\boldsymbol{A}_{i,j}(\boldsymbol{x}_{k+1})_j-\sum_{j=i}^{n}\boldsymbol{A}_{i,j}(\boldsymbol{x}_k)_j\right),\quad i=1,\cdots,n \quad (8\text{-}32(\mathrm{a}))$$

采用矩阵表示，式 (8-32(a)) 写为

$$\boldsymbol{x}_{k+1}=\boldsymbol{x}_k+\omega(\boldsymbol{D}+\omega\boldsymbol{L})^{-1}(\boldsymbol{b}-\boldsymbol{A}\boldsymbol{x}_k) \quad (8\text{-}32(\mathrm{b}))$$

其中，近似逆 $\boldsymbol{N}=\omega(\boldsymbol{D}+\omega\boldsymbol{L})^{-1}$。类似地，可以得出向后阻尼 Gauss-Seidel 法，此时，需将式 (8-32(b)) 中的 $\boldsymbol{L}$ 换为 $\boldsymbol{U}$。

Gauss-Seidel 法的缺点是 SOR 的迭代矩阵 $\boldsymbol{M}$ 是不对称的。对称 SOR，或 SSOR 可以克服该问题，即先应用一步向前 SOR 法，然后，再应用一步向后 SOR

法，写为

$$x_{k+\frac{1}{2}} = x_k + \omega(D+\omega L)^{-1}(b - Ax_k), x_{k+1} = x_{k+\frac{1}{2}} + \omega(D+\omega U)^{-1}\left(b - Ax_{k+\frac{1}{2}}\right) \tag{8-33(a)}$$

式 (8-33(a)) 可以合并成一个式子，即

$$x_{k+1} = x_k + \omega(2-\omega)(D+\omega U)^{-1} D (D+\omega L)^{-1}(b - Ax_k) \tag{8-33(b)}$$

这样，对于对称矩阵 A，其迭代矩阵也是对称的，即 $U = L^{\mathrm{T}}$。

8.4 梯　度　法

8.4.1　梯度法原理

为克服普通迭代法收敛慢的问题，曾提出许多其他方法。首先讨论适用于对称正定矩阵 A 的一类方法。梯度法就是最小化二次函数 ϕ: $\mathbf{R}^n \mapsto \mathbf{R}$，即

$$\phi(x) = \frac{1}{2}(Ax, x) - (b, x) \tag{8-34(a)}$$

即为求解 $\phi(x)$ 最小值的问题。其中，$b \in \mathbf{R}^n$。这与线性方程 $Ax = b$ 的求解有何关联？下面通过简单演算来了解其中的关联。现在来看 $\phi(x)$ 的微小增量，具体如下：

$$\begin{aligned}\phi(x+h) - \phi(x) &= \frac{1}{2}[(A(x+h), (x+h)) - (Ax, x)] - [(b, (x+h)) - (b, x)] \\ &= (Ax, h) + \frac{1}{2}(Ah, h) - (b, h) = (Ax - b, h) + O\left(\|h\|^2\right)\end{aligned} \tag{8-34(b)}$$

忽略二阶项，可得 $\phi(x)$ 的一阶导数或梯度为

$$\nabla\phi(x) = Ax - b \tag{8-34(c)}$$

然后，$\phi(x)$ 的 Hessian 矩阵 (二阶导数矩阵) 由 $\nabla\phi(x)$ 的 Jacobian 矩阵 (一阶导数矩阵) 给出，即将式 (8-34(c)) 对 x 求导，得

$$H(x) = J(\nabla\phi(x)) \equiv A > 0 \tag{8-34(d)}$$

这样，根据一阶导数为 0，以及二阶导数大于 0，可以断定函数 $\phi(x)$ 存在唯一的最小值 x_*，即 $\phi(x)$ 的固定点，此时，满足 $\nabla\phi(x_*) = Ax_* - b = 0$。容易看出，求解系统 $Ax = b$ 等价于求 $\phi(x)$ 极小值问题。

设 x_* 为系统 $Ax = b$ 的唯一解，可导出如下关系式：

$$\phi(x) - \phi(x_*) = \frac{1}{2}(A(x - x_*), x - x_*) = \frac{1}{2}\|x - x_*\|_A^2 \tag{8-35}$$

注意到，$\boldsymbol{A}>0$，要满足等式为 0，只有 $\boldsymbol{x}=\boldsymbol{x}_*$，也就是说 $\phi(\boldsymbol{x})$ 只有唯一解 $\boldsymbol{x}_*$。

由此，在任何子域 $\boldsymbol{D}\in\mathbf{R}^n$ 上的 $\phi(\boldsymbol{x})$ 的最小化问题，等价于能量范数上的误差 $\boldsymbol{e}=\boldsymbol{x}-\boldsymbol{x}_*$ 最小化问题。

实际上，这是一种由式 (8-34(a)) 来构造最小 ϕ 函数的简单迭代格式，即所谓的下降法。给定一个初始向量 $\boldsymbol{x}_0$，有如下迭代关系：

$$\boldsymbol{x}_{k+1}=\boldsymbol{x}_k+\alpha_k\boldsymbol{d}_k \tag{8-36}$$

其中，$\boldsymbol{d}_k\in\mathbf{R}^n$ 表示搜索方向；$\alpha_k\in\mathbf{R}$ 为待定步长。通常，选择 $\boldsymbol{d}_k\neq 0$，而 α_k 取一维最小化问题的最小值 (即线性搜索)，有

$$\text{寻找 } \alpha\mapsto\phi(\boldsymbol{x}_k+\alpha\boldsymbol{d}_k)\text{ 上的最小值}\alpha_k\in\mathbf{R} \tag{8-37}$$

该最小值问题易于求解，因为它是一个二次函数，在 α 上存在拐点，于是，定义 $\psi(\alpha)=\phi(\boldsymbol{x}_k+\alpha\boldsymbol{d}_k)$，应用隐函数的链导法则有 $\psi'(\alpha)=(\nabla\phi(\boldsymbol{x}_k+\alpha\boldsymbol{d}_k),\boldsymbol{d}_k)=(\boldsymbol{A}(\boldsymbol{x}_k+\alpha\boldsymbol{d}_k)-\boldsymbol{b},\boldsymbol{d}_k)=(\alpha\boldsymbol{A}\boldsymbol{d}_k-\boldsymbol{r}_k,\boldsymbol{d}_k)$，其中，$\boldsymbol{r}_k$ 为残差，定义为

$$\boldsymbol{r}_k=-\nabla\phi(\boldsymbol{x}_k)=\boldsymbol{b}-\boldsymbol{A}\boldsymbol{x}_k \tag{8-38}$$

同时，有 $\psi''(\alpha)\equiv(\boldsymbol{A}\boldsymbol{d}_k,\boldsymbol{d}_k)>0$，$\psi(\alpha)$ 存在唯一拐点。α_k 取最小值的条件为 $\psi'(\alpha_k)=0$，有

$$\alpha_k=\frac{(\boldsymbol{d}_k,\boldsymbol{r}_k)}{(\boldsymbol{d}_k,\boldsymbol{d}_k)_{\boldsymbol{A}}}=\frac{(\boldsymbol{d}_k,\boldsymbol{r}_k)}{\|\boldsymbol{d}_k\|_{\boldsymbol{A}}^2} \tag{8-39}$$

可见，利用式 (8-39) 中的 α_k，可计算近似式 $\boldsymbol{x}_{k+1}=\boldsymbol{x}_k+\alpha_k\boldsymbol{d}_k$，可得

$$\phi(\boldsymbol{x}_{k+1})-\phi(\boldsymbol{x}_k)=-\frac{1}{2}\frac{|(\boldsymbol{d}_k,\boldsymbol{r}_k)|^2}{\|\boldsymbol{d}_k\|_{\boldsymbol{A}}^2} \tag{8-40}$$

这样，若 $\boldsymbol{d}_k$ 的选取使 $(\boldsymbol{d}_k,\boldsymbol{r}_k)\neq 0$，那么实际上 $\phi(\boldsymbol{x}_{k+1})<\phi(\boldsymbol{x}_k)$。注意到，一些基本的迭代法与下降法是相关的，我们将在后面展开。

8.4.2 最速下降法

根据前面可知，我们需要指定迭代式 (8-36) 的搜索方向 $\boldsymbol{d}_k$，大多数的 $\boldsymbol{d}_k$ 选取所得到的结果只能使 $\phi(\boldsymbol{x}_{k+1})-\phi(\boldsymbol{x}_k)<0$。而最速下降法所选取的 $\boldsymbol{d}_k$ 方向是局部下降最快的方向，即 $\boldsymbol{d}_k=-\nabla\phi(\boldsymbol{x}_k)=\boldsymbol{r}_k$。由式 (8-39) 给定步长 α_k，构成如下最速下降法。

算法 8.1 最速下降法。

(1) 选取 $\boldsymbol{x}_0\in\mathbf{R}^n$；

(2) 开始 for $k=0,1,\cdots$ 循环；

(3) 计算 $\boldsymbol{r}_k = \boldsymbol{b} - \boldsymbol{A}\boldsymbol{x}_k$;

(4) 计算 $\alpha_k = (\boldsymbol{r}_k, \boldsymbol{r}_k) / (\boldsymbol{A}\boldsymbol{r}_k, \boldsymbol{r}_k)$;

(5) 计算 $\boldsymbol{x}_{k+1} = \boldsymbol{x}_k + \alpha_k \boldsymbol{r}_k$;

(6) 结束 for 循环。

对于最速下降法，式 (8-39) 的步长选取意味着连续搜索方法向量是彼此正交的。下面分析其原理。容易得出，$\boldsymbol{d}_{k+1} = \boldsymbol{b} - \boldsymbol{A}\boldsymbol{x}_{k+1} = \boldsymbol{b} - \boldsymbol{A}(\boldsymbol{x}_k + \alpha_k \boldsymbol{d}_k) = \boldsymbol{r}_k - \alpha_k \boldsymbol{A}\boldsymbol{d}_k$。将式 (8-39) 的步长 α_k 代入该式，同时取 $\boldsymbol{d}_k = \boldsymbol{r}_k$，有

$$(\boldsymbol{d}_{k+1}, \boldsymbol{d}_k) = (\boldsymbol{r}_k, \boldsymbol{d}_k) - \alpha_k (\boldsymbol{A}\boldsymbol{d}_k, \boldsymbol{d}_k) = (\boldsymbol{r}_k, \boldsymbol{r}_k) - \frac{(\boldsymbol{r}_k, \boldsymbol{r}_k)}{(\boldsymbol{A}\boldsymbol{r}_k, \boldsymbol{r}_k)} (\boldsymbol{A}\boldsymbol{r}_k, \boldsymbol{r}_k) = 0 \quad (8\text{-}41)$$

这个特征可以用图 8-1 来描述。

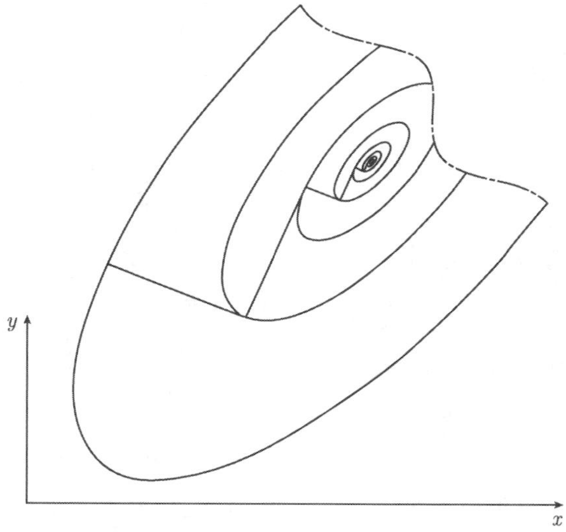

图 8-1　最速下降法的收敛路径示意图

为定量表示最速下降法的收敛速度，这里采用 Kantorovich 不等式来分析最速下降法的收敛特性。假设矩阵 $\boldsymbol{A}$ 为对称正定的，且 $\lambda_{\max}$ 和 $\lambda_{\min}$ 分别为最大和最小主值。这样，对于任意 $\boldsymbol{x} \in \mathbf{R}^n$，根据 Kantorovich 不等式，有

$$\frac{(\boldsymbol{A}\boldsymbol{x}, \boldsymbol{x})(\boldsymbol{A}^{-1}\boldsymbol{x}, \boldsymbol{x})}{(\boldsymbol{x}, \boldsymbol{x})^2} \leqslant \frac{(\lambda_{\min} + \lambda_{\max})^2}{4\lambda_{\min}\lambda_{\max}} \quad (8\text{-}42)$$

然后，分析误差向量 $\boldsymbol{e}_k = \boldsymbol{x}_* - \boldsymbol{x}_k$ 的能量范 $\|\cdot\|_{\boldsymbol{A}}$ 大小。注意到，$\boldsymbol{A}\boldsymbol{e}_k = -\boldsymbol{r}_k$，其中，$\boldsymbol{r}_k = \boldsymbol{b} - \boldsymbol{A}\boldsymbol{x}_k$ 为第 k 步误差。根据式 (8-35) 和式 (8-40)，并取 $\boldsymbol{d}_k = \boldsymbol{r}_k$，可

得

$$\begin{aligned}\frac{1}{2}\left\|\boldsymbol{e}_{k+1}\right\|_{\boldsymbol{A}}^{2}&=\phi\left(\boldsymbol{x}_{k+1}\right)-\phi\left(\boldsymbol{x}_{*}\right)=\left(\phi\left(\boldsymbol{x}_{k+1}\right)-\phi\left(\boldsymbol{x}_{k}\right)\right)+\left(\phi\left(\boldsymbol{x}_{k}\right)-\phi\left(\boldsymbol{x}_{*}\right)\right)\\&=-\frac{1}{2}\frac{\left|\left(\boldsymbol{r}_{k},\boldsymbol{r}_{k}\right)\right|^{2}}{\left\|\boldsymbol{r}_{k}\right\|_{\boldsymbol{A}}^{2}}+\frac{1}{2}\left\|\boldsymbol{e}_{k}\right\|_{\boldsymbol{A}}^{2}\end{aligned}\tag{8-43(a)}$$

利用 Kantorovich 不等式 (8-42) 和 $\boldsymbol{r}_k=-\boldsymbol{A}\boldsymbol{e}_k$ 来计算

$$\begin{aligned}\frac{\left|\left(\boldsymbol{r}_{k},\boldsymbol{r}_{k}\right)\right|^{2}}{\left\|\boldsymbol{r}_{k}\right\|_{A}^{2}}&=\frac{\left|\left(\boldsymbol{r}_{k},\boldsymbol{r}_{k}\right)\right|^{2}}{\left(\boldsymbol{A}\boldsymbol{r}_{k},\boldsymbol{r}_{k}\right)}\geqslant\frac{4\lambda_{\min}\lambda_{\max}}{\left(\lambda_{\min}+\lambda_{\max}\right)^{2}}\left(\boldsymbol{A}^{-1}\boldsymbol{r}_{k},\boldsymbol{r}_{k}\right)\\&=\frac{4\lambda_{\min}\lambda_{\max}}{\left(\lambda_{\min}+\lambda_{\max}\right)^{2}}\left(\boldsymbol{e}_{k},\boldsymbol{A}\boldsymbol{e}_{k}\right)=\frac{4\lambda_{\min}\lambda_{\max}}{\left(\lambda_{\min}+\lambda_{\max}\right)^{2}}\left\|\boldsymbol{e}_{k}\right\|_{\boldsymbol{A}}^{2}\end{aligned}$$

结合式 (8-43(a)) 有

$$\begin{aligned}\left\|\boldsymbol{e}_{k+1}\right\|_{\boldsymbol{A}}^{2}&\leqslant\left(1-\frac{4\lambda_{\min}\lambda_{\max}}{\left(\lambda_{\min}+\lambda_{\max}\right)^{2}}\right)\left\|\boldsymbol{e}_{k}\right\|_{\boldsymbol{A}}^{2}=\frac{\left(\lambda_{\max}-\lambda_{\min}\right)^{2}}{\left(\lambda_{\max}+\lambda_{\min}\right)^{2}}\left\|\boldsymbol{e}_{k}\right\|_{\boldsymbol{A}}^{2}\\&=\left(\frac{\lambda_{\max}-\lambda_{\min}}{\lambda_{\max}+\lambda_{\min}}\right)^{2}\left\|\boldsymbol{e}_{k}\right\|_{\boldsymbol{A}}^{2}=\left(\frac{\kappa_{2}\left(\boldsymbol{A}\right)-1}{\kappa_{2}\left(\boldsymbol{A}\right)+1}\right)^{2}\left\|\boldsymbol{e}_{k}\right\|_{\boldsymbol{A}}^{2}\end{aligned}\tag{8-43(b)}$$

其中，$\kappa_2(\boldsymbol{A})=\lambda_{\max}/\lambda_{\min}$ 为 $\boldsymbol{A}$ 的条件数。由此，引入以下定理。

定理 8.3　对应用于对称正定矩阵系统 $\boldsymbol{A}\boldsymbol{x}=\boldsymbol{b}$ 的最速下降法，其对应的误差能量范有如下边界 $\|\boldsymbol{e}_k\|_{\boldsymbol{A}}\leqslant\left(\dfrac{\kappa_2(\boldsymbol{A})-1}{\kappa_2(\boldsymbol{A})+1}\right)^k\|\boldsymbol{e}_0\|_{\boldsymbol{A}}$，即渐进收敛率的界为 $\dfrac{\kappa_2(\boldsymbol{A})-1}{\kappa_2(\boldsymbol{A})+1}$。

这样，当 $k\to\infty$ 时，有 $\boldsymbol{e}_k\to 0$。很明显，收敛速度取决于矩阵 $\boldsymbol{A}$ 的谱。尤其当条件数 $\kappa_2(\boldsymbol{A})$ 很大时，函数 ϕ 的分布图类似于拉长的椭圆形，由式 (8-43(b)) 表示的低收敛速率，就类似于“Z”字形折线的路径，如图 8-2 所示。这是最差的情形，这种情况发生在初始误差趋近于 $\lambda_{\max}$ 相对应的主向量时。

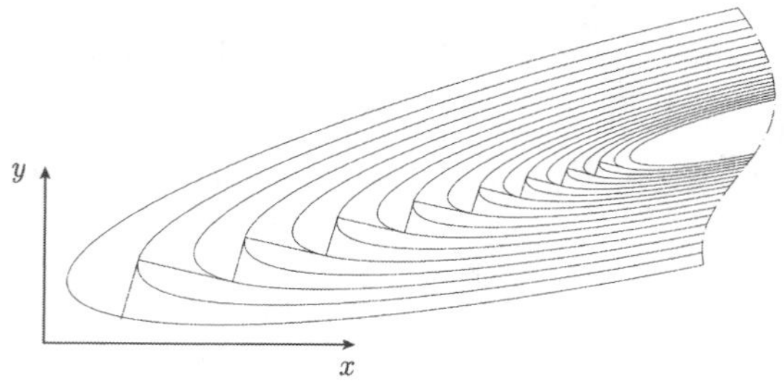

图 8-2　最速下降法的“Z”字形收敛路径示意图

实际计算说明，最速下降法并不一定完全优于经典迭代法，但其中一些概念，例如，将矩阵求解转换为最小值问题，以及最小化过程中构造的连续搜索方向，还将用于后面构造更为有效的迭代方法。

8.4.3　投影法

最速下降法的主要特点在于，其连续搜索方向向量是相互正交的，换言之，新误差的 l_2 范数在前一个误差上的投影为 0。即 $\boldsymbol{x}_{k+1}$ 的求解可以表示为寻找 $\boldsymbol{x}_{k+1} \in \boldsymbol{x}_k + \operatorname{span}\{\boldsymbol{r}_k\}$，从而使得 $\boldsymbol{r}_{k+1} \perp \boldsymbol{r}_k$。这是一个局部条件，与连续残差有关。而之前的“搜索历史”，即搜索方向 $\boldsymbol{r}_0, \cdots, \boldsymbol{r}_{k-1}$ 的信息未作利用。那么，我们希望可以充分利用这些信息，从而使收敛更快。Krylov 子空间法正是基于这个思路。其中，$\boldsymbol{x}_{k+1}$ 的构建保证残差 $\boldsymbol{r}_{k+1}$ 与所有之前的残差、搜索方向或者相关的向量集均正交。

取 $\mathbf{R}^n = K \oplus K^{\perp}$，且 $K \perp K^{\perp}$，构建 $\mathbf{R}^n$ 正交子空间的分解。取 $K = \operatorname{span}\{\boldsymbol{u}_1, \cdots, \boldsymbol{u}_m\}$，$K^{\perp} = \operatorname{span}\{\boldsymbol{v}_1, \cdots, \boldsymbol{v}_{n-m}\}$，且 $(\boldsymbol{u}_i, \boldsymbol{u}_j) = \boldsymbol{\delta}_{ij}$，$(\boldsymbol{v}_i, \boldsymbol{v}_j) = \boldsymbol{\delta}_{ij}$ 及 $(\boldsymbol{u}_i, \boldsymbol{v}_j) = 0$。$n$ 维向量 $\boldsymbol{u}_i$ 和 $\boldsymbol{u}_j$ 构成 $\mathbf{R}^n$ 空间的正交基。对 $\boldsymbol{x} \in \mathbf{R}^n$，有如下傅里叶展开式：

$$\boldsymbol{x} = \sum_{i=1}^{m} (\boldsymbol{u}_i, \boldsymbol{x})\, \boldsymbol{u}_i + \sum_{j=1}^{n-m} (\boldsymbol{v}_j, \boldsymbol{x})\, \boldsymbol{v}_j =: \boldsymbol{P}\boldsymbol{x} + \boldsymbol{Q}\boldsymbol{x} \tag{8-44}$$

其中，参数对 $(\boldsymbol{P}, \boldsymbol{Q})$ 为一对正交投影子。我们说 $\boldsymbol{P}$ 沿着 $K^{\perp}$ 方向投影到 $\boldsymbol{Q}$ 上，反之亦然。

根据式 (8-44)，并有 $\boldsymbol{U} = [\boldsymbol{u}_1\ \boldsymbol{u}_2\ \cdots\ \boldsymbol{u}_m] \subset \mathbf{R}^{n\times m}$，$\boldsymbol{V} = [\boldsymbol{v}_1\ \boldsymbol{v}_2\ \cdots\ \boldsymbol{v}_{n-m}] \subset \mathbf{R}^{n\times(n-m)}$，可得正交投影子 $(\boldsymbol{P}, \boldsymbol{Q}) \subset \mathbf{R}^{n\times n}$ 的矩阵表示，有 $\sum\limits_{i=1}^{m} \boldsymbol{u}_i \left(\boldsymbol{u}_i^{\mathrm{T}} \boldsymbol{x}\right) = \sum\limits_{i=1}^{m} \left(\boldsymbol{u}_i \boldsymbol{u}_i^{\mathrm{T}}\right) \boldsymbol{x} = \boldsymbol{U}\boldsymbol{U}^{\mathrm{T}}\boldsymbol{x} = \boldsymbol{P}\boldsymbol{x} \in K$。类似地，有 $\sum\limits_{i=1}^{m} \boldsymbol{v}_j \left(\boldsymbol{v}_j^{\mathrm{T}} \boldsymbol{x}\right) = \sum\limits_{i=1}^{m} \left(\boldsymbol{v}_j \boldsymbol{v}_j^{\mathrm{T}}\right) \boldsymbol{x} = \boldsymbol{V}\boldsymbol{V}^{\mathrm{T}}\boldsymbol{x} = \boldsymbol{Q}\boldsymbol{x} \in K^{\perp}$。根据正交关系 $\boldsymbol{U}^{\mathrm{T}}\boldsymbol{U} = \boldsymbol{I}_{m\times m}$，$\boldsymbol{V}^{\mathrm{T}}\boldsymbol{V} = \boldsymbol{I}_{(n-m)\times(n-m)}$，以及 $\boldsymbol{U}^{\mathrm{T}}\boldsymbol{V} = \boldsymbol{0}_{m\times(n-m)}$ 和 $\boldsymbol{V}^{\mathrm{T}}\boldsymbol{U} = \boldsymbol{0}_{(n-m)\times m}$，得到正交投影子的以下特征：$\boldsymbol{P}\boldsymbol{P} = \boldsymbol{P} = \boldsymbol{P}^{\mathrm{T}}$，$\boldsymbol{Q}\boldsymbol{Q} = \boldsymbol{Q} = \boldsymbol{Q}^{\mathrm{T}}$，$\boldsymbol{P}\boldsymbol{Q} = \boldsymbol{Q}\boldsymbol{P} = \boldsymbol{0}_{n\times n}$。即正交投影子是幂等且对称的。

8.5　对称正定系统的共轭梯度法

8.5.1　共轭梯度法的思想

正如在 8.1.5 节中提到的，共轭梯度 (CG) 方法的理论基础是 Cayley-Hamilton 定理。通过该定理将矩阵的逆矩阵用多项式表达出来，设 $\boldsymbol{x}_*$ 为系统 $\boldsymbol{A}\boldsymbol{x} = \boldsymbol{b}$ 的解，我们写出 $\boldsymbol{x}_* = \boldsymbol{x}_0 + \boldsymbol{A}^{-1}\boldsymbol{r}_0$。其中，$\boldsymbol{r}_0 = \boldsymbol{b} - \boldsymbol{A}\boldsymbol{x}_0$。类似地，由 Cayley-Hamilton 定

理构建出 $\boldsymbol{A}^{-1}\boldsymbol{r}_0$，具体如下：

$$\boldsymbol{A}^{-1}\boldsymbol{r}_0=\left(d_{n-1}\boldsymbol{A}^{n-1}+d_{n-2}\boldsymbol{A}^{n-2}+\cdots+d_1\boldsymbol{I}\right)\boldsymbol{r}_0=q_n(\boldsymbol{A})\,\boldsymbol{r}_0 \tag{8-45(a)}$$

其中，系数由 $\boldsymbol{A}$ 的特征方程来定义，我们注意到，这个方程意味着

$$\boldsymbol{A}^{-1}\boldsymbol{r}_0\in\mathcal{K}_n=\operatorname{span}\left\{\boldsymbol{r}_0,\boldsymbol{A}\boldsymbol{r}_0,\boldsymbol{A}^2\boldsymbol{r}_0,\cdots,\boldsymbol{A}^{n-1}\boldsymbol{r}_0\right\} \tag{8-45(b)}$$

这样，方程的解 $\boldsymbol{x}_*$ 满足 $\boldsymbol{x}_*\in\boldsymbol{x}_0+\mathcal{K}_n$。

更一般地，对 $m\geqslant 1$，由初始误差 $\boldsymbol{r}_0$ 定义矩阵 $\boldsymbol{A}$ 的 m 阶 Krylov 空间为

$$\mathcal{K}_m=\mathcal{K}_m(\boldsymbol{A},\boldsymbol{r}_0)=\operatorname{span}\left\{\boldsymbol{r}_0,\boldsymbol{A}\boldsymbol{r}_0,\boldsymbol{A}^2\boldsymbol{r}_0,\cdots,\boldsymbol{A}^{m-1}\boldsymbol{r}_0\right\},\quad \dim(\mathcal{K}_m)\leqslant m \tag{8-46}$$

Krylov 子空间的思想就是可以找到一个 $m\ll n$，此时，近似解 $\boldsymbol{x}_m\in\boldsymbol{x}_0+\mathcal{K}_m$ 接近于精确解 $\boldsymbol{x}_*$。

8.5.2 共轭梯度法介绍

设矩阵 $\boldsymbol{A}\subset\mathbf{R}^{n\times n}$ 对称正定。共轭梯度法最初的思路接近于最速下降法，采用相互正交的搜索方向，即

$$(\boldsymbol{d}_{k+1},\boldsymbol{d}_k)_{\boldsymbol{A}}=(\boldsymbol{A}\boldsymbol{d}_{k+1},\boldsymbol{d}_k)=0,\quad k=0,1,\cdots \tag{8-47}$$

其中，$\boldsymbol{d}_0:=\boldsymbol{r}_0$。下面讨论共轭梯度法的理论背景。

1. $\boldsymbol{n}=2$ **特例**

首先，按照以下步骤分析。

(1) 选取 $\boldsymbol{d}_0:=\boldsymbol{r}_0$，沿着 $\boldsymbol{d}_0$ 作线搜索 (类似于最速下降法)，$\boldsymbol{x}_1=\boldsymbol{x}_0+\alpha_0\boldsymbol{d}_0$，$\alpha_0=\dfrac{(\boldsymbol{d}_0,\boldsymbol{r}_0)}{\|\boldsymbol{d}_0\|_{\boldsymbol{A}}^2}$，计算新残差 $\boldsymbol{r}_1=\boldsymbol{b}-\boldsymbol{A}\boldsymbol{x}_1=\boldsymbol{r}_0-\alpha_0\boldsymbol{A}\boldsymbol{d}_0$。

(2) 与最速下降法中选择 $\boldsymbol{r}_1\perp\boldsymbol{r}_0$ 作为新的搜索方向不同，这里通过 Gram-Schmidt 正交化构造新的搜索方向向量 $\boldsymbol{d}_1\perp_{\boldsymbol{A}}\boldsymbol{d}_0$，即 $\boldsymbol{d}_1=\boldsymbol{r}_1+\beta_0\boldsymbol{d}_0$，其中，$\beta_0=-\dfrac{(\boldsymbol{d}_0,\boldsymbol{r}_1)_{\boldsymbol{A}}}{\|\boldsymbol{d}_0\|_{\boldsymbol{A}}^2}$，此时的精确解为 $\boldsymbol{x}_*=\boldsymbol{x}_2=\boldsymbol{x}_1+\alpha_1\boldsymbol{d}_1$，其中，$\alpha_1=\dfrac{(\boldsymbol{d}_1,\boldsymbol{r}_1)}{\|\boldsymbol{d}_1\|_{\boldsymbol{A}}^2}$。

这里，精确解 $\boldsymbol{x}_*$ 重构为新的形式：

$$\boldsymbol{x}_*=\boldsymbol{x}_0+\alpha_0\boldsymbol{d}_0+\alpha_1\boldsymbol{d}_1 \tag{8-48(a)}$$

其中，$\alpha_0\boldsymbol{d}_0\in\mathcal{K}_1(\boldsymbol{A},\boldsymbol{r}_0)$，$\alpha_0\boldsymbol{d}_0+\alpha_1\boldsymbol{d}_1\in\mathcal{K}_2(\boldsymbol{A},\boldsymbol{r}_0)$。把具体的 α_0 和 α_1 代入，有

$$\boldsymbol{x}_*=\boldsymbol{x}_0+\frac{(\boldsymbol{d}_0,\boldsymbol{r}_0)}{\|\boldsymbol{d}_0\|_{\boldsymbol{A}}^2}\boldsymbol{d}_0+\frac{(\boldsymbol{d}_1,\boldsymbol{r}_1)}{\|\boldsymbol{d}_1\|_{\boldsymbol{A}}^2}\boldsymbol{d}_1 \tag{8-48(b)}$$

然后，在 $\boldsymbol{A}$-共轭基 $\{\boldsymbol{d}_0, \boldsymbol{d}_1\}$ 上，将 $\boldsymbol{x}_* - \boldsymbol{x}_0$ 作傅里叶展开为

$$\begin{aligned}
\boldsymbol{x}_* &= \boldsymbol{x}_0 + \frac{(\boldsymbol{d}_0, \boldsymbol{x}_* - \boldsymbol{x}_0)_{\boldsymbol{A}}}{\|\boldsymbol{d}_0\|_{\boldsymbol{A}}^2}\boldsymbol{d}_0 + \frac{(\boldsymbol{d}_1, \boldsymbol{x}_* - \boldsymbol{x}_0)_{\boldsymbol{A}}}{\|\boldsymbol{d}_1\|_{\boldsymbol{A}}^2}\boldsymbol{d}_1 \\
&= \boldsymbol{x}_0 + \frac{(\boldsymbol{d}_0, \boldsymbol{b} - \boldsymbol{A}\boldsymbol{x}_0)_{\boldsymbol{A}}}{\|\boldsymbol{d}_0\|_{\boldsymbol{A}}^2}\boldsymbol{d}_0 + \frac{(\boldsymbol{d}_1, \boldsymbol{b} - \boldsymbol{A}\boldsymbol{x}_0)_{\boldsymbol{A}}}{\|\boldsymbol{d}_1\|_{\boldsymbol{A}}^2}\boldsymbol{d}_1 \\
&= \boldsymbol{x}_0 + \frac{(\boldsymbol{d}_0, \boldsymbol{r}_0)}{\|\boldsymbol{d}_0\|_{\boldsymbol{A}}^2}\boldsymbol{d}_0 + \frac{(\boldsymbol{d}_1, \boldsymbol{r}_0)}{\|\boldsymbol{d}_1\|_{\boldsymbol{A}}^2}\boldsymbol{d}_1 = \boldsymbol{x}_0 + \frac{(\boldsymbol{d}_0, \boldsymbol{r}_0)}{\|\boldsymbol{d}_0\|_{\boldsymbol{A}}^2}\boldsymbol{d}_0 + \frac{(\boldsymbol{d}_1, \boldsymbol{r}_1 + \alpha_0 \boldsymbol{A}\boldsymbol{d}_0)}{\|\boldsymbol{d}_1\|_{\boldsymbol{A}}^2}\boldsymbol{d}_1 \\
&= \boldsymbol{x}_0 + \frac{(\boldsymbol{d}_0, \boldsymbol{r}_0)}{\|\boldsymbol{d}_0\|_{\boldsymbol{A}}^2}\boldsymbol{d}_0 + \frac{(\boldsymbol{d}_1, \boldsymbol{r}_1)}{\|\boldsymbol{d}_1\|_{\boldsymbol{A}}^2}\boldsymbol{d}_1
\end{aligned} \tag{8-48(c)}$$

与式 (8-48(b)) 相同，这就证明了通过上述两步可以求得精确解。另外，共轭梯度思想的巧妙之处在于，只需简单的递推就可以推广到任意 n 阶情形。且采用这种直接法求解对称正定系统时，获得精确解不会超过 $\boldsymbol{x}_n$ 步。

2. 推广至共轭方向

当 $n = 2$ 时，已形成直接求解的过程：$\boldsymbol{x}_0 \to \boldsymbol{x}_1 \to \boldsymbol{x}_2 = \boldsymbol{x}_*$。在一般化共轭梯度之前，现在，假设已有一对共轭基 $\{\boldsymbol{d}_0, \boldsymbol{d}_1, \cdots, \boldsymbol{d}_{n-1}\} \in \mathbf{R}^n$，其中，$\boldsymbol{d}_j \neq 0$，对 $j \neq k$，有 $\boldsymbol{d}_j \perp_{\boldsymbol{A}} \boldsymbol{d}_k$。然后，对于任何初始值 $\boldsymbol{x}_0$，$\boldsymbol{A}\boldsymbol{x} = \boldsymbol{b}$ 的解 $\boldsymbol{x}_*$ 可以用傅里叶级数展开，用 $\boldsymbol{x}_* - \boldsymbol{x}_0 = -\boldsymbol{e}_0$ (式 (8-48(c))) 表示为 $\boldsymbol{x}_* = \boldsymbol{x}_0 + \sum\limits_{k=0}^{n-1} \frac{(\boldsymbol{d}_k, -\boldsymbol{e}_0)_{\boldsymbol{A}}}{(\boldsymbol{d}_k, \boldsymbol{d}_k)_{\boldsymbol{A}}} = \boldsymbol{x}_0 + \sum\limits_{k=0}^{n-1} \frac{(\boldsymbol{d}_k, \boldsymbol{r}_0)}{\|\boldsymbol{d}_k\|_{\boldsymbol{A}}^2}\boldsymbol{d}_k$。这里，采用能量积将表达式转为用 $\boldsymbol{r}_0$ 和 $\boldsymbol{d}_k$ 来表示，不显式出现 $\boldsymbol{x}_*$。对 $m < n$，用傅里叶展开，有

$$\boldsymbol{x}_m = \boldsymbol{x}_0 + \sum_{k=0}^{m-1} \frac{(\boldsymbol{d}_k, \boldsymbol{r}_0)}{\|\boldsymbol{d}_k\|_{\boldsymbol{A}}^2}\boldsymbol{d}_k =: \boldsymbol{x}_0 + \boldsymbol{z}_m \in \boldsymbol{x}_0 + \operatorname{span}\{\boldsymbol{d}_0, \boldsymbol{d}_1, \cdots, \boldsymbol{d}_{m-1}\} =: \boldsymbol{x}_0 + \mathcal{K}_m \tag{8-49}$$

其中，记 $\boldsymbol{z}_m = \sum\limits_{k=0}^{m-1} \frac{(\boldsymbol{d}_k, \boldsymbol{r}_0)}{\|\boldsymbol{d}_k\|_{\boldsymbol{A}}^2}\boldsymbol{d}_k = \sum\limits_{k=0}^{m-1} \frac{(\boldsymbol{d}_k, -\boldsymbol{e}_0)}{\|\boldsymbol{d}_k\|_{\boldsymbol{A}}^2}\boldsymbol{d}_k = \boldsymbol{P}_m(-\boldsymbol{e}_0) \in \mathcal{K}_m$，是 $-\boldsymbol{e}_0$ 向 $\mathcal{K}_m = \operatorname{span}\{\boldsymbol{d}_0, \boldsymbol{d}_1, \cdots, \boldsymbol{d}_{m-1}\}$ 的 $\boldsymbol{A}$-共轭投影。其中，$\boldsymbol{P}_m : \mathbf{R} \to \mathcal{K}_m$ 为对应的投影子。这样，$\boldsymbol{z}_m$ 满足最小属性，即 $\boldsymbol{z}_m = \underset{z \in \mathcal{K}_m}{\arg\min} \|\boldsymbol{z} - (-\boldsymbol{e}_0)\|_{\boldsymbol{A}}$。同时，有 $\boldsymbol{x}_m = \boldsymbol{x}_0 + \boldsymbol{z}_m$，$\boldsymbol{z}_m - (-\boldsymbol{e}_0) = (\boldsymbol{x}_m - \boldsymbol{x}_0) - (\boldsymbol{x}_* - \boldsymbol{x}_0) = (\boldsymbol{x}_m - \boldsymbol{x}_*)$，即 $\boldsymbol{x}_m$ 是如下最小值问题的解

$$\boldsymbol{x}_m = \underset{\boldsymbol{x} \in \boldsymbol{x}_0 + \mathcal{K}_m}{\arg\min} \|\boldsymbol{x} - \boldsymbol{x}_*\|_{\boldsymbol{A}} \tag{5-50}$$

设误差为 $\boldsymbol{e}_m = \boldsymbol{x}_m - \boldsymbol{x}_*$，有

$$\boldsymbol{e}_m = \boldsymbol{e}_0 + \boldsymbol{z}_m = (\boldsymbol{I} - \boldsymbol{P}_m)\boldsymbol{e}_0 =: \boldsymbol{Q}_m \boldsymbol{e}_0 \perp_{\boldsymbol{A}} \mathcal{K}_m \tag{8-51}$$

这样，$\boldsymbol{e}_m$ 是 $\boldsymbol{e}_0$ 的投影到 $\mathcal{K}_m^{\perp \boldsymbol{A}} = \operatorname{span}\{\boldsymbol{d}_m, \cdots, \boldsymbol{d}_{n-1}\}$ 的 $\boldsymbol{A}$-共轭投影，随着 m 增加，其维数越来越小。

然后，计算出单位基向量 $\tilde{\boldsymbol{d}}_k = \boldsymbol{d}_k / \|\boldsymbol{d}_k\|_{\boldsymbol{A}}$，以及矩阵 $\tilde{\boldsymbol{D}}_m = \left(\tilde{\boldsymbol{d}}_0 | \cdots | \tilde{\boldsymbol{d}}_{m-1}\right)$，有 $\boldsymbol{P}_m = \tilde{\boldsymbol{D}}_m \tilde{\boldsymbol{D}}_m^{\mathrm{T}} \boldsymbol{A}$，这样，有

$$\boldsymbol{x}_m = \boldsymbol{x}_0 + \boldsymbol{z}_m = \boldsymbol{x}_0 - \boldsymbol{P}_m \boldsymbol{e}_0 = \boldsymbol{x}_0 - \tilde{\boldsymbol{D}}_m \tilde{\boldsymbol{D}}_m^{\mathrm{T}} \boldsymbol{A} \boldsymbol{e}_0 = \boldsymbol{x}_0 + \tilde{\boldsymbol{D}}_m \tilde{\boldsymbol{D}}_m^{\mathrm{T}} \boldsymbol{r}_0 \tag{8-52}$$

这本质上就是式 (8-49)。由式 (8-52) 构造迭代法的过程称为共轭方向法，这是一种简单直接的投影法。

8.5.3　共轭梯度法的推导

1. $n = 2$ 的情形

从 $\boldsymbol{x}_0$ 开始，有 $0 \neq \boldsymbol{r}_0 = \boldsymbol{b} - \boldsymbol{A}\boldsymbol{x}_0 \in \mathcal{K}_1$。再计算 $\boldsymbol{x}_0 \to \boldsymbol{x}_1$，取 $\boldsymbol{d}_0 = \boldsymbol{r}_0 \in \mathcal{K}_1$ 作线搜索：

$$\boldsymbol{x}_1 = \boldsymbol{x}_0 + \alpha_0 \boldsymbol{d}_0 \in \boldsymbol{x}_0 + \mathcal{K}_1, \quad \alpha_0 = \frac{(\boldsymbol{d}_0, \boldsymbol{r}_0)}{\|\boldsymbol{d}_0\|_{\boldsymbol{A}}^2} = \frac{\|\boldsymbol{r}_0\|_2^2}{\|\boldsymbol{d}_0\|_{\boldsymbol{A}}^2} \neq 0 \tag{8-53(a)}$$

计算新的残差

$$\boldsymbol{r}_1 = \boldsymbol{r}_0 - \alpha_0 \boldsymbol{A}\boldsymbol{d}_0 \in \mathcal{K}_2 \tag{8-53(b)}$$

若 $\boldsymbol{r}_1 = 0$ 终止。否则，$\{\boldsymbol{r}_0, \boldsymbol{r}_1\}$ 就是 $\mathcal{K}_2$ 的正交基。为下一步作准备，用 Gram-Schmidt 正交化计算新的搜索方向：

$$\boldsymbol{d}_1 = \boldsymbol{r}_1 + \beta_0 \boldsymbol{d}_0 \in \mathcal{K}_2, \quad \beta_0 = -\frac{(\boldsymbol{d}_0, \boldsymbol{r}_1)_{\boldsymbol{A}}}{\|\boldsymbol{d}_0\|_{\boldsymbol{A}}^2} = \frac{\|\boldsymbol{r}_1\|_2^2}{\|\boldsymbol{r}_0\|_2^2} \neq 0 \tag{8-53(c)}$$

其中，β_0 式中的 $(\boldsymbol{d}_0, \boldsymbol{r}_1)_{\boldsymbol{A}} = \dfrac{1}{\alpha_0}(\alpha_0 \boldsymbol{A}\boldsymbol{d}_0, \boldsymbol{r}_1) = \dfrac{1}{\alpha_0}(\boldsymbol{r}_0 - \boldsymbol{r}_1, \boldsymbol{r}_1)$，而 $\boldsymbol{r}_1 \perp \boldsymbol{r}_0$。通过构造，所得 $\{\boldsymbol{d}_0, \boldsymbol{d}_1\}$ 即为 $\mathcal{K}_2$ 的正交基。

2. 归纳步

对于 $m \geqslant 2$，与第一步线搜索类似，对 $k = 1, \cdots, m-1$，我们可得到关于 $\boldsymbol{x}_k$、$\boldsymbol{r}_k$ 和 $\boldsymbol{d}_k$ 的如下递推关系式：

$$\boldsymbol{x}_k = \boldsymbol{x}_{k-1} + \alpha_{k-1} \boldsymbol{d}_{k-1} \in \boldsymbol{x}_0 + \mathcal{K}_k, \quad \alpha_{k-1} = \frac{(\boldsymbol{d}_{k-1}, \boldsymbol{r}_{k-1})}{\|\boldsymbol{d}_{k-1}\|_{\boldsymbol{A}}^2} = \frac{\|\boldsymbol{r}_{k-1}\|_2^2}{\|\boldsymbol{d}_{k-1}\|_{\boldsymbol{A}}^2} \neq 0 \tag{8-54(a)}$$

残差为

$$0 \neq \boldsymbol{r}_k = \boldsymbol{r}_{k-1} - \alpha_{k-1} \boldsymbol{A}\boldsymbol{d}_{k-1} \in \mathcal{K}_{k+1} \tag{8-54(b)}$$

新的搜索方向为

$$0 \neq \boldsymbol{d}_k = \boldsymbol{r}_k + \beta_{k-1}\boldsymbol{d}_{k-1} \in \mathcal{K}_{k+1}, \quad \beta_{k-1} = -\frac{(\boldsymbol{d}_{k-1}, \boldsymbol{r}_k)_{\boldsymbol{A}}}{\|\boldsymbol{d}_{k-1}\|_{\boldsymbol{A}}^2} = \frac{\|\boldsymbol{r}_k\|_2^2}{\|\boldsymbol{r}_{k-1}\|_2^2} \neq 0 \tag{8-54(c)}$$

还可推断，对 $k = 1, \cdots, m-1$，有

$$\{\boldsymbol{r}_0, \boldsymbol{r}_1, \cdots, \boldsymbol{r}_k\}\text{是}\mathcal{K}_{k+1}\text{的正交基} \tag{8-55(a)}$$

$$\{\boldsymbol{d}_0, \boldsymbol{d}_1, \cdots, \boldsymbol{d}_k\}\text{是}\mathcal{K}_{k+1}\text{的共轭基} \tag{8-55(b)}$$

显然，所有 $\mathcal{K}_k$ 的最大阶数为 k。还注意到

$$\boldsymbol{r}_{m-1} \perp \mathcal{K}_{m-1}, \quad \boldsymbol{d}_{m-1} \perp_{\boldsymbol{A}} \mathcal{K}_{m-1} \tag{8-56}$$

3. 推广步 ——$m-1 \to m$

下一步迭代式基于当前搜索方向 $\boldsymbol{d}_{m-1}$ 的，有

$$\boldsymbol{x}_m = \boldsymbol{x}_{m-1} + \alpha_{m-1}\boldsymbol{d}_{m-1} \in \boldsymbol{x}_0 + \mathcal{K}_m, \quad \alpha_{m-1} = \frac{(\boldsymbol{d}_{m-1}, \boldsymbol{r}_{m-1})}{\|\boldsymbol{d}_{m-1}\|_{\boldsymbol{A}}^2} = \frac{\|\boldsymbol{r}_{m-1}\|_2^2}{\|\boldsymbol{d}_{m-1}\|_{\boldsymbol{A}}^2} \neq 0 \tag{8-57(a)}$$

其中，第一个关系式表示沿着 $\boldsymbol{x}_{m-1} + \alpha\boldsymbol{d}_{m-1}$ 最小化 ϕ；第二个 α_{m-1} 关系式中的分子根据 $\boldsymbol{r}_{m-1}$、$\boldsymbol{d}_{m-1}$ 的定义，以及 $\boldsymbol{r}_{m-1} \perp \boldsymbol{d}_{m-2}$ (线搜索中“新的”残差与“旧的”搜索方向保证正交性) 有 $(\boldsymbol{d}_{m-1}, \boldsymbol{r}_{m-1}) = (\boldsymbol{r}_{m-1} + \beta_{m-2}\boldsymbol{d}_{m-2}, \boldsymbol{r}_{m-1}) = (\boldsymbol{r}_{m-1}, \boldsymbol{r}_{m-1})$。

新的残差为

$$\boldsymbol{r}_m = \boldsymbol{r}_{m-1} - \alpha_{m-1}\boldsymbol{A}\boldsymbol{d}_{m-1} \in \mathcal{K}_{m+1} \tag{8-57(b)}$$

若 $\boldsymbol{r}_m = 0$，迭代终止于 $\boldsymbol{x}_m = \boldsymbol{x}_*$。否则，有 $0 \neq \boldsymbol{r}_m \perp \boldsymbol{d}_{m-1}$。我们有如下结论。

1) $\boldsymbol{r}_m \perp \mathcal{K}_m$

证明　通过构造 $\boldsymbol{r}_m \perp \boldsymbol{d}_{m-1}$，以及 $\mathcal{K}_m \perp \mathcal{K}_{m-1} \oplus \operatorname{span}\{\boldsymbol{d}_{m-1}\}$，只需证明 $\boldsymbol{r}_m \perp \mathcal{K}_{m-1}$。而 $\boldsymbol{r}_m$ 是 $\boldsymbol{r}_{m-1}$ 和 $\boldsymbol{A}\boldsymbol{d}_{m-1}$ 的线性组合，根据式 (8-56)，有 $\boldsymbol{r}_{m-1} \perp \mathcal{K}_{m-1}$ 和 $\boldsymbol{A}\boldsymbol{d}_{m-1} \perp \mathcal{K}_{m-1}$，可得 $\boldsymbol{r}_m \perp \mathcal{K}_{m-1}$。

然后，与前面一样，用 Gram-Schmidt 正交化，构造与 $\boldsymbol{d}_{m-1}$ 共轭的搜索方向 $\boldsymbol{d}_m$，有

$$\boldsymbol{d}_m = \boldsymbol{r}_m + \beta_{m-1}\boldsymbol{d}_{m-1} \in \mathcal{K}_{m+1}, \beta_{m-1} = -\frac{(\boldsymbol{d}_{m-1}, \boldsymbol{r}_m)_{\boldsymbol{A}}}{\|\boldsymbol{d}_{m-1}\|_{\boldsymbol{A}}^2} = \frac{\|\boldsymbol{r}_m\|_2^2}{\|\boldsymbol{r}_{m-1}\|_2^2} \neq 0 \tag{8-58}$$

第二式中，β_{m-1} 的分子项 $(\boldsymbol{d}_{m-1}, \boldsymbol{r}_m)_{\boldsymbol{A}} = \dfrac{1}{\alpha_{m-1}}(\alpha_{m-1}\boldsymbol{A}\boldsymbol{d}_{m-1}, \boldsymbol{r}_m) = \dfrac{1}{\alpha_{m-1}}(\boldsymbol{r}_{m-1} - \boldsymbol{r}_m, \boldsymbol{r}_m)$，再根据 $\boldsymbol{r}_m \perp \boldsymbol{r}_{m-1}$，得证。

2) $\boldsymbol{d}_m \perp_{\boldsymbol{A}} \mathcal{K}_m$

证明　通过构造 $\boldsymbol{r}_m \perp_{\boldsymbol{A}} \boldsymbol{d}_{m-1}$，以及 $\mathcal{K}_m \perp \mathcal{K}_{m-1} \oplus \operatorname{span}\{\boldsymbol{d}_{m-1}\}$，下面证明 $\boldsymbol{d}_m \perp_{\boldsymbol{A}} \mathcal{K}_{m-1}$。注意到向量 $\boldsymbol{d}_m$ 是 $\boldsymbol{r}_m$ 和 $\boldsymbol{d}_{m-1}$ 的线性组合。根据式 (8-56)，有 $\boldsymbol{d}_{m-1} \perp_{\boldsymbol{A}} \mathcal{K}_{m-1}$。关于 $\boldsymbol{r}_m$，由 $\boldsymbol{A}$ 的对称性和式 (8-54(b)) 计算。对于任意基向量 $\boldsymbol{d}_{k-1} \in \mathcal{K}_{m-1}$，即 $k=1,\cdots,m-1$，有 $(\boldsymbol{r}_m, \boldsymbol{d}_{k-1})_{\boldsymbol{A}} = (\boldsymbol{A}\boldsymbol{r}_m, \boldsymbol{d}_{k-1}) = \dfrac{1}{\alpha_{k-1}}(\boldsymbol{r}_m, \alpha_{k-1}\boldsymbol{A}\boldsymbol{d}_{k-1})$ $= \dfrac{1}{\alpha_{k-1}}\left(\boldsymbol{r}_m, \underbrace{\boldsymbol{r}_{k-1} - \boldsymbol{r}_k}_{\in \mathcal{K}_m}\right) = 0(k=1,\cdots,m-1)$，由前已证 $\boldsymbol{r}_m \perp \mathcal{K}_m$，易证该等式。这样，可得出 $\boldsymbol{d}_m \perp_{\boldsymbol{A}} \mathcal{K}_{m-1}$。这样，完成了整个推导过程。而且，由以上两个结论，得出式 (8-55) 的一般形式为

$$\{\boldsymbol{r}_0, \boldsymbol{r}_1, \cdots, \boldsymbol{r}_m\} 是 \mathcal{K}_{m+1} 的正交基 \tag{8-59(a)}$$

$$\{\boldsymbol{d}_0, \boldsymbol{d}_1, \cdots, \boldsymbol{d}_m\} 是 \mathcal{K}_{m+1} 的共轭基 \tag{8-59(b)}$$

算法 8.2　共轭梯度算法。

(1) 输入对称正定矩阵 $\boldsymbol{A}$、$\boldsymbol{b}$ 和 $\boldsymbol{x}_0$；

(2) 计算 $\boldsymbol{r}_0 = \boldsymbol{b} - \boldsymbol{A}\boldsymbol{x}_0$，$\boldsymbol{d}_0 = \boldsymbol{r}_0$；

(3) 开始 for $k = 0, 1, \cdots$ 循环；

(4) 计算 $\alpha_k = (\boldsymbol{r}_k, \boldsymbol{r}_k)/(\boldsymbol{A}\boldsymbol{d}_k, \boldsymbol{d}_k)$；

(5) 计算 $\boldsymbol{x}_{k+1} = \boldsymbol{x}_k + \alpha_k \boldsymbol{d}_k$；

(6) 计算 $\boldsymbol{r}_{k+1} = \boldsymbol{r}_k - \alpha_k \boldsymbol{A}\boldsymbol{d}_k$；

(7) 若 $\boldsymbol{r}_{k+1} = 0$，终止循环；

(8) 计算 $\beta_k = (\boldsymbol{r}_{k+1}, \boldsymbol{r}_{k+1})/(\boldsymbol{r}_k, \boldsymbol{r}_k)$；

(9) 计算 $\boldsymbol{d}_{k+1} = \boldsymbol{r}_{k+1} + \beta_k \boldsymbol{d}_k$；

(10) 结束 for 循环。

定理 8.4　共轭梯度迭代的误差 $\boldsymbol{e}_m = \boldsymbol{x}_m - \boldsymbol{x}_*$ 是初始误差 $\boldsymbol{e}_0$ 沿 $\mathcal{K}_m = \mathcal{K}_m(\boldsymbol{A}, \boldsymbol{r}_0)$ 方向在 $\mathcal{K}_m^{\perp \boldsymbol{A}}$ 上的 $\boldsymbol{A}$-共轭投影，即

$$\boldsymbol{e}_m = \boldsymbol{Q}_m \boldsymbol{e}_0 = q_m(\boldsymbol{A})\,\boldsymbol{e}_0 \perp_{\boldsymbol{A}} \mathcal{K}_m \tag{8-60(a)}$$

并且满足

$$\|\boldsymbol{e}_m\|_{\boldsymbol{A}} = \min_{\boldsymbol{e} \in \boldsymbol{e}_0 + \mathcal{K}_m} \|\boldsymbol{e}\|_{\boldsymbol{A}} = \min_{\substack{q \in \mathcal{P}_m \\ q(0)=1}} \|q(\boldsymbol{A})\,\boldsymbol{e}_0\|_{\boldsymbol{A}} \leqslant \min_{\substack{q \in \mathcal{P}_m \\ q(0)=1}} \|q(\boldsymbol{A})\|_{\boldsymbol{A}} \cdot \|\boldsymbol{e}_0\|_{\boldsymbol{A}} \tag{8-60(b)}$$

同时，误差与矩阵的谱 $\sigma(\boldsymbol{A})$ 存在如下关系：

$$\frac{\|\boldsymbol{e}_m\|_{\boldsymbol{A}}}{\|\boldsymbol{e}_0\|_{\boldsymbol{A}}} \leqslant \max_{\lambda \in \sigma(\boldsymbol{A})} |q_m(\lambda)| = \min_{\substack{q \in \mathcal{P}_m \\ q(0)=1}} \max_{\lambda \in \sigma(\boldsymbol{A})} |q(\lambda)| \tag{8-60(c)}$$

推论 8.2　m 层共轭梯度迭代 $\boldsymbol{x}_m$ 为如下投影问题的解：

$$\text{寻找}\boldsymbol{x}_m \in \boldsymbol{x}_0 + \mathcal{K}_m, \text{所得}\boldsymbol{e}_m = \boldsymbol{x}_m - \boldsymbol{x}_* \text{满足}\boldsymbol{e}_m \perp_{\boldsymbol{A}} \mathcal{K}_m \tag{8-61(a)}$$

这等价于 Galerkin 正交，即

$$\text{寻找}\boldsymbol{x}_m \in \boldsymbol{x}_0 + \mathcal{K}_m, \text{所得}\boldsymbol{r}_m = \boldsymbol{b} - \boldsymbol{A}\boldsymbol{x}_m \text{满足}\boldsymbol{r}_m \perp \mathcal{K}_m \tag{8-61(b)}$$

8.5.4　共轭梯度法的收敛特征

到这里，我们基本上可以分析共轭梯度法的收敛特征，并推出其误差估计。与定理 8.3 相似，可得如下共轭梯度收敛误差界定理。

定理 8.5　当共轭梯度法应用于对称正定系统 $\boldsymbol{A}\boldsymbol{x} = \boldsymbol{b}$，其能量范中的误差界为

$$\|\boldsymbol{e}_m\|_{\boldsymbol{A}} \leqslant 2\left(\frac{\sqrt{\kappa_2(\boldsymbol{A})} - 1}{\sqrt{\kappa_2(\boldsymbol{A})} + 1}\right)^m \|\boldsymbol{e}_0\|_{\boldsymbol{A}} \tag{8-62}$$

其中，条件数 $\kappa_2(\boldsymbol{A}) = \lambda_{\max}/\lambda_{\min}$，这里除了条件数 $\boldsymbol{A}$ 换成了其平方根，该误差界与最速下降法类似。对大 $\kappa_2(\boldsymbol{A})$，有 $\dfrac{\sqrt{\kappa_2(\boldsymbol{A})} - 1}{\sqrt{\kappa_2(\boldsymbol{A})} + 1} = 1 - \dfrac{2}{\sqrt{\kappa_2(\boldsymbol{A})} + 1} \sim 1 - \dfrac{2}{\sqrt{\kappa_2(\boldsymbol{A})}}$，这样，可以期望，在达到 $O\left(\sqrt{\kappa_2(\boldsymbol{A})}\right)$ 步以后，能够收敛到指定的容差。

最速下降法和共轭梯度法之间还有一个最大的差别：最速下降法收敛特征可由矩阵条件数精确表示，而共轭梯度的收敛过程受矩阵的谱分布影响，且误差界 (式 (8-62)) 通常并不太乐观。

定理 8.6　若 $\boldsymbol{A}$ 只有 $m < n$ 个不同的主值，对任何初始向量 $\boldsymbol{x}_0$，共轭梯度方法最多 m 步即收敛 (证略)。

8.6　Arnoldi 过程

本节介绍 Krylov 空间正交基的构造，它建立在 Gram-Schmidt 变型算法的基础上，获得矩阵 $\boldsymbol{A} \in \mathbf{R}^{n\times n}$ 的投影，且具有 Hessenberg 矩阵形式。这是构造一般 Krylov 子空间方法的基础。

给定矩阵 $\boldsymbol{A}\in\mathbf{R}^{n\times n}$，向量 $\boldsymbol{r}_0\in\mathbf{R}^n$，定义 Krylov 子空间序列 $\mathcal{K}_m=\mathcal{K}_m(\boldsymbol{A},\boldsymbol{r}_0)=\operatorname{span}\left\{\boldsymbol{r}_0, \boldsymbol{A}\boldsymbol{r}_0, \cdots, \boldsymbol{A}^{m-1}\boldsymbol{r}_0\right\}$。给出矩阵如下：

$$\boldsymbol{K}_m = \begin{bmatrix} \boldsymbol{r}_0 & \boldsymbol{A}\boldsymbol{r}_0 & \cdots & \boldsymbol{A}^{m-1}\boldsymbol{r}_0 \end{bmatrix} \in \mathbf{R}^{n\times m} \tag{8-63}$$

$\boldsymbol{K}_m$ 称为 Krylov 矩阵。然后，构造 $\mathcal{K}_m$ 上的正交基 $\{\boldsymbol{v}_1, \cdots, \boldsymbol{v}_m\}$。所谓的 Arnoldi 迭代是实现构造过程的一种巧妙方法：取 $\boldsymbol{v}_1 = \boldsymbol{r}_0/\|\boldsymbol{r}_0\|_2$，然后，对 $j =$

$1,\cdots,m$，将 $\boldsymbol{A}$ 与当前向量 $\boldsymbol{v}_j$ 相乘，使 $\boldsymbol{A}\boldsymbol{v}_j$ 与前面所有的 Arnoldi 向量 $\boldsymbol{v}_1\cdots\boldsymbol{v}_j$ 都正交。这些生成的正交向量 $\boldsymbol{v}_j$ 称为 Arnoldi 向量。由此，得到如下迭代式 (用未归一向量 $\boldsymbol{w}_j$ 表示)：

$$
\begin{aligned}
\boldsymbol{w}_j &= \boldsymbol{A}\boldsymbol{v}_j-(\boldsymbol{A}\boldsymbol{v}_j,\boldsymbol{v}_1)\,\boldsymbol{v}_1-(\boldsymbol{A}\boldsymbol{v}_j,\boldsymbol{v}_2)\,\boldsymbol{v}_2-\cdots-(\boldsymbol{A}\boldsymbol{v}_j,\boldsymbol{v}_j)\,\boldsymbol{v}_j\\
\boldsymbol{v}_{j+1} &= \frac{\boldsymbol{w}_j}{\|\boldsymbol{w}_j\|_2},\quad j=1,2,\cdots
\end{aligned}
\tag{8-64}
$$

采用如下标记：

$$
h_{ij}=(\boldsymbol{A}\boldsymbol{v}_j,\boldsymbol{v}_i),\quad i\leqslant j,\quad h_{j+1,j}=\|\boldsymbol{w}_j\|_2 \tag{8-65}
$$

只要 $\boldsymbol{w}_j\neq 0$，根据式 (8-64) 有

$$
\begin{aligned}
h_{j+1,j}^2 &= (\boldsymbol{w}_j,\boldsymbol{w}_j)=\left(A\boldsymbol{v}_j+\{\boldsymbol{v}_1\ldots v_j\}\text{的线性组合，}\boldsymbol{w}_j\right)\\
&= \left(A\boldsymbol{v}_j,\|\boldsymbol{w}_j\|_2\,\boldsymbol{v}_{j+1}\right)=h_{j+1,j}\,(\boldsymbol{A}\boldsymbol{v}_j,\boldsymbol{v}_{j+1})
\end{aligned}
\tag{8-66}
$$

这样，有

$$
\|\boldsymbol{w}_j\|_2=h_{j+1,j}=(\boldsymbol{A}\boldsymbol{v}_j,\boldsymbol{v}_{j+1}) \tag{8-67}
$$

算法 8.3 Arnoldi 迭代算法 (Gram-Schmidt 算法的变型)。

(1) 计算 $\boldsymbol{v}_1=\boldsymbol{r}_0/\|\boldsymbol{r}_0\|_2$；

(2) 开始 for $j=1,\cdots,m$ 循环；

(3) 开始 for $i=1,\cdots,j$ 循环；

(4) 计算 $h_{ij}=(\boldsymbol{A}\boldsymbol{v}_j,\boldsymbol{v}_i)$；

(5) 结束 i 循环；

(6) 计算 $\boldsymbol{w}_j=\boldsymbol{A}\boldsymbol{v}_j-\sum\limits_{i=1}^{j}h_{ij}\boldsymbol{v}_i$；

(7) 计算 $h_{j+1,j}=\|\boldsymbol{w}_j\|_2$；

(8) 若 $h_{j+1,j}=0$，终止循环；

(9) 计算 $\boldsymbol{v}_{j+1}=\boldsymbol{w}_j/h_{j+1,j}$；

(10) 结束 j 循环。

可见，这种算法若遇到 $\boldsymbol{w}_j=0$ 将崩溃。假如迭代未崩溃，即若 $\boldsymbol{w}_j\neq 0$，它就能生成如下 Arnoldi 矩阵：

$$
\boldsymbol{V}_m=\begin{bmatrix}\boldsymbol{v}_1 & \boldsymbol{v}_2 & \ldots & \boldsymbol{v}_m\end{bmatrix}\in\mathbf{R}^{n\times m} \tag{8-68}
$$

以及“超前”向量 $\boldsymbol{v}_{m+1}$。再给出上 Hessenberg 矩阵 $\overline{\boldsymbol{H}}_m\in\mathbf{R}^{(m+1)\times m}$ 为

$$\overline{\boldsymbol{H}}_m = \begin{bmatrix} h_{11} & h_{12} & \cdots & h_{1m} \\ h_{21} & h_{22} & \cdots & h_{2m} \\ & \ddots & \ddots & \vdots \\ & & h_{m,m-1} & h_{m,m} \\ & & & h_{m+1,m} \end{bmatrix}$$

$$= \begin{bmatrix} (\boldsymbol{A}\boldsymbol{v}_1,\boldsymbol{v}_1) & (\boldsymbol{A}\boldsymbol{v}_2,\boldsymbol{v}_1) & \cdots & (\boldsymbol{A}\boldsymbol{v}_m,\boldsymbol{v}_1) \\ (\boldsymbol{A}\boldsymbol{v}_1,\boldsymbol{v}_2) & (\boldsymbol{A}\boldsymbol{v}_2,\boldsymbol{v}_2) & \cdots & (\boldsymbol{A}\boldsymbol{v}_m,\boldsymbol{v}_2) \\ & \ddots & \ddots & \vdots \\ & & (\boldsymbol{A}\boldsymbol{v}_{m-1},\boldsymbol{v}_m) & (\boldsymbol{A}\boldsymbol{v}_m,\boldsymbol{v}_m) \\ & & & (\boldsymbol{A}\boldsymbol{v}_m,\boldsymbol{v}_{m+1}) \end{bmatrix}$$

如果崩溃发生在第 m 步，算法终止。此时 $\overline{\boldsymbol{H}}_m$ 的最后一行为 0，即 $h_{m+1,m}=0$。

从 $\boldsymbol{V}_m$ 和 $\overline{\boldsymbol{H}}_m$ 的结构可以明显看出，随着迭代推进，不断有新的列加入这些矩阵，$\overline{\boldsymbol{H}}_m$ 维数随每一步迭代不断增加。

引理 8.2　设 Arnoldi 算法未提前终止，向量 $\boldsymbol{v}_j(j=1,\cdots,m)$ 构成 Krylov 空间 $\mathcal{K}_m$ 的一组正交基，即 $\boldsymbol{V}_m^{\mathrm{T}}\boldsymbol{V}_m=\boldsymbol{I}_{m\times m}$。同时，$\boldsymbol{P}_m=\boldsymbol{V}_m\boldsymbol{V}_m^{\mathrm{T}}\in\mathbf{R}^{n\times n}$ 为投影到 $\mathcal{K}_m$ 的投影子。

椐椐引理 8.2，Arnoldi 向量 $\boldsymbol{v}_j$ 是正交的，且根据式 (8-64)，有 $\boldsymbol{A}\boldsymbol{v}_j\in\mathrm{span}\{\boldsymbol{v}_1,\cdots,\boldsymbol{v}_{j+1}\}$，而每个 $\boldsymbol{A}\boldsymbol{v}_j$ 可以用 $j+1$ 项的傅里叶展开式表示，即对 $j=1$ 有 $\boldsymbol{A}\boldsymbol{v}_1=\underbrace{(\boldsymbol{A}\boldsymbol{v}_1,\boldsymbol{v}_1)}_{h_{11}}\boldsymbol{v}_1+\boldsymbol{w}_1=\underbrace{(\boldsymbol{A}\boldsymbol{v}_1,\boldsymbol{v}_1)}_{h_{11}}\boldsymbol{v}_1+\underbrace{(\boldsymbol{A}\boldsymbol{v}_1,\boldsymbol{v}_2)}_{h_{21}}\boldsymbol{v}_2$，这样，$\boldsymbol{w}_1$ 满足等式 $\boldsymbol{w}_1=h_{21}\boldsymbol{v}_2$。对于一般 j，有 $\overline{\boldsymbol{H}}=(h_{ij})=(\boldsymbol{A}\boldsymbol{v}_j,\boldsymbol{v}_i)$，这样，有

$$\boldsymbol{A}\boldsymbol{v}_j=\sum_{i=1}^{j}h_{ij}\boldsymbol{v}_i+\boldsymbol{w}_j=\sum_{i=1}^{j+1}h_{ij}\boldsymbol{v}_i,\quad j=1,\cdots,m-1 \tag{8-69(a)}$$

再结合式 (8-67)，有 $\boldsymbol{w}_j=(\boldsymbol{A}\boldsymbol{v}_j,\boldsymbol{v}_{j+1})\boldsymbol{v}_{j+1}=h_{j+1,j}\boldsymbol{v}_{j+1}$。根据式 (8-64) 的最后 Arnoldi 步，以及 $\boldsymbol{w}_m=h_{m+1,m}\boldsymbol{v}_{m+1}$，总可以写出

$$\boldsymbol{A}\boldsymbol{v}_m=\sum_{i=1}^{m}h_{im}\boldsymbol{v}_i+\boldsymbol{w}_m \tag{8-69(b)}$$

用矩阵的形式表示，式 (8-69(a)) 和式 (8-69(b)) 等价于

$$\boldsymbol{A}\boldsymbol{V}_m=\begin{bmatrix}\boldsymbol{A}\boldsymbol{v}_1 & \boldsymbol{A}\boldsymbol{v}_2 & \cdots & \boldsymbol{A}\boldsymbol{v}_m\end{bmatrix}=\boldsymbol{V}_{m+1}\overline{\boldsymbol{H}}_m=\boldsymbol{V}_m\boldsymbol{H}_m+\boldsymbol{w}_m\boldsymbol{e}_m^{\mathrm{T}} \tag{8-70}$$

其中，上 Hessenberg 方阵 $\boldsymbol{H}_m \in \mathbf{R}^{m\times m}$ 可由 $\overline{\boldsymbol{H}}_m$ 去掉最后一行得到，$\boldsymbol{e}_m$ 表示 m 阶单位向量。这样，形成如下定理。

定理 8.7　Arnoldi 过程产生一个 Krylov 矩阵 $\boldsymbol{K}_m$ 上的 QR 分解，形式如下：

$$\boldsymbol{K}_m = \boldsymbol{V}_m\boldsymbol{R}_m \tag{8-71}$$

由式 (8-68) 可得 $\boldsymbol{V}_m^{\mathrm{T}}\boldsymbol{V}_m = \boldsymbol{I}_{m\times m}$，而 $\boldsymbol{R}_m \in \mathbf{R}^{m\times m}$ 为上三角矩阵。

而且，有 $m\times m$ 上 Hessenberg 方阵：

$$\boldsymbol{H}_m = \begin{bmatrix} h_{11} & h_{12} & \cdots & h_{1m} \\ h_{21} & h_{22} & \cdots & h_{2m} \\ & \ddots & \ddots & \vdots \\ & & h_{m,m-1} & h_{m,m} \end{bmatrix}$$

$$= \begin{bmatrix} (\boldsymbol{Av}_1,\boldsymbol{v}_1) & (\boldsymbol{Av}_2,\boldsymbol{v}_1) & \cdots & (\boldsymbol{Av}_m,\boldsymbol{v}_1) \\ (\boldsymbol{Av}_1,\boldsymbol{v}_2) & (\boldsymbol{Av}_2,\boldsymbol{v}_2) & \cdots & (\boldsymbol{Av}_m,\boldsymbol{v}_2) \\ & \ddots & \ddots & \vdots \\ & & (\boldsymbol{Av}_{m-1},\boldsymbol{v}_m) & (\boldsymbol{Av}_m,\boldsymbol{v}_m) \end{bmatrix}$$

有

$$\boldsymbol{V}_m^{\mathrm{T}}\boldsymbol{A}\boldsymbol{V}_m = \boldsymbol{H}_m \in \mathbf{R}^{m\times m} \tag{8-72}$$

证明　将式 (8-70) 乘以 $\boldsymbol{V}_m^{\mathrm{T}}$ 有 $\boldsymbol{V}_m^{\mathrm{T}}\boldsymbol{A}\boldsymbol{V}_m = \boldsymbol{V}_m^{\mathrm{T}}\boldsymbol{V}_m\boldsymbol{H}_m + \boldsymbol{V}_m^{\mathrm{T}}\boldsymbol{w}_m\boldsymbol{e}_m^{\mathrm{T}}$，其中，$\boldsymbol{V}_m^{\mathrm{T}}\boldsymbol{V}_m = \boldsymbol{I}_{m\times m}$，$\boldsymbol{V}_m^{\mathrm{T}}\boldsymbol{w}_m = 0$，因此，$\boldsymbol{V}_m^{\mathrm{T}}\boldsymbol{A}\boldsymbol{V}_m = \boldsymbol{H}_m$。

到此，Arnoldi 过程已基本实现，除了计算出 $\mathcal{K}_m$ 中的正交基，它还通过式 (8-72) 正交变换将矩阵 $\boldsymbol{A}$ 映射为“较小的”上 Hessenberg 方阵 $\boldsymbol{H}_m$。

当 $m < n$，上述情形相当于一个简化的分解过程，所得矩阵 $\boldsymbol{H}_m = \boldsymbol{V}_m^{\mathrm{T}}\boldsymbol{A}\boldsymbol{V}_m \in \mathbf{R}^{m\times m}$ 为矩阵 $\boldsymbol{A}$ 在 $\mathcal{K}_m$ 上的投影：考虑 $\boldsymbol{x} \in \mathcal{K}_m$，用基 $\boldsymbol{V}_m$ 表示，$\boldsymbol{x} = \boldsymbol{V}_m\boldsymbol{u}_m$，其中，$\boldsymbol{u}_m \in \mathbf{R}^m$ 为系数向量。将 $\boldsymbol{Ax}$ 投影到 $\mathcal{K}_m$ 得到

$$\boldsymbol{V}_m\boldsymbol{V}_m^{\mathrm{T}}\boldsymbol{Ax} = \boldsymbol{V}_m\boldsymbol{V}_m^{\mathrm{T}}\boldsymbol{A}\boldsymbol{V}_m\boldsymbol{u}_m = \boldsymbol{V}_m\boldsymbol{H}_m\boldsymbol{u}_m \tag{8-73}$$

即在基 $\boldsymbol{V}_m$ 中的系数向量可用 $\boldsymbol{H}_m\boldsymbol{u}_m$ 表示。我们可以写为 $\boldsymbol{V}_m\boldsymbol{H}_m\boldsymbol{V}_m^{\mathrm{T}} = \boldsymbol{V}_m\boldsymbol{V}_m^{\mathrm{T}}\boldsymbol{A}\boldsymbol{V}_m\boldsymbol{V}_m^{\mathrm{T}} = \boldsymbol{P}_m\boldsymbol{A}\boldsymbol{P}_m =: \boldsymbol{A}_m \in \mathbf{R}^{m\times m}$。其中，正交投影子为 $\boldsymbol{P}_m = \boldsymbol{V}_m\boldsymbol{V}_m^{\mathrm{T}}$，表示向 $\mathcal{K}_m$ 的投影。

8.7　通用 Krylov 子空间法及 GMRES 法

8.7.1　通用 Krylov 子空间法

设 $\boldsymbol{A} \in \mathbf{R}^{n\times n}$ 为任意方阵，一般 Krylov 子空间近似通过投影属性来定义，需满足 Petrov-Galerkin 正交化要求，即

$$\text{寻找}\boldsymbol{x}_m \in \boldsymbol{x}_0 + \mathcal{K}_m\text{，即}\boldsymbol{r}_m = \boldsymbol{b} - \boldsymbol{A}\boldsymbol{x}_m\text{从而使}\boldsymbol{r}_m \perp \mathcal{L}_m \tag{8-74}$$

其中，先假设空间为 $\mathcal{K}_m = \mathcal{K}_m(\boldsymbol{A}, \boldsymbol{r}_0)$，不同的 Krylov 方法在于测试空间 $\mathcal{L}_m$ 选取的差别。这里有三种选择。

(1) 完全正交方法 (FOM), 我们选 $\mathcal{L}_m = \mathcal{K}_m$，参考式 (8-61(b))，即

$$\text{寻找}\boldsymbol{x}_m \in \boldsymbol{x}_0 + \mathcal{K}_m\text{，即}\boldsymbol{r}_m = \boldsymbol{b} - \boldsymbol{A}\boldsymbol{x}_m\text{从而使}\boldsymbol{r}_m \perp \mathcal{K}_m \tag{8-75(a)}$$

而 $\boldsymbol{r}_m = -\boldsymbol{A}\boldsymbol{e}_m = -\boldsymbol{A}(\boldsymbol{x}_m - \boldsymbol{x}_*)$，这等价于 $\boldsymbol{A}\boldsymbol{e}_m \perp \mathcal{K}_m$ 条件，当矩阵较特殊时，有

$$\text{当}\boldsymbol{A}\text{为对称矩阵时，有}\boldsymbol{e}_m \perp \boldsymbol{A}\mathcal{K}_m\text{, 当 }\boldsymbol{A}\text{ 为对称正定矩阵时，有}\boldsymbol{e}_m \perp_{\boldsymbol{A}} \mathcal{K}_m \tag{8-75(b)}$$

若 $\boldsymbol{A}$ 对称正定，通常有唯一的解 $\boldsymbol{x}_m$，满足

$$\|\boldsymbol{e}_m\|_{\boldsymbol{A}} = \|\boldsymbol{x}_m - \boldsymbol{x}_*\|_{\boldsymbol{A}} = \min_{\boldsymbol{x}\in \boldsymbol{x}_0+\mathcal{K}_m} \|\boldsymbol{x} - \boldsymbol{x}_*\|_{\boldsymbol{A}} = \min_{\boldsymbol{e}\in \boldsymbol{e}_0+\mathcal{K}_m} \|\boldsymbol{e}\|_{\boldsymbol{A}} \tag{8-75(c)}$$

即在 $\boldsymbol{e}_0 + \mathcal{K}_m$ 上，误差的能量范数最小。也可以说，按 Galerkin 正交化，式 (8-75(b)) 相当于式 (8-75(c)) 解 $\boldsymbol{x}_m$ 的补充说明。

(2) 广义极小残差法 (GMRES，MINRES)。我们取 $\mathcal{L}_m = \boldsymbol{A}\mathcal{K}_m$，即

$$\text{寻找}\boldsymbol{x}_m \in \boldsymbol{x}_0 + \mathcal{K}_m\text{，即}\boldsymbol{r}_m = \boldsymbol{b} - \boldsymbol{A}\boldsymbol{x}_m\text{从而使}\boldsymbol{r}_m \perp \boldsymbol{A}\mathcal{K}_m \tag{8-76(a)}$$

这等价于 $\boldsymbol{A}\boldsymbol{e}_m \perp \boldsymbol{A}\mathcal{K}_m$ 条件，该条件等价于

$$\|\boldsymbol{r}_m\|_2 = \|\boldsymbol{b} - \boldsymbol{A}\boldsymbol{x}_m\|_2 = \min_{\boldsymbol{x}\in \boldsymbol{x}_0+\mathcal{K}_m} \|\boldsymbol{b} - \boldsymbol{A}\boldsymbol{x}\|_2 = \min_{\boldsymbol{r}\in \boldsymbol{r}_0+\boldsymbol{A}\mathcal{K}_m} \|\boldsymbol{r}\|_2 \tag{8-76(b)}$$

这也是“极小残差法”这个称谓的由来。

(3) 双正交法。取 $\mathcal{L}_m = \mathcal{K}_m\left(\boldsymbol{A}^{\mathrm{T}}, \tilde{\boldsymbol{r}}_0\right)$，其中，$\tilde{\boldsymbol{r}}_0$ 待定。由此得到双共轭梯度 (BiCG) 法及其派生方法。

我们将正交条件 (式 (8-75(a)) 和式 (8.76(a))) 用图 8-3 表示。

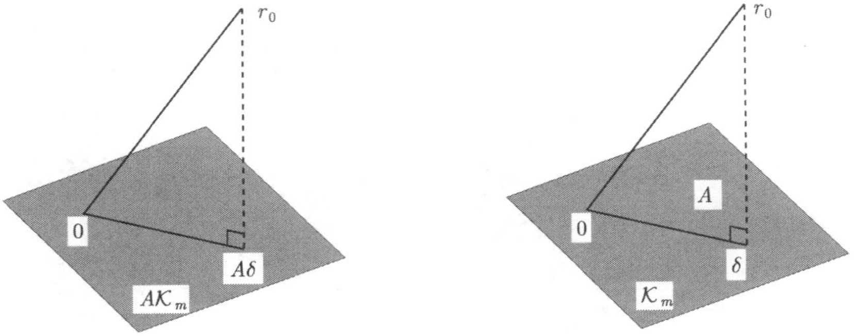

图 8-3　正交条件示意图

引理 8-3　式 (8-76(a)) 和式 (8-76(b)) 是等价的。

证明　给定 $\boldsymbol{x}_0$，对应残差为 $\boldsymbol{r}_0 = \boldsymbol{b} - \boldsymbol{A}\boldsymbol{x}_0$，对任意 $\boldsymbol{x} \in \boldsymbol{x}_0 + \mathcal{K}_m$，残差向量 $\boldsymbol{r} \in \boldsymbol{r}_0 + \boldsymbol{A}\mathcal{K}_m = \boldsymbol{r}_0 + \mathcal{L}_m$。记 $\boldsymbol{r} = \boldsymbol{r}_0 + \boldsymbol{l}$，其中，$\boldsymbol{l} \in \mathcal{L}_m$，将初始残差分解为 $\boldsymbol{r}_0 = \boldsymbol{P}_m\boldsymbol{r}_0 + \boldsymbol{Q}_m\boldsymbol{r}_0 \in \mathcal{L}_m \oplus \mathcal{L}_m^{\perp}$，其中，$\boldsymbol{P}_m$ 为投影到 $\mathcal{L}_m$ 的正交投影子，且 $\boldsymbol{Q}_m = \boldsymbol{I} - \boldsymbol{P}_m$，这样，$\boldsymbol{r}$ 有唯一的分解形式 $\boldsymbol{r} = (\boldsymbol{l} + \boldsymbol{P}_m\boldsymbol{r}_0) + \boldsymbol{Q}_m\boldsymbol{r}_0 \in \mathcal{L}_m \oplus \mathcal{L}_m^{\perp}$，满足 Pythagoraean 等式 $\|\boldsymbol{r}\|_2^2 = \|\boldsymbol{l} + \boldsymbol{P}_m\boldsymbol{r}_0\|_2^2 + \|\boldsymbol{Q}_m\boldsymbol{r}_0\|_2^2$，由于 $\boldsymbol{Q}_m\boldsymbol{r}_0$ 预先确定了，由此获得对应于 $\boldsymbol{l} = -\boldsymbol{P}_m\boldsymbol{r}_0$ 的最小值，即最小值 $\boldsymbol{r}_m = \boldsymbol{r}_0 - \boldsymbol{P}_m\boldsymbol{r}_0 = \boldsymbol{Q}_m\boldsymbol{r}_0 \in \mathcal{L}_m^{\perp} \oplus \mathcal{L}_m$，这正是 Petrov-Galerkin 正交条件 $\boldsymbol{r}_m \perp \mathcal{L}_m = \boldsymbol{A}\mathcal{K}_m$。

将这个表述反过来，即若 $\boldsymbol{r}$ 满足 $\boldsymbol{r} \perp \mathcal{L}_m = \boldsymbol{A}\mathcal{K}_m$，这样，$\boldsymbol{r} = \boldsymbol{Q}_m\boldsymbol{r}$，且 $\|\boldsymbol{r}\|_2^2 = \|\boldsymbol{Q}_m\boldsymbol{r}\|_2^2 = \|\boldsymbol{Q}_m\boldsymbol{r}_0\|_2^2$，这是能够获得的最小值。

若 $\boldsymbol{A}$ 可逆，对应的解 $\boldsymbol{x}_m$ 和 $\boldsymbol{b} - \boldsymbol{A}\boldsymbol{x}_m = \boldsymbol{r}_m$ 有唯一定义：$\boldsymbol{x}_m = \boldsymbol{A}^{-1}(\boldsymbol{b} - \boldsymbol{r}_m)$。下面我们将用 Krylov 子空间方法研究 $\boldsymbol{x}_m$ 的计算。

8.7.2　计算 $\boldsymbol{x}_m$

对于 Krylov 子空间方法，需一直计算近似 $\boldsymbol{x}_m (m = 0, 1, \cdots)$，直至找到一个足够精确的 $\boldsymbol{x}_m$。当然，$\boldsymbol{x}_m$ 可由正交条件式 (8-76(a)) 或式 (8-75(a)) 高效算出，一般过程如下：

(1) 构造 $n \times m$ 维 Arnoldi 矩阵 $\boldsymbol{V}_m = \begin{pmatrix} \boldsymbol{v}_1 | & \cdots & | \boldsymbol{v}_m \end{pmatrix}$，通过构造，其列向量 $\boldsymbol{v}_j$ 形成 $\mathcal{K}_m$ 的正交基；

(2) 构造 $n \times m$ 维矩阵 $\boldsymbol{W}_m = \begin{pmatrix} \boldsymbol{w}_1 | & \cdots & | \boldsymbol{w}_m \end{pmatrix}$，其列向量 $\boldsymbol{w}_j$ 形成 $\mathcal{L}_m$ 中的基向量。而 $\mathcal{L}_m = \boldsymbol{A}\mathcal{K}_m$，由矩阵 $\boldsymbol{W}_m = \boldsymbol{A}\boldsymbol{V}_m$ 计算出，这个步骤由 Arnoldi 过程完成；

(3) 将近似解表示为

$$\boldsymbol{x}_m = \boldsymbol{x}_0 + \boldsymbol{V}_m\boldsymbol{u}_m \tag{8-77}$$

其中，$\boldsymbol{u}_m \in \mathbf{R}^m$ 为待定权系数向量。

(4) 应用式 (8-76(a)) 或式 (8-75(a)) 得到如下正规方程系统:

$$\boldsymbol{W}_m(\boldsymbol{A}\boldsymbol{x}_m-\boldsymbol{b})=0\Leftrightarrow \boldsymbol{W}_m^{\mathrm{T}}\boldsymbol{A}\boldsymbol{V}_m\boldsymbol{u}_m=\boldsymbol{W}_m^{\mathrm{T}}\boldsymbol{r}_0 \tag{8-78(a)}$$

由此，近似解 $\boldsymbol{x}_m$ 有如下形式:

$$\boldsymbol{x}_m:=\boldsymbol{x}_0+\boldsymbol{V}_m\boldsymbol{u}_m=\boldsymbol{x}_0+\boldsymbol{V}_m\left(\boldsymbol{W}_m^{\mathrm{T}}\boldsymbol{A}\boldsymbol{V}_m\right)^{-1}\boldsymbol{W}_m^{\mathrm{T}}\boldsymbol{r}_0 \tag{8-78(b)}$$

这里，需要注意到矩阵 $\boldsymbol{W}_m^{\mathrm{T}}\boldsymbol{A}\boldsymbol{V}_m$ 仅有 $m\times m$ 维，所以，若有 $m\ll n$，则求逆的计算量并不可观。

8.7.3 GMRES 方法

GMRES 方法是最流行的 Krylov 子空间方法，需满足 Petrov-Galerkin 正交条件 $\mathcal{L}_m=\boldsymbol{A}\mathcal{K}_m$，它适用于任何可逆矩阵 $\boldsymbol{A}$。给定 m 值，GMRES 计算 $\mathcal{K}_m=\mathcal{K}_m(\boldsymbol{A},\boldsymbol{r}_0)$ 的正交基 $\{\boldsymbol{v}_1,\cdots,\boldsymbol{v}_m\}$，然后，求解等价于式 (8-78(a)) 的一个 m 维线性系统。

GMRES 算法的第一步，通过 Arnoldi 过程，生成一组正交向量 $\boldsymbol{v}_1,\cdots,\boldsymbol{v}_m$。

设 $\boldsymbol{r}_0\neq 0$，由 Arnoldi 算法定义 $\overline{\boldsymbol{H}}_m\in\mathbf{R}^{(m+1)\times m}$，假设 $\overline{\boldsymbol{H}}_m$ 次对角元素 $h_{j+1,j}\neq 0(j=1,\cdots,m-1)$，则 Arnoldi 向量 $\{\boldsymbol{v}_1,\cdots,\boldsymbol{v}_m\}$ 构成 $\mathcal{K}_m$ 的一个正交基。且需注意，只有 $\boldsymbol{V}_m\in\mathbf{R}^{n\times m}$ 列满秩，式 (8-78(b)) 中的 $\left(\boldsymbol{W}_m^{\mathrm{T}}\boldsymbol{A}\boldsymbol{V}_m\right)^{-1}$ 才有意义。

假设不崩溃条件为

$$\text{对}j=1,\cdots,m-1\text{，有}h_{j+1,j}\neq 0 \tag{8-79}$$

且有 $\beta=\|\boldsymbol{r}_0\|_2$，$\beta\boldsymbol{v}_1=\boldsymbol{r}_0$。另外，可看出

$$\beta\boldsymbol{V}_{m+1}\boldsymbol{e}_1=\beta\boldsymbol{v}_1=\boldsymbol{r}_0 \tag{8-80}$$

其中，$\boldsymbol{e}_1=(1,0,\cdots,0)^{\mathrm{T}}\in\mathbf{R}^{m+1}$。根据式 (8-80)，以及 $\boldsymbol{A}\boldsymbol{V}_m=\boldsymbol{V}_{m+1}\overline{\boldsymbol{H}}_m$，将 $\boldsymbol{x}=\boldsymbol{x}_0+\boldsymbol{V}_m\boldsymbol{u}_m$ 的残差向量写为 $\boldsymbol{b}-\boldsymbol{A}\boldsymbol{x}=\boldsymbol{b}-\boldsymbol{A}(\boldsymbol{x}_0+\boldsymbol{V}_m\boldsymbol{u}_m)=\boldsymbol{r}_0-\boldsymbol{A}\boldsymbol{V}_m\boldsymbol{u}_m=\beta\boldsymbol{v}_1-\boldsymbol{V}_{m+1}\overline{\boldsymbol{H}}_m\boldsymbol{u}_m=\boldsymbol{V}_{m+1}(\beta\boldsymbol{e}_1-\overline{\boldsymbol{H}}_m\boldsymbol{u}_m)$。

注意到，$\boldsymbol{V}_{m+1}$ 的列向量是正交的，有 $\|\boldsymbol{b}-\boldsymbol{A}\boldsymbol{x}\|_2=\left\|\boldsymbol{V}_{m+1}(\beta\boldsymbol{e}_1-\overline{\boldsymbol{H}}_m\boldsymbol{u}_m)\right\|_2=\left\|\beta\boldsymbol{e}_1-\overline{\boldsymbol{H}}_m\boldsymbol{u}_m\right\|_2$。这样，式 (8-76(b)) 等价于 $\boldsymbol{u}_m$ 的最小二乘问题，即在 $\boldsymbol{u}_m\in\mathbf{R}^m$ 中搜索最小值:

$$\min_{\boldsymbol{x}\in\boldsymbol{x}_0+\mathcal{K}_m}\|\boldsymbol{b}-\boldsymbol{A}\boldsymbol{x}\|_2=\min_{\boldsymbol{u}_m\in\mathbf{R}^m}\left\|\beta\boldsymbol{e}_1-\overline{\boldsymbol{H}}_m\boldsymbol{u}_m\right\|_2 \tag{8-81}$$

根据式 (8-79)，保证了 $\overline{\boldsymbol{H}}_m$ 满秩，这样，求解式 (8-81) 可得唯一解 $\boldsymbol{u}_m$。这里介绍一种求解方法，即建立并求解如下正规方程：

$$\overline{\boldsymbol{H}}_m^{\mathrm{T}}\overline{\boldsymbol{H}}_m\boldsymbol{u}_m = \overline{\boldsymbol{H}}_m^{\mathrm{T}}\beta\boldsymbol{e}_1 \tag{8-82}$$

对于该系统，可以采用 Cholesky 分解 $\overline{\boldsymbol{H}}_m^{\mathrm{T}}\overline{\boldsymbol{H}}_m$ 项，但考虑到 $\overline{\boldsymbol{H}}_m$ 具有上 Hessenberg 矩阵形式，实际上可以采用 QR 分解 $\overline{\boldsymbol{H}}_m$。

下面讨论下线性最小二乘问题的解，设 $k \leqslant n$，且 $\boldsymbol{B} \in \mathbf{R}^{n\times k}$ 满秩，令 $\boldsymbol{b} \in \mathbf{R}^n$，有：

(1) 最小二乘问题：

$$寻找\boldsymbol{u}_{\mathrm{opt}} \in \mathbf{R}^k满足\left\|\boldsymbol{b}-\boldsymbol{B}\boldsymbol{u}_{\mathrm{opt}}\right\|_2 = \min_{\boldsymbol{u}\in\mathbf{R}^k}\left\|\boldsymbol{b}-\boldsymbol{B}\boldsymbol{u}\right\|_2 \tag{8-83}$$

式 (8-83) 有唯一解 $\boldsymbol{u}_{\mathrm{opt}}$，由正规方程 $\boldsymbol{B}^{\mathrm{T}}\boldsymbol{B}\boldsymbol{u} = \boldsymbol{B}^{\mathrm{T}}\boldsymbol{b}$ 给定；

(2) 将 $\boldsymbol{B}$ 分解为 $\boldsymbol{B} = \boldsymbol{Q}\overline{\boldsymbol{R}}$，其中，$\boldsymbol{Q} \in \mathbf{R}^{n\times n}$ 是正交的，$\overline{\boldsymbol{R}} \in \mathbf{R}^{n\times k}$ 有上三角形式 $\overline{\boldsymbol{R}} = \begin{pmatrix}\boldsymbol{R}\\0\end{pmatrix}$，其中，$\boldsymbol{R} \in \mathbf{R}^{k\times k}$ 为上三角矩阵。

最小值问题 (式 (8-81)) 具有形如式 (8-83) 的标准形式，即 $\boldsymbol{u}_m$ 为下述最小化问题的解：

$$寻找\boldsymbol{u}_m \in \mathbf{R}^m满足\left\|\beta\boldsymbol{e}_1 - \overline{\boldsymbol{H}}_m\boldsymbol{u}_m\right\|_2为最小 \tag{8-84}$$

根据式 (8-79)，我们可知 $\overline{\boldsymbol{H}}_m$ 是满秩的。$\overline{\boldsymbol{H}}_m$ 的 QR 分解是易于实现的，因为，上 Hessenberg 矩阵 $\overline{\boldsymbol{H}}_m \in \mathbf{R}^{(m+1)\times m}$ 已接近上三对角：只有对角线下的 m 个非零元素需通过 Householder 或 Givens 变换来消除。这样，将 GMRES 的算法给出如下。

算法 8.4 GMRES 算法。

(1) 计算 $\boldsymbol{r}_0 = \boldsymbol{b} - \boldsymbol{A}\boldsymbol{x}_0, \beta = \left\|\boldsymbol{r}_0\right\|_2, \boldsymbol{v}_1 = \boldsymbol{r}_0/\beta$；

(2) 分配 $(m+1)\times m$ 维矩阵 $\boldsymbol{H}_m$，初始化元素 $h_{ij} = 0$；

(3) 开始 for$j = 1, 2, \cdots, m$ 循环；

(4) 计算 $\boldsymbol{w}_j = \boldsymbol{A}\boldsymbol{v}_j$；

(5) 开始 for $i = 1, \cdots, j$ 循环；

(6) 计算 $h_{ij} = (\boldsymbol{w}_j, \boldsymbol{v}_i)$；

(7) 计算 $\boldsymbol{w}_j = \boldsymbol{w}_j - h_{ij}\boldsymbol{v}_i$；

(8) 结束 i 循环；

(9) 计算 $h_{j+1,j} = \left\|\boldsymbol{w}_j\right\|_2$；

(10) 若 $h_{j+1,j} = 0$，置 $m = j$，转至步骤 (12)；

(11) 计算 $\boldsymbol{v}_{j+1} = \boldsymbol{w}_j/h_{j+1,j}$；

(12) 结束 j 循环；

(13) 计算 $\left\|\beta e_1-\overline{\boldsymbol{H}}_m \boldsymbol{u}_m\right\|_2$ 的最小值 $\boldsymbol{u}_m$，置 $\boldsymbol{x}_m=\boldsymbol{x}_0+\boldsymbol{V}_m\boldsymbol{u}_m$。

计算中 Hessenberg 矩阵 $\overline{\boldsymbol{H}}_m$ 的 QR 分解需要 $O\left(m^2\right)$ 浮点运算。假设 $\boldsymbol{A}\in\mathbf{R}^{n\times n}$ 为稀疏矩阵，矩阵向量乘法 $\boldsymbol{x}\mapsto\boldsymbol{A}\boldsymbol{x}$ 有 $O(n)$ 的量级，可见，GMRES 的计算量为 $O\left(m^2 n\right)$ 浮点运算量。

8.7.4 GMRES 方法的收敛特征

这里将对 GMRES 的收敛特征进行分析，方法类似于共轭梯度方法。

引理 8.4　设 $\boldsymbol{x}_m$ 为 GMRES 算法的第 m 步近似解，其残差为 $\boldsymbol{r}_m=\boldsymbol{b}-\boldsymbol{A}\boldsymbol{x}_m$。这样，有 $\boldsymbol{r}_m=\boldsymbol{r}_0-p_{m-1}(\boldsymbol{A})\boldsymbol{A}\boldsymbol{r}_0=q_m(\boldsymbol{A})\boldsymbol{r}_0$，$q_m(\lambda)=1-p_{m-1}(\lambda)\lambda$，有 GMRES 多项式 $p_{m-1}\in\mathcal{P}_{m-1}$，残差范，$\|\boldsymbol{r}_m\|_2=\|(\boldsymbol{I}-p_{m-1}(\boldsymbol{A})\boldsymbol{A})\boldsymbol{r}_0\|_2=\min\limits_{p\in\mathcal{P}_{m-1}}\|(\boldsymbol{I}-p(\boldsymbol{A})\boldsymbol{A})\boldsymbol{r}_0\|_2$，或等价于 $q_m\in\mathcal{P}_m$，以及 $q(0)=1$，有 $\|\boldsymbol{r}_m\|_2=\|q_m(\boldsymbol{A})\boldsymbol{r}_0\|_2=\min\limits_{\substack{q\in\mathcal{P}_m\\ q(0)=1}}\|q(\boldsymbol{A})\boldsymbol{r}_0\|_2$。

据据引理 8.4，GMRES 迭代可通过类似于 Arnoldi 多项式近似问题来分析，表述如下：

GMRES 近似问题：寻找一个多项式$q_m\in\mathcal{P}_m, q(0)=1$，使 $\|q_m(\boldsymbol{A})\boldsymbol{r}_0\|_2$ 最小化 (8-85)

定理 8.8　设矩阵 $\boldsymbol{A}$ 可对角化，即 $\boldsymbol{A}=\boldsymbol{X}\boldsymbol{\Lambda}\boldsymbol{X}^{-1}$，其中，$\boldsymbol{\Lambda}=\mathrm{Diag}(\lambda_1,\lambda_2,\cdots,\lambda_n)$ 为对角矩阵，对角元素为矩阵 $\boldsymbol{A}$ 的主值。令

$$\varepsilon_m=\min_{\substack{q\in\mathcal{P}_m\\ q(0)=1}}\max_{i=1,\cdots,n}\|q(\lambda_i)\| \tag{8-86(a)}$$

则 m 阶残差范的界为

$$\|\boldsymbol{r}_m\|_2\leqslant\kappa_2(\boldsymbol{X})\,\varepsilon_m\|\boldsymbol{r}_0\|_2 \tag{8-86(b)}$$

其中，$\kappa_2(\boldsymbol{X})=\|\boldsymbol{X}\|_2\left\|\boldsymbol{X}^{-1}\right\|_2$。

8.8　双共轭梯度法

GMRES 的主要缺点是存储量大，对于对称矩阵，可采用共轭梯度或 MINRES 来解决。这些方法有效的原因在于，此时的矩阵 $\boldsymbol{W}_m^{\mathrm{T}}\boldsymbol{A}\boldsymbol{V}_m$ 是三对角的。一般地，这种三对角的特征在双正交方法中依然保留，这就是下面要讨论的。

对称矩阵 $\boldsymbol{A}\in\mathbf{R}^{n\times n}$ 的 Lanczos 分解如下：

$$\boldsymbol{V}_m^{\mathrm{T}}\boldsymbol{A}\boldsymbol{V}_m=\boldsymbol{T}_m\in\mathbf{R}^{m\times m}\text{三对角，对称} \tag{8-87(a)}$$

其中，$\boldsymbol{V}_m$ 中的列向量 $\boldsymbol{v}_i \in \mathbf{R}^n$ 正交。如前所述，这可以看做完全正交三角化的简化，有

$$\boldsymbol{V}^{\mathrm{T}}\boldsymbol{A}\boldsymbol{V} = \boldsymbol{T} \in \mathbf{R}^{n\times n}\text{三对角，对称} \tag{8-87(b)}$$

其中，$\boldsymbol{v}_i$ 为 $\mathbf{R}^n$ 空间的正交基。式 (8-87(a)) 和式 (8-87(b)) 可由代数运算推得。而主值分解有

$$\boldsymbol{X}^{\mathrm{T}}\boldsymbol{A}\boldsymbol{X} = \boldsymbol{\Lambda} \in \mathbf{R}^{n\times n}\text{对角} \tag{8-88}$$

其中，$\boldsymbol{X}$ 的列向量 $\boldsymbol{x}_i$ 构成矩阵 $\boldsymbol{A}$ 的主向量的正交基。

对任一非对称可三角化矩阵 $\boldsymbol{A} \in \mathbf{R}^{n\times n}$，其主值分解为

$$\boldsymbol{X}^{-1}\boldsymbol{A}\boldsymbol{X} = \boldsymbol{\Lambda} \in \mathbf{R}^{n\times n}\text{对角} \tag{8-89(a)}$$

其中，$\boldsymbol{X}$ 的列向量 $\boldsymbol{x}_j$ 构成矩阵 $\boldsymbol{A}$ 的主向量的 (一般非正交) 基。它们也被称为矩阵 $\boldsymbol{A}$ 的右主向量，将式 (8-89(a)) 转置，有

$$\boldsymbol{X}^{\mathrm{T}}\boldsymbol{A}^{\mathrm{T}}\boldsymbol{X}^{-\mathrm{T}} = \boldsymbol{\Lambda} \tag{8-89(b)}$$

其中，$\boldsymbol{X}^{-\mathrm{T}}$ 的列向量 $\boldsymbol{y}_i$，即 $\boldsymbol{X}^{-1}$ 的行向量，构成了 $\boldsymbol{A}^{\mathrm{T}}$ 的 (右) 主向量，它们也被称为矩阵 $\boldsymbol{A}$ 的左主向量。现在，等式 $\boldsymbol{I} = \boldsymbol{X}^{-1}\boldsymbol{X}$ 展开，有 $(\boldsymbol{y}_i, \boldsymbol{x}_j) = \delta_{ij}$，即主值基向量 $(\boldsymbol{x}_1, \cdots, \boldsymbol{x}_n)$ 与 $(\boldsymbol{y}_1, \cdots, \boldsymbol{y}_n)$ 是双正交的。取 $\boldsymbol{Y} = \boldsymbol{X}^{-\mathrm{T}}$，可将式 (8-89(a)) 写为

$$\boldsymbol{Y}^{\mathrm{T}}\boldsymbol{A}\boldsymbol{X} = \boldsymbol{\Lambda} \in \mathbf{R}^{n\times n}\text{对角} \tag{8-90}$$

根据式 (8-87(b))，我们尝试利用一对双正交矩阵 $(\boldsymbol{V}, \boldsymbol{W})$，即 $\boldsymbol{W}^{\mathrm{T}}\boldsymbol{V} = \boldsymbol{I}$，寻找一个合理的、可构造的分解形式：

$$\boldsymbol{W}^{\mathrm{T}}\boldsymbol{A}\boldsymbol{V} = \boldsymbol{T} \in \mathbf{R}^{n\times n}\text{(非对称) 三对角} \tag{8-91(a)}$$

而且，类似于式 (8-87(a))，有更一般的形式：

$$\boldsymbol{W}_m^{\mathrm{T}}\boldsymbol{A}\boldsymbol{V}_m = \boldsymbol{T}_m \in \mathbf{R}^{m\times m}\text{(非对称) 三对角} \tag{8-91(b)}$$

其中，$\boldsymbol{V}_m, \boldsymbol{W}_m \in \mathbf{R}^{n\times m}$，且满足 $\boldsymbol{W}_m^{\mathrm{T}}\boldsymbol{V}_m = \boldsymbol{I}_{m\times m}$。这正是 Lanczos 双正交的实现过程。

8.8.1 LANCZOS 双正交化

设有一对向量 $\boldsymbol{v}_1, \boldsymbol{w}_1 \in \mathbf{R}^n$，以及 Krylov 空间 $\mathcal{K}_m(\boldsymbol{A}, \boldsymbol{v}_1)$ 和 $\mathcal{K}_m\left(\boldsymbol{A}^{\mathrm{T}}, \boldsymbol{w}_1\right)$，下面介绍两组向量 $\{\boldsymbol{v}_1, \cdots, \boldsymbol{v}_m\}$ 和 $\{\boldsymbol{w}_1, \cdots, \boldsymbol{w}_m\}$ 的计算方法。

Lanczos 双正交过程，就是要找到一对正交矩阵 $\boldsymbol{V}_m, \boldsymbol{W}_m \in \mathbf{R}^{n\times m}$，即

$$\boldsymbol{V}_m=\begin{bmatrix}\boldsymbol{v}_1 & \boldsymbol{v}_2 & \cdots & \boldsymbol{v}_m\end{bmatrix},\quad \boldsymbol{W}_m=\begin{bmatrix}\boldsymbol{w}_1 & \boldsymbol{w}_2 & \cdots & \boldsymbol{w}_m\end{bmatrix},\quad \boldsymbol{W}_m^{\mathrm{T}}\boldsymbol{V}_m=\boldsymbol{I}_{m\times m} \tag{8-92}$$

据 Lanczos 的思想，同时为 $\boldsymbol{A}$ 和 $\boldsymbol{A}^{\mathrm{T}}$ 采用两个不同的过程，给出如下假设形式：

$$\boldsymbol{A}\boldsymbol{V}_m = \boldsymbol{V}_{m+1}\overline{\boldsymbol{T}}_m \tag{8-93(a)}$$

$$\boldsymbol{A}^{\mathrm{T}}\boldsymbol{W}_m = \boldsymbol{W}_{m+1}\overline{\boldsymbol{S}}_m \tag{8-93(b)}$$

其中，$\overline{\boldsymbol{T}}_m$、$\overline{\boldsymbol{S}}_m \in \mathbf{R}^{(m+1)\times m}$ 为三对角矩阵：

$$\overline{\boldsymbol{T}}_m=\begin{bmatrix}\alpha_1 & \beta_2 & & & \\ \delta_2 & \alpha_2 & \beta_3 & & \\ & \ddots & \ddots & \ddots & \\ & & \delta_{m-1} & \alpha_{m-1} & \beta_m \\ & & & \delta_m & \alpha_m \\ & & & & \delta_{m+1}\end{bmatrix},\quad \overline{\boldsymbol{S}}_m=\begin{bmatrix}\alpha_1 & \delta_2 & & & \\ \beta_2 & \alpha_2 & \delta_3 & & \\ & \ddots & \ddots & \ddots & \\ & & \beta_{m-1} & \alpha_{m-1} & \delta_m \\ & & & \beta_m & \alpha_m \\ & & & & \beta_{m+1}\end{bmatrix}$$

这样，式 (8-93(a)) 和式 (8-93(b)) 等价于一对三项递推公式，有

$$\boldsymbol{A}\boldsymbol{v}_j = \beta_j\boldsymbol{v}_{j-1} + \alpha_j\boldsymbol{v}_j + \delta_{j+1}\boldsymbol{v}_{j+1} \tag{8-94(a)}$$

$$\boldsymbol{A}^T w_j = \delta_j\boldsymbol{w}_{j-1} + \alpha_j\boldsymbol{w}_j + \beta_{j+1}\boldsymbol{w}_{j+1} \tag{8-94(b)}$$

对于 $j = 1,\cdots,m$，有 $\beta_1 = \delta_1 = 0$，这样，只要 β 和 δ 非零，就可以计算出 $\boldsymbol{v}_2,\boldsymbol{v}_3,\cdots$ 和 $\boldsymbol{w}_2,\boldsymbol{w}_3,\cdots$。到目前为止，我们还没有使用 $\boldsymbol{v}_i$ 与 $\boldsymbol{w}_j$ 的双正交条件。一旦满足条件，再加上式 (8-93) 关系，从而得到所需的式 (8-91(b))，$\boldsymbol{W}_m^{\mathrm{T}}\boldsymbol{A}\boldsymbol{V}_m = \boldsymbol{W}_m^{\mathrm{T}}\boldsymbol{V}_{m+1}\overline{\boldsymbol{T}}_m = \boldsymbol{T}_m$，其中，对角方阵 $\boldsymbol{T}_m \in \mathbf{R}^{m\times m}$ 由 $\overline{\boldsymbol{T}}_m$(或等价于由 $\overline{\boldsymbol{S}}_m^{\mathrm{T}}$) 定义，只需将最后一行去掉，有

$$\boldsymbol{T}_m = \begin{bmatrix}\alpha_1 & \beta_2 & & & \\ \delta_2 & \alpha_2 & \beta_3 & & \\ & \ddots & \ddots & \ddots & \\ & & \delta_{m-1} & \alpha_{m-1} & \beta_m \\ & & & \delta_m & \alpha_m\end{bmatrix} \in \mathbf{R}^{m\times m} \tag{8-95}$$

综上所述，给出如下双正交 Lanczos 算法。

算法 8.5　Lanczos 双正交算法。

(1) 选取两个向量 $\boldsymbol{v}_1$ 和 $\boldsymbol{w}_1$，满足 $(\boldsymbol{v}_1,\boldsymbol{w}_1)=1$；
(2) 置 $\beta_1=\delta_1=0$，$\boldsymbol{w}_0=\boldsymbol{v}_0=0$；
(3) 开始 for$j=1,2,\cdots$ 循环；
(4) 计算 $\alpha_j=(\boldsymbol{A}\boldsymbol{v}_j,\boldsymbol{w}_j)$；
(5) 计算 $\hat{\boldsymbol{v}}_{j+1}=\boldsymbol{A}\boldsymbol{v}_j-\alpha_j\boldsymbol{v}_j-\beta_j\boldsymbol{v}_{j-1}$；
(6) 计算 $\hat{\boldsymbol{w}}_{j+1}=\boldsymbol{A}^{\mathrm{T}}\boldsymbol{w}_j-\alpha_j\boldsymbol{w}_j-\delta_j\boldsymbol{w}_{j-1}$；
(7) 计算 $\delta_{j+1}=\sqrt{|(\hat{\boldsymbol{v}}_{j+1},\hat{\boldsymbol{w}}_{j+1})|}$，若 $\delta_{j+1}=0$，终止循环；
(8) 计算 $\beta_{j+1}=(\hat{\boldsymbol{v}}_{j+1},\hat{\boldsymbol{w}}_{j+1})/\delta_{j+1}$；
(9) 计算 $\boldsymbol{w}_{j+1,j}=\hat{\boldsymbol{w}}_{j+1}/\beta_{j+1}$；
(10) 计算 $\boldsymbol{v}_{j+1}=\hat{\boldsymbol{v}}_{j+1}/\delta_{j+1}$；
(11) 结束 j 循环。

根据算法中的标记形式，将式 (8-93) 重写为

$$\boldsymbol{A}\boldsymbol{V}_m=\boldsymbol{V}_m\boldsymbol{T}_m+\delta_{m+1}\boldsymbol{v}_{m+1}\boldsymbol{e}_m^{\mathrm{T}} \tag{8-96(a)}$$

$$\boldsymbol{A}^{\mathrm{T}}\boldsymbol{W}_m=\boldsymbol{W}_m\boldsymbol{T}_m^{\mathrm{T}}+\beta_{m+1}\boldsymbol{w}_{m+1}\boldsymbol{e}_m^{\mathrm{T}} \tag{8-96(b)}$$

其中，$\boldsymbol{e}_m=(0,0,\cdots,1)^{\mathrm{T}}$。可见，Lanczos 双正交算法的实现主要包括一对三项递推式 (8-93(a)) 和式 (8-93(b)) 的实现，以及其双正交的实现。下面来确定其中的系数 α_j、β_j 和 δ_j。

当 $j\geqslant 1$ 时，$\boldsymbol{v}_1,\cdots,\boldsymbol{v}_j$ 和 $\boldsymbol{w}_1,\cdots,\boldsymbol{w}_j$ 已满足双正交。我们从式 (8-93(a)) 和式 (8-93(b)) 来构造 $\boldsymbol{v}_{j+1}$ 和 $\boldsymbol{w}_{j+1}$，并使扩展后的序列 $\boldsymbol{v}_1,\cdots,\boldsymbol{v}_{j+1}$ 和 $\boldsymbol{w}_1,\cdots,\boldsymbol{w}_{j+1}$ 也满足双正交。

取 $\hat{\boldsymbol{v}}_{j+1}=\boldsymbol{A}\boldsymbol{v}_j-\alpha_j\boldsymbol{v}_j-\beta_j\boldsymbol{v}_{j-1}$ 和 $\hat{\boldsymbol{w}}_{j+1}=\boldsymbol{A}^{\mathrm{T}}\boldsymbol{w}_j-\alpha_j\boldsymbol{w}_j-\delta_j\boldsymbol{w}_{j-1}$，计算内积 $0=(\hat{\boldsymbol{v}}_{j+1},\boldsymbol{w}_j)=(\boldsymbol{A}\boldsymbol{v}_j,\boldsymbol{w}_j)-\alpha_j\underbrace{(\boldsymbol{v}_j,\boldsymbol{w}_j)}_{=1}-\beta_j\underbrace{(\boldsymbol{v}_{j-1},\boldsymbol{w}_j)}_{=0}$，等式成立必须满足 $\alpha_j=(\boldsymbol{A}\boldsymbol{v}_j,\boldsymbol{w}_j)$。容易推得，该 α_j 也能满足内积 $(\hat{\boldsymbol{w}}_{j+1},\boldsymbol{v}_j)=0$。

进一步，将 $\hat{\boldsymbol{v}}_{j+1}$ 和 $\hat{\boldsymbol{w}}_{j+1}$ 按式 $\boldsymbol{v}_{j+1}=\hat{\boldsymbol{v}}_{j+1}/\delta_{j+1}$ 和 $\boldsymbol{w}_{j+1}=\hat{\boldsymbol{w}}_{j+1}/\beta_{j+1}$ 调整后，满足 $(\boldsymbol{v}_{j+1},\boldsymbol{v}_{j+1})=1$。由此，最终生成了一对双正交基 $\{\boldsymbol{v}_1,\cdots,\boldsymbol{v}_m\}$ 和 $\{\boldsymbol{w}_1,\cdots,\boldsymbol{w}_m\}$，分别属于 $\mathcal{K}_m(\boldsymbol{A},\boldsymbol{v}_1)$ 和 $\mathcal{K}_m\left(\boldsymbol{A}^{\mathrm{T}},\boldsymbol{w}_1\right)$ 空间。

Lanczos 相对于 Arnoldi 过程的主要优点在于，其中只出现了简单的三项递推式，获得计算、存储量的明显下降。另外，由于过程需要用到转置 $\boldsymbol{A}^{\mathrm{T}}$，而它并不是现成的，而是需要计算的，这实际上构成该过程的一个重要缺点。

综上所述，将 Lanczos 双正交的特征总结为如下定理。

定理 8.9　假设 m 步之前，算法 8.5 没有崩溃，则向量 $\boldsymbol{v}_j$ 和 $\boldsymbol{w}_j(j=1,\cdots,m)$ 是双正交的。且 $\{\boldsymbol{v}_1,\cdots,\boldsymbol{v}_m\}$ 是 $\mathcal{K}_m(\boldsymbol{A},\boldsymbol{v}_1)$ 的基，$\{\boldsymbol{w}_1,\cdots,\boldsymbol{w}_m\}$ 为 $\mathcal{K}_m\left(\boldsymbol{A}^{\mathrm{T}},\boldsymbol{w}_1\right)$

的基。下述等式始终成立:

$$\boldsymbol{A}\boldsymbol{V}_m=\boldsymbol{V}_m\boldsymbol{T}_m+\delta_{m+1}\boldsymbol{v}_{m+1}\boldsymbol{e}_m^{\mathrm{T}} \tag{8-97(a)}$$

$$\boldsymbol{A}^{\mathrm{T}}\boldsymbol{W}_m=\boldsymbol{W}_m\boldsymbol{T}_m^{\mathrm{T}}+\beta_{m+1}\boldsymbol{w}_{m+1}\boldsymbol{e}_m^{\mathrm{T}} \tag{8-97(b)}$$

$$\boldsymbol{W}_m^{\mathrm{T}}\boldsymbol{A}\boldsymbol{V}_m=\boldsymbol{T}_m \tag{8-97(c)}$$

其中，$\boldsymbol{T}_m$ 见式 (8-95)。一般地，基向量 $\{\boldsymbol{v}_1,\cdots,\boldsymbol{v}_m\}$ 跟 $\{\boldsymbol{w}_1,\cdots,\boldsymbol{w}_m\}$ 是不正交的。

8.8.2 节，我们将讨论 Krylov 子空间的双共轭梯度法，它也可由类似 Lanczos 双正交算法推导获得。

8.8.2　双共轭梯度法

根据 8.7.1 节的介绍，Krylov 方法测试空间 $\mathcal{L}_m$ 的第三种选择，即为双正交方法，它基于 Petrov-Galerkin 条件，即

$$\text{寻找}\boldsymbol{x}_m=\boldsymbol{x}_0+\mathcal{K}_m(\boldsymbol{A},\boldsymbol{r}_0)\text{满足}\boldsymbol{r}_m=\boldsymbol{b}-\boldsymbol{A}\boldsymbol{x}_m\perp\mathcal{L}_m=\mathcal{K}_m\left(\boldsymbol{A}^{\mathrm{T}},\boldsymbol{w}_1\right) \tag{8-98}$$

引理 8.5　设 m 步之前，Lanczos 双正交算法不崩溃，矩阵 $\boldsymbol{T}_m$ 可逆，则式 (8-98) 有唯一解:

$$\boldsymbol{x}_m=\boldsymbol{x}_0+\boldsymbol{V}_m\boldsymbol{u}_m \tag{8-99(a)}$$

其中，$\boldsymbol{u}_m$ 由下述系统求解

$$\boldsymbol{T}_m\boldsymbol{u}_m=\beta\boldsymbol{e}_1,\quad \beta=\|\boldsymbol{r}_0\|_2 \tag{8-99(b)}$$

其中，$\boldsymbol{u}_m$ 由最小化 $\left\|\beta\boldsymbol{e}_1-\overline{\boldsymbol{T}}_m\boldsymbol{u}_m\right\|_2$ 求得 (类似于 GMRES)，其中，$\boldsymbol{e}_1=(1,0,\cdots,0)^{\mathrm{T}}\in\mathbf{R}^{m+1}$，$\overline{\boldsymbol{T}}_m\in\mathbf{R}^{(m+1)\times m}$ 由式 (8-93(a)) 给定。

下面再分析双线性系统 $\boldsymbol{A}^{\mathrm{T}}\boldsymbol{x}=\boldsymbol{b}'$，其中，$\boldsymbol{b}'$ 为一给定向量。若 $\boldsymbol{x}_0'$ 为初始值，且 $\boldsymbol{w}_1=\boldsymbol{r}_0'-\boldsymbol{A}^{\mathrm{T}}\boldsymbol{x}_0'$。根据引理 8.5，由 $\boldsymbol{T}_m^{\mathrm{T}}\boldsymbol{u}_m'=\beta'\boldsymbol{e}_1,\beta'=\|\boldsymbol{r}_0'\|_2$ 的解 $\boldsymbol{u}_m'$，得到近似解 $\boldsymbol{x}_m'=\boldsymbol{x}_0'+\boldsymbol{W}_m\boldsymbol{u}_m'$，它可以表示为求解 Petrov-Galerkin 问题，即

$$\text{寻找}\boldsymbol{x}_m=\boldsymbol{x}_0+\mathcal{K}_m\left(\boldsymbol{A}^{\mathrm{T}},\boldsymbol{r}_0'\right)\text{满足}\boldsymbol{r}_m'=\boldsymbol{b}'-\boldsymbol{A}^{T}\boldsymbol{x}_m'\perp\mathcal{L}_m'=\mathcal{K}_m(\boldsymbol{A},\boldsymbol{v}_1) \tag{8-100}$$

在 Lanczos 双正交过程，$\boldsymbol{A}$ 和 $\boldsymbol{A}^{\mathrm{T}}$ 以相似的方式出现，也就是说，只需相互换位而过程类似。按照这个思路，对 Krylov 空间 $\mathcal{K}_m(\boldsymbol{A},\boldsymbol{r}_0)$ 和 $\mathcal{K}_m\left(\boldsymbol{A}^{\mathrm{T}},\boldsymbol{r}_0'\right)$，可同时求解 $\boldsymbol{A}\boldsymbol{x}=\boldsymbol{b}$ 和 $\boldsymbol{A}^{\mathrm{T}}\boldsymbol{x}'=\boldsymbol{b}'$。

Lanczos 双正交过程与共轭梯度法类似，有如下递推关系式:

$$\boldsymbol{x}_{m+1}=\boldsymbol{x}_m+\alpha_m\boldsymbol{p}_m,\quad \boldsymbol{x}_{m+1}'=\boldsymbol{x}_m'+\alpha_m'\boldsymbol{p}_m' \tag{8-101(a)}$$

$$\boldsymbol{r}_{m+1}=\boldsymbol{r}_m-\alpha_m\boldsymbol{A}\boldsymbol{p}_m,\quad \boldsymbol{r}'_{m+1}=\boldsymbol{r}'_m-\alpha'_m\boldsymbol{A}^{\mathrm{T}}\boldsymbol{p}'_m \tag{8-101(b)}$$

$$\boldsymbol{p}_{m+1}=\boldsymbol{r}_{m+1}+\beta_m\boldsymbol{p}_m,\quad \boldsymbol{p}'_{m+1}=\boldsymbol{r}'_{m+1}+\beta'_m\boldsymbol{p}'_m \tag{8-101(c)}$$

利用正交条件，经过运算可得

$$\alpha_m=\alpha'_m=\frac{(\boldsymbol{r}_m,\boldsymbol{r}'_m)}{(\boldsymbol{A}\boldsymbol{p}_m,\boldsymbol{p}'_m)},\quad \beta_m=\beta'_m=\frac{\left(\boldsymbol{r}_{m+1},\boldsymbol{r}'_{m+1}\right)}{(\boldsymbol{r}_m,\boldsymbol{r}'_m)} \tag{8-102}$$

这样，形成如下双共轭梯度算法流程。

算法 8.6　双共轭梯度算法。

(1) 计算 $\boldsymbol{p}_0=\boldsymbol{r}_0=\boldsymbol{b}-\boldsymbol{A}\boldsymbol{x}_0$；

(2) 选取 $\boldsymbol{r}'_0$，满足 $(\boldsymbol{r}_0,\boldsymbol{r}'_0)\neq 0$；

(3) 开始 for $m=0,1,\cdots$ 循环；

(4) 计算 $\alpha_m=\dfrac{(\boldsymbol{r}_m,\boldsymbol{r}'_m)}{(\boldsymbol{A}\boldsymbol{p}_m,\boldsymbol{p}'_m)}$；

(5) 计算 $\boldsymbol{x}_{m+1}=\boldsymbol{x}_m+\alpha_m\boldsymbol{p}_m$；

(6) 计算 $\boldsymbol{r}_{m+1}=\boldsymbol{r}_m-\alpha_m\boldsymbol{A}\boldsymbol{p}_m$；

(7) 计算 $\boldsymbol{r}'_{m+1}=\boldsymbol{r}'_m-\alpha_m\boldsymbol{A}^{\mathrm{T}}\boldsymbol{p}'_m$；

(8) 计算 $\beta_m=\left(\boldsymbol{r}_{m+1},\boldsymbol{r}'_{m+1}\right)/(\boldsymbol{r}_m,\boldsymbol{r}'_m)$；

(9) 计算 $\boldsymbol{p}_{m+1}=\boldsymbol{r}_{m+1}+\beta_m\boldsymbol{p}_m$；

(10) 计算 $\boldsymbol{p}'_{m+1}=\boldsymbol{r}'_{m+1}+\beta'_m\boldsymbol{p}'_m$；

(11) 结束 m 循环。

若双线性系统 $\boldsymbol{A}^{\mathrm{T}}\boldsymbol{x}_*=\boldsymbol{b}'$ 也需要求解，其 $\boldsymbol{r}'_0$ 取决于初始值 $\boldsymbol{x}'_0$，$\boldsymbol{x}'_m$ 的更新也需同步进行。

8.8.3　CGS 和 BiCGStab 方法

许多场合中，矩阵 $\boldsymbol{A}$ 不会显式给出，而是提供了矩阵向量积 $\boldsymbol{x}\mapsto\boldsymbol{A}\boldsymbol{x}$ 的运算方式。这种情况下，$\boldsymbol{x}\mapsto\boldsymbol{A}^{\mathrm{T}}\boldsymbol{x}$ 也不一定有现成，因此，双共轭梯度算法不可直接使用。发展 CGS 和 BiCGStab 算法的目的，就是为了应对该问题。这里，主要介绍 CGS 的思想。

我们的起点放在双共轭梯度方法已生成 $\boldsymbol{r}_m$ 和 $\boldsymbol{r}'_m$，及搜索方向 $\boldsymbol{p}_m$ 和 $\boldsymbol{p}'_m$ 的步骤上，此时，有 $\boldsymbol{r}_m=\varphi_m(\boldsymbol{A})\,\boldsymbol{r}_0,\boldsymbol{r}'_m=\varphi_m\left(\boldsymbol{A}^{\mathrm{T}}\right)\boldsymbol{r}'_0;\boldsymbol{p}_m=\pi_m(\boldsymbol{A})\,\boldsymbol{r}_0,\boldsymbol{p}'_m=\pi_m\left(\boldsymbol{A}^{\mathrm{T}}\right)\boldsymbol{r}'_0$，其中，$\varphi_m$ 和 π_m 都是 m 阶多项式。这样，满足式 (8-102) 的 α_m 和 β_m 分别为 $\alpha_m=\dfrac{\left(\varphi_m^2(\boldsymbol{A})\,\boldsymbol{r}_0,\boldsymbol{r}'_0\right)}{\left(\boldsymbol{A}\pi_m^2(\boldsymbol{A})\,\boldsymbol{r}_0,\boldsymbol{r}'_0\right)}$ 和 $\beta_m=\dfrac{\left(\varphi_{m+1}^2(\boldsymbol{A})\,\boldsymbol{r}_0,\boldsymbol{r}'_0\right)}{\left(\varphi_m^2(\boldsymbol{A})\,\boldsymbol{r}_0,\boldsymbol{r}'_0\right)}$。

容易看出，若能推出向量 $\varphi_m^2(\boldsymbol{A})\,\boldsymbol{r}_0$ 和 $\pi_m^2(\boldsymbol{A})\,\boldsymbol{r}_0$ 的递推关系，这样，我们就无需计算矩阵转置，即无需显式用到 $\boldsymbol{A}^{\mathrm{T}}$ 就可以算出 α_m 和 β_m。CGS 方法中，就

是要寻找一个近似 $\hat{\boldsymbol{x}}_m$，对应残差为

$$\hat{\boldsymbol{r}}_m = \varphi_m^2(\boldsymbol{A})\,\boldsymbol{r}_0 \tag{8-103}$$

下面推导 $\hat{\boldsymbol{x}}_m$ 和 $\hat{\boldsymbol{r}}_m$ 的递推公式。由递推式 (8-101) 有残差 $\boldsymbol{r}_m$ 和双共轭梯度中的搜索方向 $\boldsymbol{p}_m$ 的递推关系，由此，可得

$$\varphi_{m+1}(\lambda) = \varphi_m(\lambda) - \alpha_m\lambda\pi_m(\lambda) \tag{8-104(a)}$$

$$\pi_{m+1}(\lambda) = \varphi_{m+1}(\lambda) + \beta_m\pi_m(\lambda) \tag{8-104(b)}$$

求平方，得

$$\varphi_{m+1}^2(\lambda) = \varphi_m^2(\lambda) - 2\alpha_m\lambda\pi_m(\lambda)\,\varphi_m(\lambda) + \alpha_m^2\lambda^2\pi_m^2(\lambda) \tag{8-105(a)}$$

$$\pi_{m+1}^2(\lambda) = \varphi_{m+1}^2(\lambda) + 2\beta_m\varphi_{m+1}(\lambda)\,\pi_m(\lambda) + \beta_m^2\pi_m^2(\lambda) \tag{8-105(b)}$$

到这里，我们可以得出 φ_m^2 和 π_m^2 的递推关系式了，通过引入辅助函数 $\psi_m(\lambda) = \varphi_{m+1}(\lambda)\,\pi_m(\lambda)$。由于其他关于 $\varphi_m(\lambda)$ 和 $\pi_m(\lambda)$ 的交叉项可由函数 $\varphi_m^2(\lambda)$、$\pi_m^2(\lambda)$ 和 $\psi_m(\lambda)$ 计算，这样，我们给出递推关系：$\alpha_m = (\hat{\boldsymbol{r}}_m, \boldsymbol{r}'_0)/\left(\boldsymbol{A}\hat{\boldsymbol{p}}_j, \boldsymbol{r}'_0\right)$，$\boldsymbol{d}_m = 2\hat{\boldsymbol{r}}_m + 2\beta_{m-1}\boldsymbol{q}_{m-1} - \alpha_m\boldsymbol{A}\hat{\boldsymbol{p}}_m$，$\boldsymbol{q}_m = \hat{\boldsymbol{r}}_m + \beta_{m-1}\boldsymbol{q}_{m-1} - \alpha_{m-1}\boldsymbol{A}\hat{\boldsymbol{p}}_m$，$\hat{\boldsymbol{x}}_{m+1} = \hat{\boldsymbol{x}}_m + \alpha_m\boldsymbol{d}_m$，$\hat{\boldsymbol{r}}_{m+1} = \hat{\boldsymbol{r}}_m - \alpha_m\boldsymbol{A}\boldsymbol{d}_m$，$\beta_m = (\hat{\boldsymbol{r}}_{m+1}, \boldsymbol{r}'_0)/(\hat{\boldsymbol{r}}_m, \boldsymbol{r}'_0)$，$\hat{\boldsymbol{p}}_{m+1} = \hat{\boldsymbol{r}}_{m+1} + \beta_m(2\boldsymbol{q}_m + \beta_j\hat{\boldsymbol{p}}_m)$。

实际数值计算表明，CGS 的收敛性存在不稳定，有时残差会很大。为解决该问题发展了 BiCGstab 方法，它通常能够形成比较平滑的收敛特征。

8.9　预处理技术

8.9.1　预处理 GMRES 方法

预处理是将原始线性系统 $\boldsymbol{A}\boldsymbol{x} = \boldsymbol{b}$ 转变成一个等价的，但易于采用迭代法求解的系统。作为一个合适的预处理器 $\boldsymbol{M}$，它应是 $\boldsymbol{A}$ 的近似且易于求逆。这样，以 $\boldsymbol{M}^{-1}\boldsymbol{A}$ 或 $\boldsymbol{A}\boldsymbol{M}^{-1}$ 代替 $\boldsymbol{A}$，从而取得更好的收敛特性。主要有三种典型的预处理。

(1) 左预处理，采用矩阵 $\boldsymbol{M}_L$，有

$$\boldsymbol{M}_L^{-1}\boldsymbol{A}\boldsymbol{x} = \boldsymbol{M}_L^{-1}\boldsymbol{b} \tag{8-106(a)}$$

由于 $\boldsymbol{M}_L \approx \boldsymbol{A}$，预处理以后，残差为 $\hat{\boldsymbol{r}} = \boldsymbol{M}_L^{-1}(\boldsymbol{b} - \boldsymbol{A}\boldsymbol{x}) = \boldsymbol{M}_L^{-1}\boldsymbol{r}$，若“精确修正”为 $\boldsymbol{A}^{-1}(\boldsymbol{b} - \boldsymbol{A}\boldsymbol{x}) = \boldsymbol{x}_* - \boldsymbol{x} = -\boldsymbol{e}$，即当前迭代 $\boldsymbol{x}$ 的误差 $\boldsymbol{e}$ 的负数，那么残差 $\hat{\boldsymbol{r}}$ 可以理解为“精确修正”的近似。

(2) 右预处理，采用矩阵 $\boldsymbol{M}_R$，有

$$\boldsymbol{A}\boldsymbol{M}_R^{-1}\boldsymbol{y}=\boldsymbol{b},\quad \boldsymbol{x}=\boldsymbol{M}_R^{-1}\boldsymbol{y} \tag{8-106(b)}$$

这里用到一个中间向量 $\boldsymbol{y}$，取代原始变量 $\boldsymbol{x}$。

(3) 分裂 (两端) 预处理，有

$$\boldsymbol{M}_L^{-1}\boldsymbol{A}\boldsymbol{M}_R^{-1}\boldsymbol{y}=\boldsymbol{M}_L^{-1}\boldsymbol{b},\quad \boldsymbol{x}=\boldsymbol{M}_R^{-1}\boldsymbol{y} \tag{8-106(c)}$$

分裂预处理包含了左和右预处理，只要分别置 $\boldsymbol{M}_L=\boldsymbol{I}$ 或 $\boldsymbol{M}_R=\boldsymbol{I}$ 即可。

可见，预处理矩阵的一个重要特征就是要方便求逆，也就是说，近似问题 $\boldsymbol{M}\boldsymbol{v}=\boldsymbol{y}$ 要容易求解。这样，计算 $\boldsymbol{v}=\boldsymbol{M}^{-1}\boldsymbol{y}$ 即为 $\boldsymbol{M}\boldsymbol{v}=\boldsymbol{y}$ 的解。下面给出该算法。

算法 8.7　预处理 GMRES 算法。

(1) 计算 $\boldsymbol{r}_0=\boldsymbol{M}_L^{-1}(\boldsymbol{b}-\boldsymbol{A}\boldsymbol{x}_0),\beta=\|\boldsymbol{r}_0\|_2,\boldsymbol{v}_1=\boldsymbol{r}_0/\beta$;

(2) 分配 $(m+1)\times m$ 维矩阵 $\overline{\boldsymbol{H}}_m$，初始化元素 $h_{ij}=0$;

(3) 开始 for $j=1,2,\cdots,m$ 循环;

(4) 计算 $\boldsymbol{w}_j=\boldsymbol{M}_L^{-1}\boldsymbol{A}\boldsymbol{M}_R^{-1}\boldsymbol{v}_j$;

(5) 开始 for $i=1,\cdots,j$ 循环;

(6) 计算 $h_{ij}=(\boldsymbol{w}_j,\boldsymbol{v}_i)$;

(7) 计算 $\boldsymbol{w}_j=\boldsymbol{w}_j-h_{ij}\boldsymbol{v}_i$;

(8) 结束 i 循环;

(9) 计算 $h_{j+1,j}=\|\boldsymbol{w}_j\|_2$;

(10) 若 $h_{j+1,j}=0$，置 $m=j$，转至步骤 (13);

(11) 计算 $\boldsymbol{v}_{j+1}=\boldsymbol{w}_j/h_{j+1,j}$

(12) 结束 j 循环;

(13) 计算 $\|\beta\boldsymbol{e}_1-\overline{\boldsymbol{H}}_m\boldsymbol{u}_m\|_2$ 的最小值 $\boldsymbol{u}_m$，置 $\boldsymbol{x}_m=\boldsymbol{x}_0+\boldsymbol{M}_R^{-1}\boldsymbol{V}_m\boldsymbol{u}_m$。

注意到，左预处理 GMRES 通过合适的 Krylov 子空间，最小化残差范 $\|\boldsymbol{M}_L^{-1}(\boldsymbol{b}-\boldsymbol{A}\boldsymbol{x}_m)\|_2$。而右预处理最小化的是原始的残差范 $\|\boldsymbol{b}-\boldsymbol{A}\boldsymbol{x}_m\|_2$。另外，$\boldsymbol{A}\boldsymbol{M}^{-1}$(右预处理) 和 $\boldsymbol{M}^{-1}\boldsymbol{A}$(左预处理) 的谱是相同的，因此，收敛特性没有显著的区别。

8.9.2　预处理共轭梯度方法

我们先讨论左预处理共轭梯度法，即求解

$$\boldsymbol{M}^{-1}\boldsymbol{A}\boldsymbol{x}=\boldsymbol{M}^{-1}\boldsymbol{b} \tag{8-107}$$

其中，$\boldsymbol{A}$ 是对称正定矩阵，这样，选取对称正定的预处理矩阵 $\boldsymbol{M}$ 是便利的。

这里要注意，原来的共轭梯度算法不适用于式 (8-107)。因为 $\boldsymbol{M}^{-1}\boldsymbol{A}$ 一般并不是对称正定的。但它在另一个 $\mathbf{R}^n$ 空间上的内积，可以是对称正定的。

设 $\boldsymbol{A},\boldsymbol{M}\in\mathbf{R}^{n\times n}$ 对称正定，定义 $\boldsymbol{M}-$ 内积 $(\cdot,\cdot)_{\boldsymbol{M}}$，有 $(\boldsymbol{x},\boldsymbol{y})_{\boldsymbol{M}}=(\boldsymbol{M}\boldsymbol{x},\boldsymbol{y})=\boldsymbol{x}^{\mathrm{T}}\boldsymbol{M}\boldsymbol{y}$，有如下结论：

(1) 对所有 $\boldsymbol{x},\boldsymbol{y}\in\mathbf{R}^n$，$\boldsymbol{M}^{-1}\boldsymbol{A}$ 对内积 $(\cdot,\cdot)_{\boldsymbol{M}}$ 是对称的，即 $\left(\boldsymbol{M}^{-1}\boldsymbol{A}\boldsymbol{x},\boldsymbol{y}\right)_{\boldsymbol{M}}=\left(\boldsymbol{x},\boldsymbol{M}^{-1}\boldsymbol{A}\boldsymbol{y}\right)_{\boldsymbol{M}}$；

(2) $\boldsymbol{M}^{-1}\boldsymbol{A}$ 对内积 $(\cdot,\cdot)_{\boldsymbol{M}}$ 是正定的，即对所有 $0\neq\boldsymbol{x}\in\mathbf{R}^n$，$\left(\boldsymbol{M}^{-1}\boldsymbol{A}\boldsymbol{x},\boldsymbol{x}\right)_{\boldsymbol{M}}>0$。

这样，我们将 8.5.3 节的共轭梯度算法应用于式 (8-107)，并将标准内积 $(\cdot,\cdot)$ 替换为新内积 $(\cdot,\cdot)_{\boldsymbol{M}}$，由此可得如下算法流程：

(1) 计算 $\hat{\boldsymbol{r}}_0=\boldsymbol{M}^{-1}(\boldsymbol{b}-\boldsymbol{A}\boldsymbol{x}_0),\hat{\boldsymbol{d}}_0=\hat{\boldsymbol{r}}_0$；

(2) 开始 for $k=0,1,\cdots$ 循环；

(3) 计算 $\alpha_k=(\hat{\boldsymbol{r}}_k,\hat{\boldsymbol{r}}_k)_{\boldsymbol{M}}\big/\left(\boldsymbol{M}^{-1}\boldsymbol{A}\hat{\boldsymbol{d}}_k,\hat{\boldsymbol{d}}_k\right)_{\boldsymbol{M}}$；

(4) 计算 $\boldsymbol{x}_{k+1}=\boldsymbol{x}_k+\alpha_k\hat{\boldsymbol{d}}_k$；

(5) 计算 $\hat{\boldsymbol{r}}_{k+1}=\hat{\boldsymbol{r}}_k-\alpha_k\boldsymbol{M}^{-1}\boldsymbol{A}\hat{\boldsymbol{d}}_k$；

(6) 计算 $\beta_k=(\hat{\boldsymbol{r}}_{k+1},\hat{\boldsymbol{r}}_{k+1})_{\boldsymbol{M}}\big/(\hat{\boldsymbol{r}}_k,\hat{\boldsymbol{r}}_k)_{\boldsymbol{M}}$；

(7) 计算 $\hat{\boldsymbol{d}}_{k+1}=\hat{\boldsymbol{r}}_{k+1}+\beta_k\hat{\boldsymbol{d}}_k$；

(8) 结束 for 循环。

这个算法的主要困难在于计算 $(\cdot,\cdot)_{\boldsymbol{M}}$，它需要进行矩阵向量的乘积 $\boldsymbol{x}\mapsto\boldsymbol{M}\boldsymbol{x}$。但是，我们的预处理策略规则要求，只计算矩阵向量乘积，$\boldsymbol{x}\mapsto\boldsymbol{A}\boldsymbol{x}$ 和 $\boldsymbol{x}\mapsto\boldsymbol{M}^{-1}\boldsymbol{x}$。所以，可以采用另一种方法，避免 $\boldsymbol{x}\mapsto\boldsymbol{M}\boldsymbol{x}$，此时，引入原始残差 $\boldsymbol{r}_k=\boldsymbol{M}\hat{\boldsymbol{r}}_k$，并与 $\boldsymbol{x}_k$，$\hat{\boldsymbol{r}}_k$ 和 $\hat{\boldsymbol{d}}_k$ 一同更新。由此可得预处理共轭梯度算法。

算法 8.8　左预处理共轭梯度算法。

(1) 计算 $\boldsymbol{r}_0=(\boldsymbol{b}-\boldsymbol{A}\boldsymbol{x}_0)$，$\hat{\boldsymbol{r}}_0=\boldsymbol{M}^{-1}\boldsymbol{r}_0$，$\hat{\boldsymbol{d}}_0=\hat{\boldsymbol{r}}_0$；

(2) 开始 for $k=0,1,\cdots$ 循环；

(3) 计算 $\alpha_k=(\boldsymbol{r}_k,\hat{\boldsymbol{r}}_k)\big/\left(\boldsymbol{A}\hat{\boldsymbol{d}}_k,\hat{\boldsymbol{d}}_k\right)$；

(4) 计算 $\boldsymbol{x}_{k+1}=\boldsymbol{x}_k+\alpha_k\hat{\boldsymbol{d}}_k$；

(5) 计算 $\boldsymbol{r}_{k+1}=\boldsymbol{r}_k-\alpha_k\boldsymbol{A}\hat{\boldsymbol{d}}_k$；

(6) 计算 $\hat{\boldsymbol{r}}_{k+1}=\boldsymbol{M}^{-1}\boldsymbol{r}_{k+1}$；

(7) 计算 $\beta_k=(\boldsymbol{r}_{k+1},\hat{\boldsymbol{r}}_{k+1})\big/(\boldsymbol{r}_k,\hat{\boldsymbol{r}}_k)$；

(8) 计算 $\hat{\boldsymbol{d}}_{k+1}=\hat{\boldsymbol{r}}_{k+1}+\beta_k\hat{\boldsymbol{d}}_k$；

(9) 结束 for 循环。

注意到，此时的存储量会略有增加。

8.9.3 预处理共轭梯度的收敛特征

我们讨论 8.9.2 节左预处理的共轭梯度算法，这里所用的收敛分析方法与 8.5.4 节的共轭梯度法类似。

实际上，预处理共轭梯度算法与标准共轭梯度算法，除了标准内积 $(\cdot,\cdot)$ 变为 $(\cdot,\cdot)_{\boldsymbol{M}}$，其他基本相似。而且，预处理共轭梯度只是求解系统 $\boldsymbol{M}^{-1}\boldsymbol{A}\boldsymbol{x}=\boldsymbol{M}^{-1}\boldsymbol{b}$ 的 Krylov 子空间法。因此，可以认为，迭代解 $\boldsymbol{x}_m$ 具有 FOM- 类型 Galerkin 正交特征，有如下形式：

$$\boldsymbol{M}^{-1}(\boldsymbol{b}-\boldsymbol{A}\boldsymbol{x}_m)\perp_{\boldsymbol{M}}\hat{\mathcal{K}}_m \tag{8-108}$$

其中，Krylov 空间 $\hat{\mathcal{K}}_m=\hat{\mathcal{K}}_m\left(\boldsymbol{M}^{-1}\boldsymbol{A},\hat{\boldsymbol{r}}_0\right)$，表示为 $\hat{\mathcal{K}}_m=\text{span}\left\{\hat{\boldsymbol{r}}_0,\cdots,\left(\boldsymbol{M}^{-1}\boldsymbol{A}\right)^{m-1}\hat{\boldsymbol{r}}_0\right\}$；$\hat{\boldsymbol{r}}_0=\boldsymbol{M}^{-1}\boldsymbol{r}_0=\boldsymbol{M}^{-1}(\boldsymbol{b}-\boldsymbol{A}\boldsymbol{x}_0)$。这样，有

$$\|\boldsymbol{x}_m-\boldsymbol{x}_*\|_{\boldsymbol{A}}=\inf_{\boldsymbol{x}\in\boldsymbol{x}_0+\hat{\mathcal{K}}_m}\|\boldsymbol{x}-\boldsymbol{x}_*\|_{\boldsymbol{A}} \tag{8-109(a)}$$

与标准共轭梯度法情形一样，式 (8-109(a)) 可表示为

$$\|\boldsymbol{e}_m\|_{\boldsymbol{A}}=\|\boldsymbol{x}_m-\boldsymbol{x}_*\|_{\boldsymbol{A}}=\min_{\substack{q\in\mathcal{P}_m\\q(0)=1}}\left\|q\left(\boldsymbol{M}^{-1}\boldsymbol{A}\right)\boldsymbol{e}_0\right\|_{\boldsymbol{A}} \tag{8-109(b)}$$

其中，最小值由最优多项式 $q=q_m$ 求得。由于 $\boldsymbol{A}$ 和 $\boldsymbol{M}$ 都是对称正定的，所以，$\boldsymbol{M}^{-\frac{1}{2}}\boldsymbol{A}\boldsymbol{M}^{-\frac{1}{2}}$ 也是对称正定的，预处理后矩阵的谱 $\sigma\left(\boldsymbol{M}^{-1}\boldsymbol{A}\right)=\sigma\left(\boldsymbol{M}^{-\frac{1}{2}}\boldsymbol{A}\boldsymbol{M}^{-\frac{1}{2}}\right)$ 为正，由此，可得

$$\|\boldsymbol{e}_m\|_{\boldsymbol{A}}=\min_{\substack{q\in\mathcal{P}_m\\q(0)=1}}\left\|q\left(\boldsymbol{M}^{-1}\boldsymbol{A}\right)\boldsymbol{e}_0\right\|_{\boldsymbol{A}}\leqslant\min_{\substack{q\in\mathcal{P}_m\\q(0)=1}}\max_{i=1,\cdots,n}|q(\lambda_i)|\cdot\|\boldsymbol{e}_0\|_{\boldsymbol{A}} \tag{8-110}$$

其中，$\lambda_i>0$ 为 $\boldsymbol{M}^{-\frac{1}{2}}\boldsymbol{A}\boldsymbol{M}^{-\frac{1}{2}}$ 的主值，它也是 $\boldsymbol{M}^{-1}\boldsymbol{A}$ 的主值。

可见，最后得出的结论与共轭梯度法 (定理 8.4) 类似，只是将 $\boldsymbol{A}$ 替换为 $\boldsymbol{M}^{-1}\boldsymbol{A}$。式 (8-110) 说明，预处理共轭梯度的收敛特征由预处理后的矩阵 $\boldsymbol{M}^{-1}\boldsymbol{A}$ 的谱决定。

8.9.4 通用预处理技术

下面，我们介绍几种典型的预处理技术，这些技术通常都易于实现和使用。

1. 经典迭代法作为预处理器

这里将迭代矩阵记为 $\boldsymbol{G}$，前处理矩阵为 $\boldsymbol{M}$。对于线性静态迭代法，通常都利用了预处理器。我们回忆固定点迭代第二种方式 $\boldsymbol{G}=\boldsymbol{I}-\boldsymbol{N}\boldsymbol{A}$，线性迭代收敛的条件是 $\rho(\boldsymbol{G})<1$，即 $\boldsymbol{G}$ 应比较小，或者 $\boldsymbol{N}\boldsymbol{A}$ 应接近于 $\boldsymbol{I}$，因为 $\boldsymbol{N}$ 的作用相当于近似逆。这样，$\boldsymbol{W}=\boldsymbol{N}^{-1}$ 可用做预处理器，它可看做矩阵 $\boldsymbol{A}$ 的某种近似。

对于经典方法 (Jacobi、Gauss-Seidel、SOR、SSOR 等)，迭代矩阵可以从 8.3.3 节中找到。有 $\boldsymbol{A}=\boldsymbol{L}+\boldsymbol{D}+\boldsymbol{U}$，这样，Jacobi 的预处理器为 $\boldsymbol{M}_J=\boldsymbol{D}$，Gauss-Seidel 的预处理器为 $\boldsymbol{M}_{\mathrm{GS}}=\boldsymbol{D}+\boldsymbol{L}$，对称 Gauss-Seidel 的预处理器为 $\boldsymbol{M}_{\mathrm{SGS}}=(\boldsymbol{D}+\boldsymbol{L})\,\boldsymbol{D}^{-1}\,(\boldsymbol{D}+\boldsymbol{U})$。

这里说上述这些预处理器易于实现，是因为矩阵 $(\boldsymbol{D}+\boldsymbol{L})$ 和 $(\boldsymbol{D}+\boldsymbol{U})$ 都具有三对角结构。还注意到，如果 $\boldsymbol{A}$ 对称，则 $\boldsymbol{M}_{\mathrm{SGS}}$ 也是对称的。因此，我们可以将它作为预处理共轭梯度的预处理器。

可见，选择合适的预处理器在某种程度上比寻找收敛线性迭代格式来得容易些，因为，预处理器的要求更低。这也说明了预处理与 Krylov 法的组合应用如此之广的原因。

2. 不完全分解 ——ILU

不完全分解是预处理器中一类流行方法。预处理器实际上只需要是 $\boldsymbol{A}$ 的近似，可以考虑构造一个近似分解 $\tilde{\boldsymbol{L}}\tilde{\boldsymbol{U}}\approx\boldsymbol{A}$。其中，$\tilde{\boldsymbol{L}}$ 和 $\tilde{\boldsymbol{U}}$ 应是稀疏矩阵，设 $\boldsymbol{M}=\tilde{\boldsymbol{L}}\tilde{\boldsymbol{U}}$，这样问题转为高效求解 $\boldsymbol{x}\mapsto\boldsymbol{M}^{-1}\boldsymbol{x}$，这样，$\boldsymbol{y}=\tilde{\boldsymbol{L}}^{-1}\boldsymbol{x}$，以及 $\boldsymbol{M}^{-1}\boldsymbol{x}=\tilde{\boldsymbol{U}}^{-1}\boldsymbol{y}$ 容易由向前和向后回代求解。

先介绍 ILU(0) 技术，用 $NZ\,(\boldsymbol{A})$ 表示 (i,j) 指标对，且满足 $\boldsymbol{A}_{i,j}\neq 0$。ILU(0) 要求 $\tilde{\boldsymbol{L}}$ 和 $\tilde{\boldsymbol{U}}$ 满足：

(1) $\tilde{\boldsymbol{L}}$ 和 $\tilde{\boldsymbol{U}}$ 具有与 $\boldsymbol{A}$ 相同的稀疏模式，即 $NZ\left(\tilde{\boldsymbol{L}}+\tilde{\boldsymbol{U}}\right)=NZ\,(\boldsymbol{A})$；

(2) 对于 $\tilde{\boldsymbol{L}}$ 和 $\tilde{\boldsymbol{U}}$ 的非零元素，对所有 $(i,j)\in NZ\,(\boldsymbol{A})$ 指标，要满足 $\left(\tilde{\boldsymbol{L}}\tilde{\boldsymbol{U}}\right)_{ij}=\boldsymbol{A}_{ij}$。

算法实现中将分裂系数 $\tilde{\boldsymbol{L}}$ 和 $\tilde{\boldsymbol{U}}$ 覆盖存储于 $\boldsymbol{A}$ 中 (对角线元素包含了 $\tilde{\boldsymbol{U}}$ 的对角元素，$\tilde{\boldsymbol{L}}$ 的对角元素通常为 1，不用存储)。

算法 8.9　ILU(0) 算法 -KIJ 变种。

(1) 开始 for $k=1,2,\cdots,n-1$ 循环；

(2) 开始 for $i=k+1,\cdots,n$，且满足 $(i,k)\in NZ\,(\boldsymbol{A})$ 循环；

(3) 计算 $a_{ik}=a_{ik}/a_{kk}$；

(4) 开始 for $j=k+1,\cdots,n$，且满足 $(i,j)\in NZ\,(\boldsymbol{A})$ 循环；

(5) 计算 $a_{ij}=a_{ij}-a_{ik}a_{kj}$；

(6) 结束 j 循环；

(7) 结束 i 循环；

(8) 结束 k 循环。

3. ILUT

ILU(0) 策略的一个缺点为，它忽略了系数矩阵 $\boldsymbol{L}$ 和 $\boldsymbol{U}$ 的实际元素数量。阈值法考虑到了矩阵尺寸。阈值法的一个例子是基于 IKJ- 变种的 ILU 分解法，即 ILUT (p,τ)。给出算法流程如下。

算法 8.10　ILUT (p,τ) 算法 -IKJ- 变种。

(1) 开始 for $i=1,2,\cdots$, 循环；

(2) 计算 $\boldsymbol{w}=a_{i,*}$；

(3) 开始 for $k=1,\cdots,i-1$，且满足 $\boldsymbol{w}_k\neq 0$ 循环；

(4) 计算 $\boldsymbol{w}_k=\boldsymbol{w}_k/a_{kk}$；

(5) 对 $\boldsymbol{w}_k$ 运用删除规则；

(6) 若 $\boldsymbol{w}_k\neq 0$，则置 $\boldsymbol{w}(k+1:n)=\boldsymbol{w}(k+1:n)-\boldsymbol{w}_k\times a(k,[k+1,n])$;

(7) 结束 k 循环；

(8) 对 $\boldsymbol{w}$ 运用删除规则；

(9) 置 $a(i,[1:i-1])=\boldsymbol{w}([1:i-1])$；//即 $\boldsymbol{L}(i,[1:i-1])=\boldsymbol{w}([1:i-1])$;

(10) 置 $a(i,[i:n])=\boldsymbol{w}([i:n])$；//即 $\boldsymbol{U}(i,[i,n])=\boldsymbol{w}([i:n])$;

(11) 结束 i 循环。

这里采用如下删除规则：

(1) 步骤 (5)，当 $|\boldsymbol{w}_k|\leqslant\tau\|\boldsymbol{A}_{k,*}\|_2$，$\boldsymbol{w}_k$ 将被删除，其中，$\boldsymbol{A}$ 是原始矩阵；

(2) 步骤 (8)，删除 $\boldsymbol{w}$ 中所有小值 (如 $|\boldsymbol{w}_k|\leqslant\tau\|\boldsymbol{A}_{k,*}\|_2$)，这样，对 $\boldsymbol{L}$ 部分，只留下 p 个最大的元素 $\boldsymbol{w}([1:i-1])$，除了 $\boldsymbol{w}_i$(它表示 $\boldsymbol{U}_{i,i}$，通常要保留)，对 $\boldsymbol{U}$ 部分，保留 p 个最大的元素 $\boldsymbol{w}([i+1:n])$。

8.10　多重网格方法

8.9 节介绍了通用型 Krylov 子空间技术，如共轭梯度和 GMRES 与预处理器的组合，但通常会随着问题规模增加效果变差。下面，我们将分析多重网格 (MG) 方法如何克服该问题。由于多重网格结合了模型的不同维度，我们不妨用一个指标来表示维度，这里用上标表示，即用 $\boldsymbol{u}^m$ 代替 $\boldsymbol{u}_m$。

8.10.1　一维椭圆模型问题

为阐述多重网格方法的核心思想，我们以一维椭圆方程的边界值问题：边界 $\Omega=(0,1)$ 上 $-u''(x)=1$ 模型为例 (可参考第 4 章)，给定 Dirichlet 边值条件 $u(0)=u(1)=0$，采用差分离散后，形成的三对角矩阵系统如下：

$$\boldsymbol{A}_N\boldsymbol{u}_N=\boldsymbol{b}_N \tag{8-111(a)}$$

其中，三对角矩阵 $\boldsymbol{A}_N \in \mathbf{R}^{(N-1)\times(N-1)}$，有如下形式

$$\boldsymbol{A}_N = \frac{1}{h_N}\begin{bmatrix} 2 & -1 & & & \\ -1 & 2 & -1 & & \\ & \ddots & \ddots & \ddots & \\ & & -1 & 2 & -1 \\ & & & -1 & 2 \end{bmatrix} \tag{8-111(b)}$$

其中，h_N 为网格尺度。

根据有限差分，$\boldsymbol{b}_N = h_N\left(f\left(x_1\right), f\left(x_1\right), \cdots, f\left(x_{N-2}\right), f\left(x_{N-1}\right)\right)^{\mathrm{T}}$，$x_i = ih_N$。式 (8-111(a)) 的解是模型方程解 $u_*(x)$ 在节点 x_i 处的值。

8.10.2　误差光顺

8.10.1 节的模型方程精确解为 $u_*(x) = \dfrac{1}{2}x(1-x)$。运用 Jacobi 迭代求解式 (8-111(a))，我们用 $\boldsymbol{u}_N^m$ 表示第 m 步迭代值，用 $\boldsymbol{u}_N^*$ 表示精确解。把不同的规模 N 的收敛史 $\left\|\boldsymbol{u}_N^m - \boldsymbol{u}_N^*\right\|_\infty$ 放在图 8-4 中进行比较，容易看出，随着规模增大，收敛性能下降，就是上节我们所提到的问题。

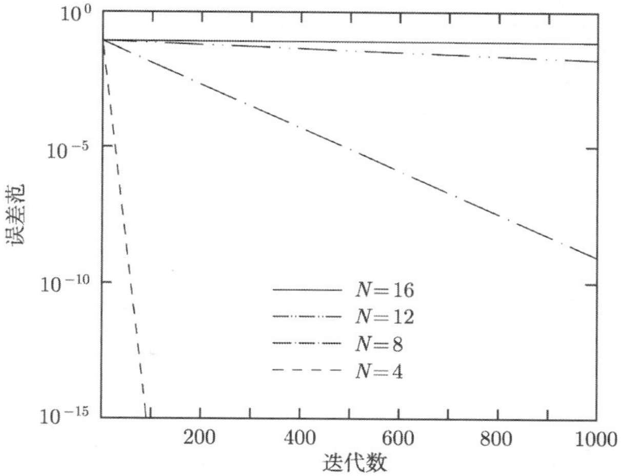

图 8-4　不同规模 N 的收敛曲线

要理解该问题，还需从迭代矩阵的主值和主向量来分析。记主向量为 $\boldsymbol{w}_k \in \mathbf{R}^{N-1}(k=1,\cdots,N-1)$，有

$$\left(\boldsymbol{w}_k\right)_i = \sin\left(ik\pi h_N\right) = \sin\left(k\pi x_i\right), \quad i=1,\cdots,N-1 \tag{8-112}$$

为 $\boldsymbol{A}_N$ 的主向量，对应的主值为 $\lambda_k = \dfrac{4}{h_N}\sin^2\left(\dfrac{k\pi}{2}h_N\right)$。

主值 w_k 可由分段线性函数 $\hat{w}_k$ 表征，对于小的 k 值，对应的 $\hat{w}_k$ 为低频函数，表示慢变 (平滑) 函数，而高频对应于大的 k 值，表现为快速的振荡，如图 8-5 所示。

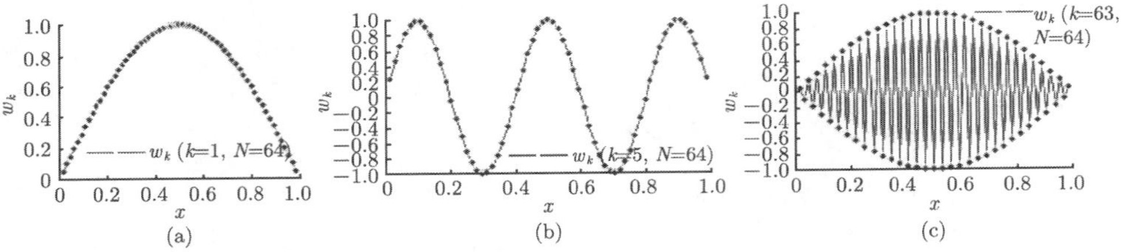

图 8-5　w_1(低频)、w_5 和 w_{63}(高频) 示意图

下面分析阻尼 Jacobi 迭代性能，设阻尼参数 $\omega \in (0,2)$，求解式 (8-111(a)) 有

$$\boldsymbol{u}_N^{m+1} = \boldsymbol{u}_N^m + \omega \boldsymbol{D}_N^{-1}\left(\boldsymbol{b}_N - \boldsymbol{A}_N \boldsymbol{u}_N^m\right) \tag{8-113}$$

其中，$\boldsymbol{A}_N$ 定义于式 (8-111(a))；$\boldsymbol{D}_N = (2/h_N)\boldsymbol{I}$ 为 $\boldsymbol{A}_N$ 的对角线。

令 $\boldsymbol{G}_{N,\omega} = \boldsymbol{G}_{N,\omega}^{\mathrm{Jac}} = \boldsymbol{I} - \omega \boldsymbol{D}_N^{-1}\boldsymbol{A}_N$ 表示迭代矩阵，对所有 k，式 (8-112) 中的向量 $\boldsymbol{w}_k$ 为对称矩阵 $\boldsymbol{G}_{N,\omega}$ 的主向量，其主值为

$$\gamma_k(\omega) = 1 - \omega\frac{h_N}{2}\lambda_k = 1 - 2\omega\sin^2\left(\frac{k\pi}{2}h_N\right) \tag{8-114}$$

现在考虑 $N = 64$，初始误差 $\boldsymbol{e}_N^0 \in \mathbf{R}^{N-1}$ 是主模式之一的情形，即 $\boldsymbol{e}_N^0 = \boldsymbol{w}_k$，$m$ 步以后的误差满足 $\|\boldsymbol{e}_N^m\|_2 = \left\|(\boldsymbol{G}_{N,\omega})^m \boldsymbol{e}_N^0\right\|_2 = \|\gamma_k(\omega)^m \boldsymbol{w}_k\|_2 = |\gamma_k(\omega)|^m = \left|1 - 2\omega\sin^2\left(\frac{k\pi}{2}h_N\right)\right|^m$。由于 k 介于 1 和 $N-1$ 之间，收缩系数 $|\gamma_k(\omega)|$ 在 $1 - O\left(h_N^2\right)$ 和接近于 0 的数字之间变化，如图 8-6 所示，我们有如下分析结论：

(1) 图 8-6(a) 表明，当 $\omega = 1$ 时，$|\gamma_k(1)|^m \approx 0.01$ 大致所需迭代数与波数 k 的关系；

(2) 图 8-6(b) 表明，对 $\omega = \omega_{\mathrm{opt}} = 2/3$ 对应高频最优阻尼，此时，高频对应分量迅速被消除，而低频分量未明显消除；

(3) 图 8-6(c) 对应 $\omega = \omega_{\mathrm{opt}} = 2/3$ 的收敛史，对所有模式采用同一个 $\boldsymbol{e}_N^0$，在开始阶段，误差缩减相当快，主要原因在于，高频误差模式被迅速阻尼掉，随着后续误差逐渐平滑，迭代收敛变慢。

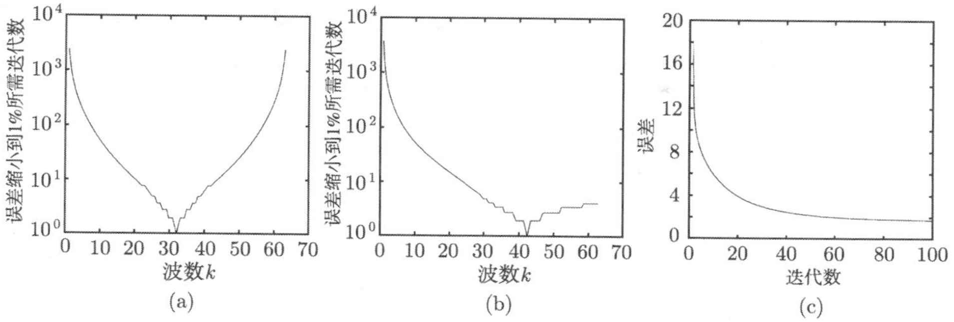

图 8-6　收敛特征示意图

(a) 无阻尼 Jacobi 法的收缩特征随波数的关系；(b) $\omega=2/3$ 的 Jacobi 法的收缩特征随波数的关系；(c) $\omega=2/3$ 的收敛特征

上例说明，其中的一些频率的误差分量 (模式) 在一定迭代步后很快消除掉，而其他模式的几乎消除不掉。这对我们的启示为，我们所设计的格式应基于两个准则，即用阻尼 Jacobi 法消除部分模式的误差，还需设计另一个算法将余下模式的误差消除掉。这里，我们希望消除高频分量。

既然不能均匀的消除掉所有的误差分量，只能考虑有效消除其中一部分。此时，函数

$$\bar{\rho}\left(\boldsymbol{G}_{N,\omega}\right)=\max_{N/2\leqslant k\leqslant N-1}\left|\gamma_k\left(\omega\right)\right|=\max_{N/2\leqslant k\leqslant N-1}\left|1-2\omega\sin^2\left(\frac{k\pi}{2}h_N\right)\right|$$

有最小值 ω_{opt}，满足 $\lim\limits_{\substack{N\to\infty\\(h_N\to 0)}}\omega_{\text{opt}}=2/3$，这就是最优的阻尼参数。同时，注意到，对所有 $h_N>0$，有 $\bar{\rho}\left(\boldsymbol{G}_{N,\omega}\right)\leqslant\dfrac{1}{3}$，效果如图 8-6(b) 所示，可见选取 $\omega_{\text{opt}}=2/3$，高频分量可快速消除。

8.10.3　两重网格

8.10.2 节已看到，当取阻尼参数 $\omega_{\text{opt}}=2/3$ 时，Jacobi 法在消除高频误差模式中非常有效。迭代一定步以后，误差 $\boldsymbol{e}_N^m$ 和 $\hat{\boldsymbol{e}}_N^m$ 在某种意义上已经“光顺”，尽管有可能会比较大，但不会显著变化。这样，我们希望在一种粗网格，如 $2h_N$ 网格尺度上，构造 $\hat{\boldsymbol{e}}_N^m$ 较好的近似，这就是两重网格的思路。

8.10.4　多重网格

假设模型的规模尺寸为 $N=2^L$。下面，我们将讨论多重网格算法的收敛速率问题。

首先，讨论一般意义下的多重网格算法。这里，用 $\boldsymbol{P}_{l+1,l}\in\mathbf{R}^{N_{l+1}\times N_l}$ 表示插值算子，其转置 $\boldsymbol{R}_{l,l+1}=\boldsymbol{P}_{l+1,l}^{\mathrm{T}}$ 为限制算子。一般，$\boldsymbol{P}_{l+1,l}$ 的选取应满足 $\boldsymbol{A}_{l-1}=$

$\boldsymbol{P}_{l,l-1}^{\mathrm{T}}\boldsymbol{A}_l\boldsymbol{P}_{l,l-1}$。设单位网格尺度 $h_l \sim 2^{-l}$，这样，$N_l \sim 2^{ld}$，其中，$d \in \mathbf{N}$ 为空间维度。下面给出的算法，一般称 V–循环，如图 8-7 所示。

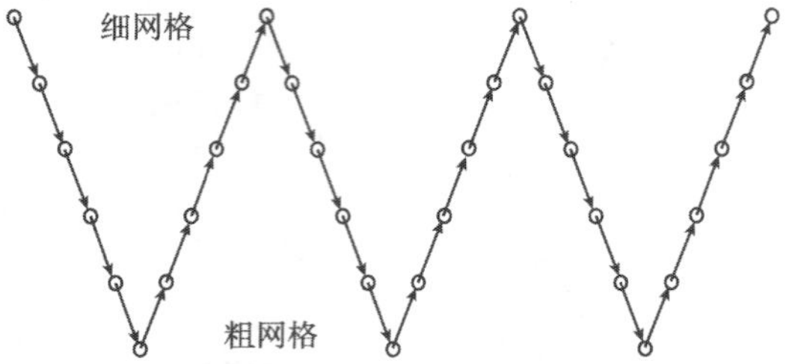

图 8-7　V–循环示意图

算法 8.11　基本多重网格算法 (V–循环)，函数接口形式 $\boldsymbol{u} = \mathrm{MG}\,(\boldsymbol{u}_0, \boldsymbol{b}, l)$，输入初始值 $\boldsymbol{u}_0$，返回近似 $\boldsymbol{u}$。

(1) 若 l 非常小，计算 $\boldsymbol{u} = \boldsymbol{A}_l^{-1}\boldsymbol{b}$;

(2) 否则如下；

(3) 取初始值 $\boldsymbol{u}_0$，循环 m_{pre} 步光顺 (阻尼 Jacobi)，得到 $\boldsymbol{u}_N^m$;

(4) 计算 $\boldsymbol{r}_m = \boldsymbol{b} - \boldsymbol{A}_l\boldsymbol{u}_N^m$;

(5) 计算 $\boldsymbol{\delta} = \mathrm{MG}\,(0, \boldsymbol{R}_{l-1,l}\boldsymbol{r}_m, l-1)$；//嵌套求解校正量

(6) 计算 $\tilde{\boldsymbol{u}} = \boldsymbol{u}_N^m + \boldsymbol{P}_{l,l-1}\boldsymbol{\delta}$;

(7) 取初始值 $\tilde{\boldsymbol{u}}$，循环 m_{post} 步光顺 (阻尼 Jacobi)，得到 $\boldsymbol{u}$;

(8) 返回结果 $\boldsymbol{u}$。

下面进行收敛特征分析，用 $\boldsymbol{N}_{l-1}^{(l-1)}$ 表示 (l-1) 重多重网格近似，采用递推方法写出如下的迭代矩阵：

$$\boldsymbol{G}_l^{(l)} = \boldsymbol{S}_l^{(\mathrm{post})}\left(\boldsymbol{I}_l - \boldsymbol{C}_l^{(l-1)}\boldsymbol{A}_l\right)\boldsymbol{S}_l^{(\mathrm{pre})}, \boldsymbol{C}_l^{(l-1)} = \boldsymbol{P}_{l,l-1}\boldsymbol{N}_{l-1}^{(l-1)}\boldsymbol{R}_{l-1,l} \tag{8-115(a)}$$

其中，近似算子 $\boldsymbol{N}_{l-1}^{(l-1)}$ 与 (l-1) 重多重网格放大算子有如下关系，有 $\boldsymbol{G}_{l-1}^{(l-1)} = \boldsymbol{I}_{l-1} - \boldsymbol{N}_{l-1}^{(l-1)}\boldsymbol{A}_{l-1}$，即 $\boldsymbol{N}_{l-1}^{(l-1)} = \boldsymbol{A}_{l-1}^{-1} - \boldsymbol{G}_{l-1}^{(l-1)}\boldsymbol{A}_{l-1}^{-1}$，这样，$\boldsymbol{C}_l^{(l-1)} = \boldsymbol{P}_{l,l-1}\boldsymbol{N}_{l-1}^{(l-1)}\boldsymbol{R}_{l-1,l} = \underbrace{\boldsymbol{P}_{l,l-1}\boldsymbol{A}_{l-1}^{-1}\boldsymbol{R}_{l-1,l}}_{=\boldsymbol{C}_l^{\mathrm{TG}}} - \boldsymbol{P}_{l,l-1}\boldsymbol{G}_{l-1}^{(l-1)}\boldsymbol{A}_{l-1}^{-1}\boldsymbol{R}_{l-1,l}$，式 (8-115(a)) 重写为

$$\boldsymbol{G}_l^{(l)} = \underbrace{\boldsymbol{S}_l^{(\mathrm{post})}\left(\boldsymbol{I}_l - \boldsymbol{C}_l^{\mathrm{TG}}\boldsymbol{A}_l\right)\boldsymbol{S}_l^{(\mathrm{pre})}}_{\boldsymbol{G}_l^{\mathrm{TG}}} + \boldsymbol{S}_l^{(\mathrm{post})}\boldsymbol{P}_{l,l-1}\boldsymbol{G}_{l-1}^{(l-1)}\boldsymbol{A}_{l-1}^{-1}\boldsymbol{R}_{l-1,l}\boldsymbol{A}_l\boldsymbol{S}_l^{(\mathrm{pre})} \tag{8-115(b)}$$

设 $\left\|\boldsymbol{S}_l^{(\mathrm{post})}\right\| < 1$，$\left\|\boldsymbol{S}_l^{(\mathrm{pre})}\right\| < 1$，$\boldsymbol{P}_l^{l,l-1} < C$，有

$$\left\|\boldsymbol{A}_{l-1}^{-1}\boldsymbol{R}_{l-1,l}\boldsymbol{A}_l\boldsymbol{S}_l^{(\mathrm{pre})}\right\| \leqslant C \tag{8-116}$$

其中，$C \geqslant 1$ 为定常数。由此可得递推关系：

$$\left\|\boldsymbol{G}_l^{(l)}\right\| \leqslant \left\|\boldsymbol{G}_l^{\mathrm{TG}}\right\| + C\left\|\boldsymbol{G}_{l-1}^{(l-1)}\right\| \tag{8-117}$$

记 $\kappa_l^{\mathrm{TG}} = \left\|\boldsymbol{G}_l^{\mathrm{TG}}\right\|, \kappa_l^{(l)} = \left\|\boldsymbol{G}_l^{(l)}\right\|$，有如下递推关系式：

$$\kappa_2^{(2)} = \kappa_2^{\mathrm{TG}}, \quad \kappa_l^{(l)} \leqslant \kappa_l^{\mathrm{TG}} + C\kappa_{l-1}^{(l-1)}, \quad l = 3, 4, \cdots \tag{8-118}$$

可见，即使有 $\kappa_l^{\mathrm{TG}} < 1$，也不一定能够得出 V–循环的统一的收缩率边界。也就是说，多少依赖于 $\left\|\boldsymbol{G}_l^{(l)}\right\|$ 的具体形式，且通常是难确定的。

如果将多重网格看做线性迭代格式，可尝试通过嵌套调用改进近似效果。这就得到所谓的 μ-循环，当 $\mu = 1$ 时，退化为 V–循环，而当 $\mu = 2$ 时，则变成所谓的 W–循环，如图 8-8 所示。

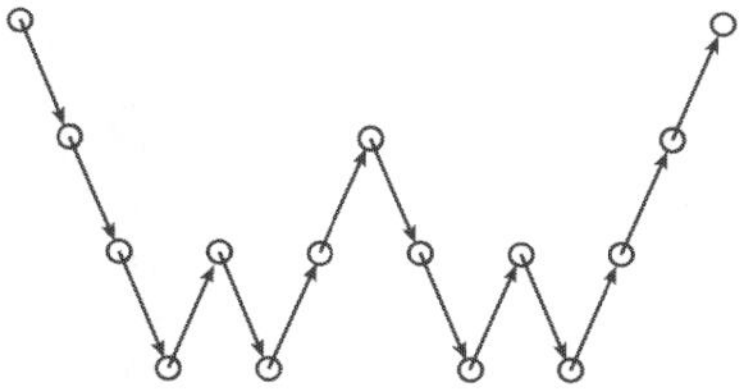

图 8-8 W–循环示意图

跟前面一样，我们可写出式 (8-115(a)) 的关系式，这里，近似算子 $\boldsymbol{N}_{l-1}^{(l-1)}$ 与 (l-1) 重多重网格放大算子存在 μ 次函数关系 $\left(\boldsymbol{G}_{l-1}^{(l-1)}\right)^{\mu} = \boldsymbol{I}_{l-1} - \boldsymbol{N}_{l-1}^{(l-1)}\boldsymbol{A}_{l-1}$，即 $\boldsymbol{N}_{l-1}^{(l-1)} = \boldsymbol{A}_{l-1}^{-1} - \left(\boldsymbol{G}_{l-1}^{(l-1)}\right)^{\mu}\boldsymbol{A}_{l-1}^{-1}$，这样，有

$$\boldsymbol{G}_l^{(l)} = \underbrace{\boldsymbol{S}_l^{(\mathrm{post})}\left(\boldsymbol{I}_l - \boldsymbol{C}_l^{\mathrm{TG}}\boldsymbol{A}_l\right)\boldsymbol{S}_l^{(\mathrm{pre})}}_{\boldsymbol{G}_l^{\mathrm{TG}}} + \boldsymbol{S}_l^{(\mathrm{post})}\boldsymbol{P}_{l,l-1}\left(\boldsymbol{G}_{l-1}^{(l-1)}\right)^{\mu}\boldsymbol{A}_{l-1}^{-1}\boldsymbol{R}_{l-1,l}\boldsymbol{A}_l\boldsymbol{S}_l^{(\mathrm{pre})} \tag{8-119}$$

与 V–循环类似，有如下递推关系式：

$$\kappa_2^{(2)} = \kappa_2^{\mathrm{TG}}, \quad \kappa_l^{(l)} \leqslant \kappa_l^{\mathrm{TG}} + C\left(\kappa_{l-1}^{(l-1)}\right)^{\mu}, \quad l = 3, 4, \cdots \tag{8-120}$$

这就是 μ–循环的收缩率表达式。

我们用一个例子分析式 (8-120)，假设 $\mu = 2$，式 (8-120) 变为二次函数，设 $\kappa_l^{\mathrm{TG}} \leqslant \rho = \dfrac{1}{4C}$，其中，$C \geqslant 1$ 为一常数。这里相当于假设 $\rho \leqslant \dfrac{1}{4}$，这样，容易得出 $\kappa_l^{(l)} \leqslant \dfrac{1-\sqrt{1-4C\rho}}{2C} \leqslant 2\rho < \dfrac{1}{2}$。也就是说，对于所有 $l = 2, 3, 4, \cdots$ 重迭代，收缩率 $\kappa_l^{(l)}$ 均小于 $\dfrac{1}{2}$。

算法 8.12　基本多重网格算法 (μ–循环)，函数接口形式 $\boldsymbol{u} = \mathrm{MG}\,(\boldsymbol{u}_0, \boldsymbol{b}, l, \mu)$，输入初始值 $\boldsymbol{u}_0$，返回近似 $\boldsymbol{u}$。$\mu = 1 \rightarrow V$–循环；$\mu = 2 \rightarrow W$–循环。

(1) 若 l 非常小，计算 $\boldsymbol{u} = \boldsymbol{A}_l^{-1}\boldsymbol{b}$;

(2) 否则如下；

(3) 取初始值 $\boldsymbol{u}_0$，循环 m_{pre} 步光顺 (阻尼 Jacobi)，得到 $\boldsymbol{u}_N^m$;

(4) 计算 $\boldsymbol{r}_m = \boldsymbol{b} - \boldsymbol{A}_l \boldsymbol{u}_N^m$;

(5) 置 $\boldsymbol{\delta}^{(0)} = 0$;

(6) 开始 for $v = 1, \cdots, \mu$ 循环：嵌套调用和计算 $\boldsymbol{\delta}^{(v)} = \mathrm{MG}(\boldsymbol{\delta}^{(v-1)}, \boldsymbol{R}_{l-1,l}\boldsymbol{r}_m, l-1, \mu)$;

(7) 计算 $\tilde{\boldsymbol{u}} = \boldsymbol{u}_N^m + \boldsymbol{P}_{l,l-1}\boldsymbol{\delta}^{(\mu)}$;

(8) 取初始值 $\tilde{\boldsymbol{u}}$，循环 m_{post} 步光顺 (阻尼 Jacobi)，得到 $\boldsymbol{u}$;

(9) 返回结果 $\boldsymbol{u}$。

目前，还没有具体收缩率数值的严格表达式，但在总体上多重网格算法的迭代复杂度能达到 $O\,(N)$，而且多重网格收敛率与条件数无关。

第 9 章　动-静子模型及并行技术

9.1　概　　况

叶轮机械流动数值计算方法最早可追溯到 20 世纪 50 年代，由吴仲华教授提出 S1 和 S2 两类流面的计算模型，即熟知的叶轮机械三元流理论，它是叶轮机械内流计算和设计的重要依据。自 20 世纪 60 年代以来，该理论已成功应用于航空涡轮、通用透平、风机、泵等工程实践中。

首先，三元流模型并不等价于黏性三维流动，实际上，可以将这种模型看做黏性三维流动的一种近似求解方法。它将黏性三维流动的求解分为两个流面上的二维流动问题的求解，由于其中一类流面的计算要用到另一类流面计算出的数据，因此，需在两类流面之间迭代求解，最后得到三维流动的解。

其次，若经过适当假设，将 S1 流面简化为回转面，S2 流面简化为平均流面，即简化为轴对称流动。此时，轴对称的 S2 流面的计算通常称为过流计算，可以获得轮毂至轮缘流道内的流动 (相当于轴面流动) 情况，为叶轮轴面设计提供基础，同时，叶片至叶片 S1 流面的流动 (相当于叶片流道流动) 计算，则是确定叶片形状的重要基础。

从 20 世纪 70 年代开始，陆续有一些国外学者开始研究三维欧拉方程的时间推进法，首先是 Denton(1975) 实现了叶排间三维流动的数值计算。他实际上是采用了一种具有守恒型的积分方法，这种方法后来演变为有限体积法，而所谓的时间推进并非基于真实物理时间的非定常计算，相反，它是一种稳态计算法，而且原理上最终能够收敛于稳态解。具有这些优势的时间推进法很快获得了比同时代其他算法更快的发展。

值得指出的是，时间推进法用得最多的是基于有限体积的 MacCormack(1969) 的预测–校正算法，它能够保证二阶精度。另外，还有 Lax-Wendroff 格式及 Runge-Kutta 格式也获得不同程度的推广应用。其中，Denton 的工作对时间推进法的应用起到了较大的推动作用，例如，他将欧拉方程求解方法发展到黏性三维流动，并提出一种动–静子 Mixing Plane 模型，后面我们再将给予详细介绍。

以上我们简要回顾了动–静子流动模型的发展演变，从 9.2 节开始，我们将介绍动–静子流动耦合的基本模型、原理以及数值算法实现，这是构成动–静子流动计算的理论基础。需要注意的是，每个模型都有一定的适用范围，这里介绍的这些动–静子流动模型并不一定完全真实地反映实际流动，对存在的问题我们也会指出。

9.2 稳态模型

9.2.1 旋转参考系方法

1. 基本原理

旋转参考系方法，就是动、静子分别采用稳态方法求解各自的方程组 (旋转参考系下的基本方程可参考 2.5 节)。实际上，这里的动、静子计算区域都是静止不动的。需要注意的是，转子的静止是建立在旋转参考系基础上的，且转子流场计算出的是相对速度场。而静子是处于绝对坐标系下的，计算出的是绝对速度场。根据 2.5 节中的相对速度、绝对速度关联式，可将转子的相对速度场转换为绝对速度场，从而保持统一。另外，静压力场是坐标系无关的，自然地，转子内流的静压力场与绝对坐标系下的静压力场是统一的。

相对而言，旋转参考系方法比较容易理解。而且，从离心叶轮设计的角度，建立在惯性系下的绝对速度场并没有参考价值。而一旦选取旋转参考系，离心叶轮内流就变成定常流动，此时，叶轮内流就类似于静止弯曲扩张通道内的定常流动，这是我们掌握流动规律的合适选择。

这里需要注意，旋转参考系方法只考虑到动、静子处在某一个特定位置时的情形，换言之，只要动、静子稍换一个相对位置，计算结果就会不同。另外，动、静子的交界面必须完全一致，这也是限制旋转参考系应用的一个因素。旋转参考系方法在有的场合也被称为冻结转子法 (frozen rotor method)。

2. 实现过程

我们介绍一种动–静子流动耦合算法，即对转子求解非惯性参考系下的相对运动方程组，对静子求解惯性参考系下的绝对运动方程组，两部分独立进行求解。动–静界面通过 Neumann 条件保持通量守恒。将转子出口相对速度转为绝对速度，作为静子进口来流条件，实现动–静子流场的耦合求解。具体计算中，采用模式切换实现算法过程。

需要注意的是，转子和静子流场的求解方法是相同的，具体可参考第 6 章。主要的区别在于，转子流场求解出的是相对速度，而静子流场求解出的是绝对速度。另外，根据具体情况，注意动、静子各自的边界条件的实施。

这里，结合 Ubaldi 实验泵作为计算模型，简要介绍边界条件的处理。实验泵也称 ERCOFTAC 泵，包括 7 个叶片的离心叶轮及 12 个叶片的扩压器，如图 9-1

所示。我们注意到，虽然该动–静子结构满足周期性对称，但叶轮的最小周期角为 $\dfrac{360°}{7} \approx 51.43°$，而扩压器最小周期角 $\dfrac{360°}{12} = 30°$，我们找不到符合条件的整数满足 $Nb_{\text{rotor}} \times \dfrac{360°}{7} = Nb_{\text{stator}} \times \dfrac{360°}{12}$，其中，$Nb_{\text{rotor}}$、$Nb_{\text{stator}}$ 分别为动、静子的最小周期个数，因此，只能求解整个圆周的动–静子流场。

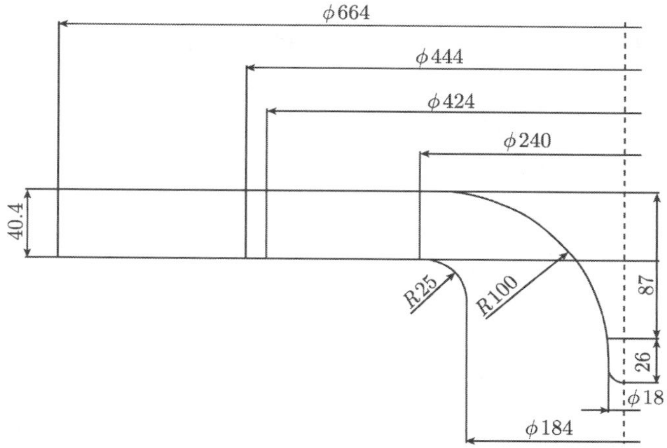

图 9-1　ERCOFTAC 实验泵结构尺寸图 (单位：mm)

该实验采用空气作为实验介质，因此，也可以看做一个风机，它的实验测量工况为，流量 $Q = 0.292\text{m}^3/\text{s}$，叶轮转速 $n = 2000\text{r/min}$，介质密度 $\rho = 1.2\text{kg/m}^3$。实验采用开式循环，气流由叶轮进口均匀吸入，流经叶轮后通过动–静子间的一段间隙进入扩压器，然后从扩压器出口进入大气。这样，该模型的边界条件主要包括进、出口边界、转子壁面、静子壁面。实验时在 $D_m/D_2 = 1.02$ 的圆周通过探针测量。后面，我们将动–静子的交界面也设置在该圆周面。

3. 边界条件

1) 进、出口边界条件

叶轮进口边界采用 Dirichlet 边界，根据流量系数和进口面积计算并给定进口的平均流速 $U_{\text{in}} = 11.10\text{m/s}$。

由于 Ubaldi 实验的重点在于测量动、静子流场相互影响，气流从扩压器出口流出后，直接进入大气，也就是说，此时，在扩压器出口以外的流场是否均匀，甚至是否满足充分发展湍流流态，这些并没有考虑到。然而，在数值计算中，为了保证计算结果的准确，通常要假设一定距离的充分发展段，为此，将计算模型区域的扩压器出口外圆周向外扩大到 750mm，这样做的目的是保证出口边界物理上满足 Neumann 边界 $\dfrac{\partial \varphi}{\partial \boldsymbol{n}} = 0$，同时，设平均出口静压为 0，即 $p = 0$。

2) 壁面边界条件

当我们采用非惯性参考系观察旋转叶轮的壁面时，其壁面条件与惯性系下的静止壁面是类似的，即给定无滑移、无穿透的固壁边界条件 $\boldsymbol{u}=0$，$\dfrac{\partial \boldsymbol{u}}{\partial \boldsymbol{n}}=0$ 和 $\varphi=0$，注意，此处的速度是指相对速度。

3) 动–静交界面的处理

动–静交界面即为 $D_m/D_2=1.02$ 的回转面，由于动、静子是彼此独立的，对于转子，这个面对应为转子出口边界；而对于静子，则对应为静子的入口边界。首先，对转子流场基于非惯性参考系求解获得的是相对速度，需转换成绝对速度，作为静子进口来流速度；其次，设定转子出口满足 Neumann 边界条件，由此计算获得转子出口的质量流量、压力、湍动等计算量，再插值作为静子来流的相应量；第三，计算时，在转子区域外围一层网格与静子区域的内层网格间，通过插值进行参数传递，后面我们将在滑移网格技术讨论中具体介绍一种插值法。具体的计算流程可以参考第 6 章。

另外，虽然它是一种稳态模型，但它需要计算整个叶排情形。尽管该方法比较容易实现，但计算整个流道对于存储和计算效率是不利的，特别是在多级式叶轮机械中，要开展所有级的计算，采用旋转参考系方法，在过去是不现实的。正因为如此，下面介绍的 Mixing Plane 模型可以解决该问题。

9.2.2　Mixing Plane 模型

Mixing Plane 模型最初由 Denton 等 (1979) 为轴流透平级的模拟所提出，通常取周期性边界的动、静叶排流道作为研究对象，即仅以一个转子流道、一个静子流道作为计算模型，各自独立进行稳态计算，因此，也可以将 Mixing Plane 模型视为旋转参考系方法的直接扩展。它的特殊之处在于将计算量在动、静子间的回转面上进行平均的方法。简单地说，就是对一组具有周期对称性的典型动、静叶排模型，在叶排之间构建一个交界面，并将计算量在该交界面上作圆周平均，称为 Mixing Plane 模型。在有的场合也将 Mixing Plane 模型称为 Stage 模型。

Mixing Plane 模型在动、静子的处理上较为宽松，即动、静子可独立计算，且对各自一侧的网格不要求一致。Mixing Plane 模型在交界面上进行圆周平均，再将平均后的信息分别传递给两组叶排。一般是上游量传给下游作为下游叶排的入口边界。例如，从上游叶排传递来的总压、总温、速度方向角以及湍动量，作圆周平均后传递给下游叶排入流边界。在交界面两侧网格不一致时，静子入口的绝对速度向量由交界面上游速度插值后算得。这里，下游量也能传给上游叶排作为出口边界，但此时只可将下游的静压力作为上游叶排的出口静压边界。这样，上游叶排的出口边界呈圆周均匀分布；同时，下游叶排的入流边界也变为圆周均匀。也就是说，平均导致上游叶排的尾流影响无法捕捉到。

虽然 Mixing Plane 模型也能给出级中的主要流动特征，且保证了交界面上满足动量、能量守恒，但非定常作用对时均流动的影响通常被忽略。因此，Mixing Plane 模型并不完善，这种交界面 “混合” 方式与实际的渐变混合过程有着明显的区别，它 “均匀地” 消除掉了尾流效应，从而导致交界面的损失与实际损失不一致。另外，需注意交界面距离下游叶排不能太近，否则将造成较大的误差。

根据最初的 Mixing Plane 模型，非均匀流是瞬间发生的，而不是逐渐穿过下游通道。也就是说，在这个过程中 Mixing Plane 模型假设混合平面的损失大小与逐渐混合过程的损失一样，但实际并非如此。尾流在交界面乃至进入静子流道内，其能量将被逐渐回收，这个过程不应忽视。因此，Mixing Plane 模型对非设计工况产生的分离情形是没有效果的。

Takemura 等 (1996) 采用 Denton 的 Mixing Plane 模型，以一混流泵级为模型作计算和实验测试，很明显下游的径向导叶对叶轮出口流态改变具有关键作用。Ubaldi 等 (1996) 在动–静子流场测量实验中证明导叶显著干扰到叶轮的出口流态。在 Mixing Plane 模型提出之后，对于存在的问题，已经提出一些改进的技术，如 “Deterministic stresses” 模型。Adamczyk(1985) 提出一种 Average passage 方法，它采用所谓的 Deterministic stresses 引入局部非稳态效应，但这种方法与具体所采用的 Deterministic stresses 计算方法有关。具体地，Average passage 方法分别求解各个通道内的稳态流动，与 Mixing Plane 模型不同，Average passage 将一个叶排的流动区间延伸并包含部分相邻叶排的区域 (不含叶片)，这样，相邻叶排引起的非定常作用通过 Deterministic stresses 来计算。这个方法比原始 Mixing Plane 模型更为精确和严谨，因为，它考虑到了平均通道流场的非定常特征。而 Deterministic stresses 通常具有与雷诺应力接近的量级 (Rhie et al., 1998)，忽略这些相互作用可能导致较大的误差。另外，Sinha(1999) 通过实验观察到上游转子通道产生的非稳态来流条件的改变导致静子叶片的周期性分离流动。这些现象导致较高的 Deterministic stresses，是建立新的 Deterministic stresses 模型所必须考虑的。

He(1998) 提出一种非线性调和法，将非稳态流动变量分解为时间平均量和周期非稳态扰动。这也是一种 Average passage 方法，它基于预先选择的谐波数对周期性脉动作傅里叶分解，然后，采用耦合的方法将时间平均流与脉动流耦合。它将非稳态脉动的计算结果用来构造 Deterministic stresses，然后将其加入时间平均方程。然而，这种方法也仅对选定的谐波数提供非定常的近似，但是，与完全采用非稳态计算相比，它大幅度缩减了计算成本。Vilmin 等 (2006) 将上述非线性调和方法引入时间平均流动求解过程，由于采用了类似经典 Deterministic stresses 的方法，只需求解一个典型动–静子流道，所以计算成本下降，同时，该方法通过在两侧动–静子交界面的调和与时间平均流的重构，增强了界面的连续性条件。上述的这些局部的修正都考虑了非定常影响，是有利的一面，但这些修正能够在何种程度上解决上述问题，现在尚无定论，但可以肯定的是，这些工作需要更精确的实验测量和验证。

即使存在上述问题，Mixing Plane 模型已经成为一种重要的计算模型，它特别适用于多级透平、压缩机、泵、通风机类叶轮机械，对具有典型周期特性模型，起到极大的简化，有效节约计算机存储量并提高计算效率。

9.3 非稳态模型

9.3.1 滑移网格技术

滑移网格技术较为精确，它采用物理时间步，即根据转子转速计算时间步长，逐步向前推进，由于它求解非定常的 Navier-Stokes 方程，真实反映了动–静子间流场的非定常特征。

与旋转参考系方法相似，滑移网格也必须保证两侧交界面一致，不同之处在于，此时滑移网格算法中的转子区域是旋转的，即每个时刻动、静子相对位置发生变化，静子网格与旋转参考系一样绝对静止。

滑移网格算法的关键在于转子、静子边界网格的处理技术。而常用计算方法在这里仍然有效，例如，在界面流量计算过程中，对流及扩散项的流量插值可参考 5.3 节的方法计算。当动、静子位置变化发生偏转时，交界面两侧网格不断更新为不同的相对位置，对这种两侧网格不一致的情形，需要针对性地进行插值算法的构造。图 9-2 和图 9-3 给出了一种虚拟插值点的构造法。

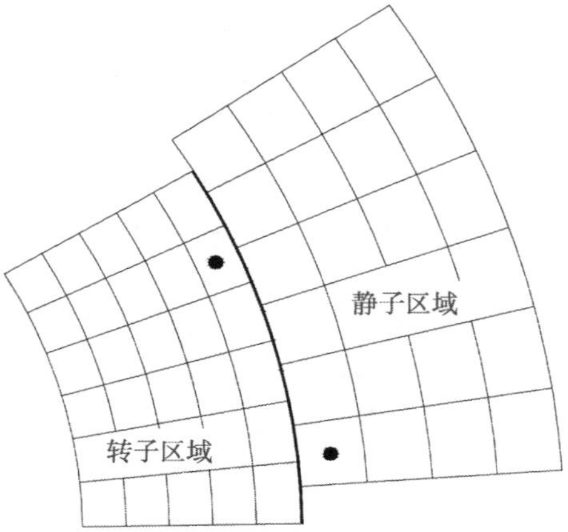

图 9-2 动–静子非一致交界面示意图

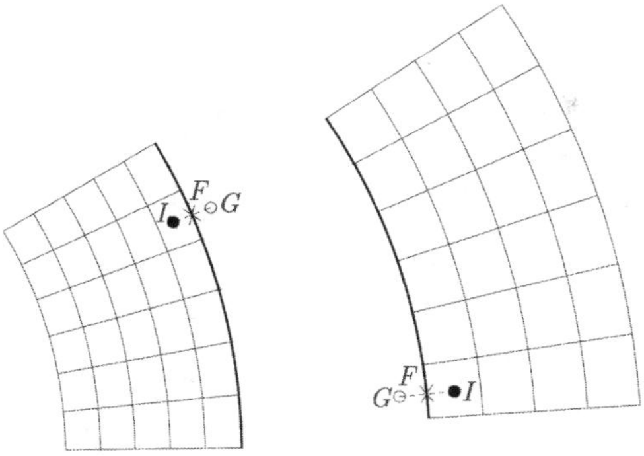

图 9-3　虚拟插值点示意图

首先，动–静子非一致交界面两侧网格单元的虚拟插值节点构造如图 9-3 所示。图中实心圆点 I 为交界面内侧单元的中心点，F 点为单元边界面中心点，空心圆点 G 为虚拟节点。虚拟节点的坐标可以用式 (9-1) 计算，即

$$x_G = x_F + (x_F - x_I) \tag{9-1}$$

相当于 F 点为 I 点和 G 点的中心点，这里，轮换 x、y、z 即可计算出三维坐标值。

其次，我们将滑移界面假定为内部面，采用 Dirichlet 边界条件，直接插值获得边界变量值，就像处理一般的边界条件一样，在每个时间步进行边界条件的更新。

注意到，虚拟节点 G 位于对面一侧的第一排网格单元中，所以，必须保证对面一侧网格单元能满足一个基本要求，即对面网格尺寸与当前网格尺寸应大致相当。而且，每次旋转的步进量不可过大，避免直接跨过对面的单元，这里要求不超过半个网格宽度。

取得 G 点的坐标后，需要确定它所在的单元，即通过搜索算法确定它在哪个单元内，然后，再由插值获得 G 点的变量值。这里采用一种等参变换插值法，计算任意平面四边形区域内的变量值。如图 9-4 所示，将左边任意四边形区域内的 (x,y) 点变换到右边正方形区域 (ξ, η) 点，对应的变换计算式为

$$x = \sum_{i=1}^{4} N_i(\xi,\eta)x_i \tag{9-2}$$

$$y = \sum_{i=1}^{4} N_i(\xi,\eta)y_i \tag{9-3}$$

展开，得

$$N_1(\xi,\eta) = \frac{1}{4}(1-\xi)(1-\eta),\quad N_2(\xi,\eta) = \frac{1}{4}(1+\xi)(1-\eta)$$

$$N_3(\xi,\eta)=\frac{1}{4}(1+\xi)(1+\eta),\quad N_4(\xi,\eta)=\frac{1}{4}(1-\xi)(1+\eta)$$

这样，四边形区域内任一点的变量及其梯度可按式 (9-4) 计算：

$$Y=\sum_{i=1}^{4}N_i(\xi,\eta)Y_i \tag{9-4}$$

$$\frac{\partial Y}{\partial x}=\sum_{i=1}^{4}N_i(\xi,\eta)\frac{\partial Y_i}{\partial x} \tag{9-5}$$

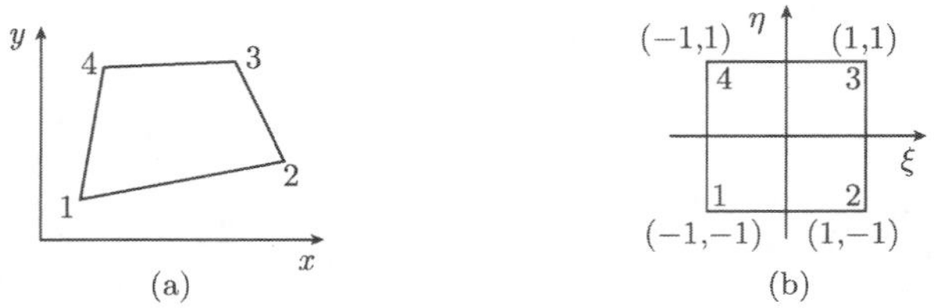

图 9-4　等参单元插值示意图

第三，通过线性插值，由 G 点的变量值重新计算滑移边界上的变量值，即

$$Y_F=\frac{1}{2}(Y_G+Y_I) \tag{9-6}$$

根据差分原理，平均值通常具有二阶精度。需要注意的是，如果对所有变量直接插值，而非对流量进行插值，那么，该算法不能完全保证守恒特性。而若采用 Neumann 条件进行插值，则需要用到单元梯度重构，因此，相对而言直接插值法更为简单，而且，数值实验证明其总质量流量误差非常小。

9.3.2　其他方法介绍

如前所述，所有的动–静子模型都需假设旋转区域和静止区域，即整个旋转区域都假设为旋转，这种旋转可以是绝对旋转也可以是相对坐标系下的旋转。实际上，不难看出转子的旋转是不可能依照这种假设情形旋转的。对网格滑移过程，交界面需动态更新网格位置，同时完成交界面变量的插值，涉及搜索和插值计算而导致计算效率不高。另外，有可能因为网格单元过度扭曲造成计算崩溃，即它对于网格质量有较高要求。

还有其他的一些特殊应用，例如，在风能开发中，布置在风场中的风力机群，类似地，海洋能开发中的海洋透平机群，其中每台设备可能有着不同的转子转速和不同的主轴方位；再例如，对于直升机螺旋桨叶，它可能随时处于不同的飞行姿态，如前后、左右、上下摆动，或加速或减速，对于这些叶轮机械，采用前述模型往往就受到一定的限制。

近十余年来逐渐兴起的沉浸边界法，不仅可以采用简单的笛卡儿网格和简化的网格划分过程，处理流场中任意形状和运动状态的物体，且原则上不受数量限制，这样，通过沉浸边界将转子复杂边界等效为拟体力，与动量方程耦合求解，是消除上述问题的一种更具灵活性的方法。由于篇幅所限这里不再深入介绍。

实际上，即使解决了一系列模型的局部问题，而且计算资源也完全能够计算整个叶轮机械的三维非定常流场，我们仍需注意，数值计算的精度还将受到湍流、转捩模型的制约，而从基础领域研究进展来看，至少在短期内这应该仍是比较难攻克的问题。因此，当我们在具体应用某种模型时，仍需清楚地意识到实验验证的重要性和必要性。

9.4 MPI 基 础

梳理完基本模型和计算方法，接下来是关于编程实现和利用计算机高效计算。从目前的计算技术发展来看，利用集群并行模拟已呈现主流趋势，对于实际工程问题，单核串行求解程序几乎没有太大的实用价值。因此，我们将介绍当前主流的一些并行程序设计原理和方法。

9.4.1 为何选择并行

20 世纪 70 年代 ~ 21 世纪初期，处理器性能平均以每年 50%的速度提升。但是近 10 年来，随着晶体管集成度的瓶颈以及芯片能耗和散热问题的出现，单个处理器的性能提升下降到 20%左右，按照这样的速度每隔 10 年仅能提高 6 倍性能。

由于不能加快晶体管集成的速度，自 2005 年开始，部分生产厂家逐渐转向多处理器并行的研发。它们的选择倾向于在单个芯片上放置多个处理器的这种结构，也就是所谓的多核处理器，我们注意到，这里的核已演变为 CPU 的代名词。

另一方面，过去大多数基于串行设计的程序是在单个处理器上运行的，不会因为处理器的增加而获得性能的极大提升。当然，在多核系统上，我们可以同时运行一个程序的多个实例，但这对速度本身没有实质意义。

对于大规模复杂计算，仅仅依靠单处理器无法获得计算效率的提升。显然，只有通过并行程序设计，让多核协同工作才能实质意义上提高程序速度。自然，并行工作离不开协调配合，也就是说，每个核并不是孤立工作，它可能要将自己的结果发送给其他的核，这中间就涉及通信，同时，这里面也体现了协同工作应该保证负载平衡，假设我们给某个核分配了大部分的计算任务，而其他核负担少了自然早就完成了任务，这就浪费了计算资源。所以，给每个核分配大致相近的计算量总是我们所希望的，但这里没有明确的计算式。尽管如此，我们在并行程序设计中仍应该遵循这种理念。

这里还需要指出的是，并行程序设计需要掌握系统的并行知识，在对计算流程有着充分理解的基础上对具体问题提出针对性的并行设计。虽然有一些将串行程序转换为并行的自动化工具，但效果并不理想，而且很可能带来执行效率低下的结果。

这里，主要介绍两种并行系统，一种是共享内存系统，另一种是分布式内存系统，如图 9-5 所示。在共享内存系统中，各个核可共享访问内存，原理上能够读、写内存的所有区域。因此，可以通过检查和更新共享内存中的数据来协调各个核的工作。对于分布式内存系统，每个核都拥有自己的独立内存，核与核之间通信时，必须显式采用网络系统中发送消息的机制。

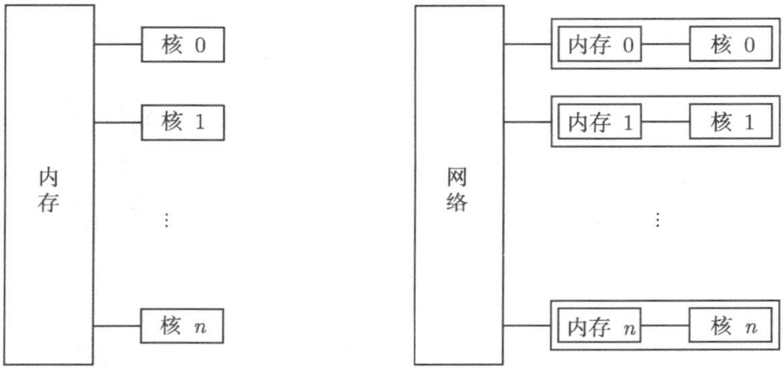

图 9-5　共享内存和分布式内存系统示意图

9.4.2　消息传递接口

一个分布式内存系统中，与某个核相关的内存只可以被该核访问，因此，可以将分布式内存系统看成由这样一些核-内存对的集合构成。

在消息传递过程中，运行于一个核-内存对上的程序一般称为一个进程。两个进程之间，可以通过特定函数来进行通信：一个进程调用发送函数，另一个进程调用接收函数。所以，就将这样的实现过程称为消息传递接口 (MPI)。MPI 定义了一组可被 Fortran、C 和 C++ 程序调用的函数库。

首先，我们用一个基本的打印程序来介绍 MPI。

```
#include <stdio.h>
# include <string.h>
#include <mpi.h>
const int Max_Str = 80;//定义字符串长度
int main(void)
{
```

```
7      char welcome[ Max_Str ];
8      int comm_nb;//定义处理器数目
9      int curr_rank;//定义当前进程号
10     MPI_Init( NULL , NULL );
11     MPI_Comm_size( MPI_COMM_WORLD , &comm_nb );
12     MPI_Comm_rank( MPI_COMM_WORLD , & curr_rank );
13     if(curr_rank != 0)
14     {
15     sprintf(welcome, ''hello from process %d of %d\n'', curr_
rank, comm_nb);
16         MPI_Send( welcome,strlen(welcome) + 1, MPI_CHAR, 0, 0,
17                   MPI_COMM_WORLD);
18         }
19     else
20            {
21            printf( ''hello from process %d of %d'', curr_rank,
comm_nb );
22         for( int i = 1; i <comm_nb; i++ )
23            {
24                MPI_Recv(welcome, Max_Str, MPI_CHAR, 0, 0,
25                MPI_COMM_WORLD, MPI_STATUS_IGNORE);
26                printf( ''%s\n'', welcome );
27            }
28         }
29     MPI_Finalize();
30     return 0;
31 }//程序结束
```

我们将这个程序文件命名为 mpi_hello.c，下面进行编译和执行。

这里默认采用的是 Gnu C 编译器 gcc，运用命令形式来编译和执行程序，一般会用到 -g、-o 和 -Wall 等选项。需要注意的是，$默认表示系统命令行提示符。下面，我们在命令行输入如下的语句：

$ mpicc -g -Wall -o mpi_hello mpi_hello.c

其中，mpicc 实际上是 C 语言编译器的封装脚本，负责告诉编译器该从何处获得头文件，以及链接哪些库文件等，许多系统使用 mpicc 编译 MPI 程序。然后，我们用 mpiexec 命令来启动程序：

```
$ mpiexec -n <number of processes> ./mpi_hello
```

例如，这里用一个进程运行程序，就输入：

```
$ mpiexec -n 1 ./mpi_hello
```

此时，我们得到的输出结果为

```
hello from process 0 of 1
```

若要用三个进程来运行，则输入

```
$ mpiexec -n 3 ./mpi_hello
```

这次，输出的结果为

```
hello from process 0 of 3
hello from process 1 of 3
hello from process 2 of 3
```

接下来，我们来分析下这个 MPI 程序的一些特性。

首先，这个程序用到的是标准 C 程序的头文件 stdio.h 和 string.h，与一般 C 语言程序一样，也有 main 函数。但其中出现了一些新的名字。例如，头文件包含了 mpi.h，这个头文件包括了 MPI 的原型、宏定义以及类型定义等。

其次，我们看到，MPI 标示都以 MPI_开头，例如，MPI_Init 和 MPI_Finalize，其中，调用 MPI_Init，是通知 MPI 系统进行必要的初始化处理，显然，MPI_Init 应在其他任何 MPI 接口调用前执行。而 MPI_Finalize 函数则表示所有 MPI 调用已经完成，为 MPI 分配的资源也要给予释放。同理，在 MPI_Finalize 之后，就不应该再执行其他 MPI 函数。

第三，我们再来看 MPI_Comm_size 和 MPI_Comm_rank 函数，这两个函数的第一个参数为 MPI_Comm 类型，表示 MPI 中的通信子，即进程间发送消息的进程集合。在第 11 和 12 行，程序中显示的是 MPI_COMM_WORLD，它是由 MPI 所创建的由所有进程组成的通信子，这个通信子实际上在 MPI_Init 执行时已经被默认启动了。然后，MPI_Comm_size 函数在它的第二个参数里，返回了通信子的进程数；而 MPI_Comm_rank 函数的第二个参数则返回了正处于调用中的进程在通信子中的进程号。

第四，第 15 行生成一条消息，与 printf 函数类似，sprintf 格式化一个字符串，存放到 welcome 字符数组中。容易看出，除了 0 号进程外，由第 16、17 两行的 MPI_Send 将该字符串发送给 0 号进程。这些消息又在第 24、25 两行由 MPI_Recv 函数接收，再由 26 行逐一打印出来。

关于 MPI_Send 和 MPI_Recv 这两个接口的原理，我们需要先了解 MPI 的消息机制。对于并行系统，消息的发送有两种可能的情况，第一种是发送进程缓冲了该消息，此时，MPI 将消息复制在它自己的内部存储器中，然后返回 MPI_Send 的调用。另一种情况，发送进程发生阻塞，此时，它一直等待直到可以开始发送消息，当然它不会马上返回 MPI_Send 的调用。相反，MPI_Recv 总是阻塞的，也就是说，调用 MPI_Recv 函数后，直到收到一条匹配的消息，它都不会返回。

最后，我们再回到并行本身，从表面上看，例程跟普通串行程序没有特殊的区别，那么，它是如何实现并行的呢？这里，例程采用了按进程号匹配程序分支的模式，这种模式称为单程序多数据流 (SPMD)，我们看到，第 13~28 行的 if-else 语句块就是负责这个匹配工作的。这样，不同的进程就分别去完成不同的任务，例如，0 号进程负责接收打印消息，而其他进程则向 0 号进程发送消息，从而实现并行。实际上，大多数的 MPI 程序都基于这种工作方式。

类似地，我们仍采用这种程序结构，介绍第二个程序，它的核心是积分求曲线下覆盖面积的数值计算，我们先熟悉它的算法。我们知道，曲线下覆盖面积的数值计算，可以转为许多梯形面积的和来求解。

首先，设函数 $y = g(x)$ 代表了该曲线，我们要计算区间 $[a, b]$ 上的定积分 $S = \int_a^b g(x)\,\mathrm{d}x$。那么，某个子区间 x_i 和 x_{i+1} 之间的梯形面积近似为 $S_i = \dfrac{h_i}{2}[g(x_i) + g(x_{i+1})]$，其中，$h_i = x_{i+1} - x_i$，为子区间的宽度。

其次，为简单起见，我们将积分区间分为 n 等份，这样，$h = (b-a)/n$ 就是一个常数。不难写出总的面积公式为 $S = h[g(x_0)/2 + g(x_1) + \cdots + g(x_{n-1}) + g(x_n)/2]$。

第三，我们考虑用并行方式来执行这个算法，很自然地，我们打算将区间 $[a, b]$ 划分为 comm_nb 个子区间。这里，假设 comm_nb 可以被 n 整除，即每个子区间平均分配到 n/comm_nb 个梯形，这样，我们把计算任务平均分配给了每个线程。然后，我们用某一个进程，如 0 号进程，将所有线程的结果累加起来，这个计算就完成了。代码具体如下：

```
const int n=1024;
int main(void)
{
      int comm_nb;//定义处理器数目
      int aveg_n;//定义每个线程平均分配到的梯形数目
      double a = 1.0, b=5.0, h;//定义左、右区间和子区间长度
      double tmp_a, tmp_b;//临时变量
      double tmp_area,total_area;//定义分段面积, 总面积
      int proc;//定义线程号
      int curr_rank;//定义当前进程号
      MPI_Init( NULL , NULL );
      MPI_Comm_size( MPI_COMM_WORLD , &comm_nb );
      MPI_Comm_rank( MPI_COMM_WORLD , & curr_rank );
```

```
14      h = ( b - a ) / n;
15      aveg_n = n / comm_nb;
16      tmp_a = a + curr_rank* aveg_n*h;
17      tmp_b = tmp_a + aveg_n*h;
18      tmp_area = Trap_Area(tmp_a, tmp_b, aveg_n, h);//梯形面积计算
19      if(curr_rank != 0)
20      {
21          MPI_Send( &tmp_area, 1, MPI_DOUBLE, 0, 0,
22                      MPI_COMM_WORLD);
23      }
24      else
25      {
26          total_area = tmp_area;
27          for( proc = 1; proc <comm_nb; proc ++ )
28          {
29              MPI_Recv( &tmp_area, 1, MPI_DOUBLE, proc, 0,
30              MPI_COMM_WORLD, MPI_STATUS_IGNORE);
31              total_area = total_area + tmp_area;//计算总面积
32          }
33      }
34      if(curr_rank == 0)//0 号线程打印计算结果
35      {
36          printf(''From n = %d trapezoids, the area\n'', n );
37          printf(''of the integral from %f to %f = %.10e\n'', a,
b, total_area);
38      }
39      MPI_Finalize();
40      return 0;
41 }//程序结束
```

其中，面积计算的子程序如下：

```
1 double Trap_Area (double left_x, double right_x, int trap_nb,
double width)
2 {
3      double area;//定义梯形面积
4      double x;//定义横坐标
```

```
    int i;
    area = 0.5*(g(left_x) + g(right_x));
    for ( i = 1; i <= trap_nb-1; i++ )
    {
        x = left_x + i * width;//横坐标
        area = area + g(x);
        }
        area = area * width;
        return area;
}// Trap_Area 函数结束
```

该例程结构基本与 mpi_hello.c 类似，不同之处在于利用多线程作了一个积分数值计算。相同点也是运用了 MPI_Send 和 MPI_Recv 两个接口进行通信，以及 SPMD 程序模式。但我们稍作思考会发现，当 0 号进程以外的其他所有进程完成计算并告知 0 号进程结果后，都没有任务了，只剩下 0 号进程要一直等到所有结果都出来后，还要进行求和，这显然对 0 号进程是不公平的。那么，有没有最佳的分配方式呢？从原理上，肯定是存在的，但找出最佳分配的工作不能指望程序员来完成，而是由 MPI 负责这个工作。在该例程中，完成对应功能的 MPI 为“全局求和函数”。显然，这个函数可能涉及两个以上的进程，实际上，该例程中涉及 MPI_COMM_WORLD 的所有进程。在 MPI 中，我们把涉及通信子中所有进程的通信接口函数称为集合通信。而为了区别，把 MPI_Send 和 MPI_Recv 这样的函数称为点对点通信。

全局求和函数仅仅是集合通信接口函数中的一个特例，例如，我们想知道所有进程结果的最大、最小值，或者所有结果的乘积等。MPI 对这类函数进行了概况，用一个函数就可以达到上述目的。这个函数的原型如下：

```
int MPI_Reduce(void *          input_data_p,
               void *          output_data_p,
               int             count,
               MPI_Datatype    datatype,
               MPI_Op          operator,
               int             dest_process,
               MPI_Comm        comm
               );
```

这个函数的第五个参数，即 operator，类型为 MPI_Op，跟 MPI_Datatype 和 MPI_Comm 一样，为 MPI 预定义类型。它包含了多个预定义值，例如，MPI_MAX、MPI_MIN、MPI_SUM 等操作符。这样，我们可以写出如下语句：

```
MPI_Reduce(&tmp_area, &total_area, 1, MPI_DOUBLE,MPI_SUM,0,
                                MPI_COMM_WORLD);
```

这一条语句就可以取代第 19~33 行的代码块。通过上面例程，我们了解最基本的 MPI 消息规则，下面我们介绍 OpenMP 共享内存编程的基础知识。

9.4.3　OpenMP

OpenMP 是面向共享内存并行编程的一组 API。MP 表示多处理器。当采用 OpenMP 编程时，我们将系统看做一组核的集合，它们都具有访问内存的能力，换句话说，它主要特点是，在系统的每一个线程或进程中都可以访问所有的内存区域。

首先，我们介绍 Fork/Join 并行执行模式，如图 9-6 所示。在程序开始执行时只有一个主线程，它负责执行其中的串行代码，当遇到需要执行并行计算的代码时，由其派生 (Fork)，即创建新线程或者唤醒已有线程来执行，在并行执行的时候，主线程和派生线程一同工作，而且，只有等到所有并行部分都执行结束，即派生线程退出或者挂起，不再工作，才继续回到主线程执行串行部分 (Join，即汇合到主线程)。

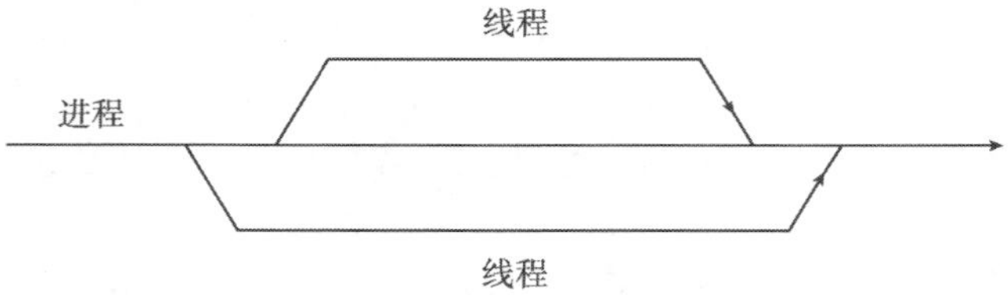

图 9-6　一个主进程和两个子线程的 Fork/Join 流程示意图

我们仍然从一个基本的打印程序开始，具体如下：

```
#include <stdio.h>
# include <stdlib.h>
#include <omp.h>
void say_hello(void);//函数声明
int main(int argc, char* argv[])
{
    int thread_num = strtol( argv[1], NULL, 10);//从命令行获得线程数目
#   pragma omp parallel num_threads(thread_num)//定义并行线程数目
    say_hello();
```

```
10    return 0;
11 }//main 函数结束
12 void say_hello(void)
13 {
14     int curr_rank = omp_get_thread_num();
15     int thread_num = omp_get_num_threads();
16     printf(‘‘hello from thread %d of %d\n’’, curr_rank, thread_num);
17 }// say_hello 函数结束
```

我们把这个程序命名为 omp_hello.c，然后用 gcc 来编译该程序，在命令行输入：

```
$ gcc -g -Wall -fopenmp -o omp_hello omp_hello.c
```

其中，增加了 –fopenmp 选项，表示 OpenMP 支持，然后运行该程序，在命令行输入：

```
$ ./omp_hello 4
```

后面的 4 表示需要四个线程运行程序，这样，产生的输出可能为：

```
hello from thread 0 of 4
hello from thread 1 of 4
hello from thread 2 of 4
hello from thread 3 of 4
```

但是，也有可能输出的结果为：

```
hello from thread 3 of 4
hello from thread 0 of 4
hello from thread 2 of 4
hello from thread 1 of 4
```

也可以为：

```
hello from thread 1 of 4
hello from thread 3 of 4
hello from thread 0 of 4
hello from thread 2 of 4
```

因为，这里线程是采用竞争方式访问标准输出的，不能保证输出会按线程编号顺序。

我们再分析下程序的主要特点。

首先，第 7 行，调用 strtol 函数，从命令行获得线程数量，该函数定义在 stdlib.h，所以程序开头包含了该头文件。第 8 行出现了新的语句，这是一条 OpenMP 指令，它表明程序将要启动一些线程，每个线程都要执行 say_hello 函数，而且，当线程从 say_hello 函数的调用返回后，线程就被终止，即到第 10 行，进程就终止了。

其次，我们再来分析#pragma 这个指令，熟悉 C++或 C 程序的读者应该不陌生，但这里它后面紧跟着 parallel 指令，显然，它是要求后面的代码块按照多线程方式并行执行。在 parallel 后面又紧跟 num_threads(thread_num)，它用来指定执行后续代码块的线程数量。#pragma 默认写一行，如果写不下，可以用换行转义字符“\”，再开始新的一行。

第三，我们再看下，parallel 指令执行后，系统到底是怎样执行的。显然，对这个程序，在 parallel 指令之前，程序只有一个线程。而执行 parallel 后，原来的线程继续执行，同时，OpenMP 又会启动另外的 thread_num-1 个线程，根据 OpenMP 的定义，原来的线程称为主线程，另外产生的称为从线程，它们的集合称为线程组。这样，每个线程组里的线程都要执行 parallel 指令后面的代码块，这里就是执行 say_hello 函数。

第四，我们再看下 say_hello 中的 omp_get_thread_num 和 omp_get_num_threads 函数，这两个是 OpenMP 函数，分别得到线程的编号以及线程组中的线程数。线程的编号从 0 开始，到 thread_num-1。这里，每个线程都有自己的栈，这样就容易理解，每当执行 say_hello 函数时，对应的线程都将创建自己的私有局部变量，存在于各自的栈中。根据 C 语言的规则，变量的访问涉及作用域的概念。这里，在 OpenMP 中，变量的作用域涉及 parallel 后的代码块中能够访问该变量的线程集合。当一个变量能够被线程组中所有的线程访问，我们说该变量拥有共享作用域，而一个变量只能被单个线程访问，则它拥有私有作用域。很明显，在该例程中，每个线程使用的变量在各自的 (私有) 栈中分配，所以，所有变量都拥有私有作用域。

最后，我们再回到 Fork/Join 概念上，需要注意的是，已执行完代码块的线程将一直等待线程组中其他线程，换句话说，每当一个线程从 say_hello 函数返回时，它将等待线程组中所有其余线程的返回。当所有线程都执行完代码块后返回，线程终止，然后，主线程继续执行后续代码，在该例程中，到了第 10 行 return 语句程序终止。这个过程就是一个典型的 Fork/Join 过程的例子。

下面，我们也通过梯形积分数值计算的例子来介绍 OpenMP 的具体实施方法。我们看如下程序：

```
#include <stdio.h>
# include <stdlib.h>
#include <omp.h>
const int n=1024;
void Trap_Area(double a, double b, int n, double* total_area_p);
//函数声明
```

```
 6 int main(int argc, char* argv[])
 7 {
 8      int thread_nb;//定义线程数目
 9      double a = 1.0, b=5.0;//定义左、右区间
10      double total_area = 0.0;//定义总面积,初始化为零
11      int thread_num = strtol( argv[1], NULL, 10);//从命令行获得线
程数量
12 #pragma omp parallel num_threads(thread_num)
13      Trap_Area(a, b, n, &total_area);//调用梯形面积计算子函数
14      printf(``From n = %d trapezoids, the area\n'', n );
15      printf(``of the integral from %f to %f = %.10e\n'', a, b,
total_area);
16      return 0;
17 }//main 结束
```

以下是面积计算的子程序清单:

```
18 double Trap_Area (double a, double b, int n, double* total_area_
p)
19 {
20      double tmp_area;//定义临时变量
21      double x, width;//定义横坐标、梯形宽度
22      double left_x, right_x;//定义局部左、右区间
23      int i, trap_nb;//定义临时变量
24      int curr_rank = omp_get_thread_num();//获得当前线程号
25      int thread_num = omp_get_num_threads();//获得线程组中线程数目
26      width = ( b - a ) / n;
27      trap_nb = n / thread_num;//每个线程分配到的梯形数目
28      left_x = a + curr_rank * trap_nb * width;
29      right_x = left_x + trap_nb * width;
30      tmp_area = 0.5*(g(left_x) + g(right_x));
31      for ( i = 1; i <= trap_nb-1; i++ )
32      {
33          x = left_x + i * width;//横坐标
34          tmp_area = tmp_area + g(x);
35      }
36      tmp_area = tmp_area * width;
```

```
37 #pragma omp critical
38     *total_area_p = (*total_area_p) + tmp_area;//计算总面积
39 }// Trap_Area 函数结束
```

首先，在 main 函数第 12 行之前都是单线程代码。第 12 行，parallel 指令要求 Trap_Area 被 thread_num 个线程并行执行。任何一个新线程，一旦从 Trap_Area 返回后，线程终止，最后由主线程负责打印结果并终止。

其次，Trap_Area 子函数中，每个线程通过 omp_get_thread_num 接口获得各自的编号，再由 omp_get_num_threads 接口获得 parallel 指令启动的线程总数。第 28、29 行，根据当前线程号计算出每个线程所分配的区间。然后，第 30~36 行，执行区间内的梯形面积计算。

第三，我们注意到，第 37 行出现新的指令 critical，这条指令是告诉编译器，对下面的代码块需要采取互斥方式访问，也就是说，一次只能有一个线程执行下面的代码块。这里，我们需要补充讨论下并行运行的特点。在实际运行中，当多个线程试图访问一个共享资源，并且，至少有一个访问是更新该共享资源，这里就可能产生错误。这种情况称为一个竞争条件。引起竞争条件的代码，例如，*total_area_p = (*total_area_p) + tmp_area，称为临界区。临界区是被多个更新共享资源的线程执行的代码，且共享资源一次只能被一个线程更新。在本例中，除非一个线程在其他线程开始时就完成了计算 *total_area_p = (*total_area_p) + tmp_area，否则，由于竞争访问，所得结果都是不正确的。所以，为确保一次只有一个线程执行 *total_area_p = (*total_area_p) + tmp_area，并且在第一个线程完成这次操作前，其他线程都不能开始执行这段代码，在 OpenMP 中采用了 critical 指令。要求对指令后的代码块进行互斥访问。

最后，我们再讨论下类似于 C 语言中的变量作用域的概念，在 OpenMP 中，变量的作用域涉及在 parallel 块中能够访问该变量的线程集合。一个能够被线程组中所有线程访问的变量拥有共享作用域，而一个只能被单个线程访问的变量拥有私有作用域。在 omp_hello.c 例程中，我们已经讨论过，每个线程的变量都在各自的 (私有) 栈中分配，因此，所有变量都具有私有作用域。我们再看梯形积分程序，Trap_Area 作为函数调用，因此在每个线程中的变量都在线程的栈中分配，但需要注意，total_area_p 虽然是私有的，但它引用了 total_area，而 total_area 是在并行声明语句#pragma omp parallel num_threads(thread_num) 前声明的，对于 *total_area_p，通过语句 *total_area_p = (*total_area_p) + tmp_area，被每个线程所访问，因此它拥有共享作用域。简单地说，在 parallel 指令前已经声明的变量，在线程组的所有线程间拥有共享作用域，而在 parallel 代码块中声明的变量，则拥有私有作用域。

类似于 9.4.2 节中的 MPI_Reduce，在 OpenMP 中也可以通过简化，将上面的程序进一步精简。我们注意到，上面的子函数 double Trap_Area (double a, double b, int n, double* total_area_p)，采用指针返回局部的计算结果。有时候我们不希望采用指针，那么，我们把这个接口改下，变为 double Trap_Area (double a, double b, int n)。我们给出如下代码：

```
1 total_area = 0.0;
2 #pragma omp parallel num_threads(thread_num) reduction(+:total_area)
3 total_area = total_area + Trap_Area (a, b, n);
```

其中，增加了一个 reduction 子句，我们把 (+:total_area) 中的 total_area 称为规约 (reduction) 变量，而加号“+”称为规约操作符，它是一个二元操作符，可以是加、减、乘、除等。这个语句是将相同的规约操作符重复应用到操作数序列来获得一个结果，我们把这种计算称为规约。

具体地，上面三行代码明确了 total_area 是一个规约变量，加号“+”指明规约操作符是加法。OpenMP 为每个线程创建一个私有变量，运行时在这个私有变量中存储每个线程的结果。这里，OpenMP 也为我们创建了一个临界区，在临界区中，将存储在每个线程中的私有变量进行相加运算。这样，对 Trap_Area 的调用能够实现并行计算。

通过本节的介绍，我们学习了最基本的 OpenMP 编程规则，下面我们再讨论一下并行编程的新趋势。

9.4.4　并行编程新发展

1. MPI

前面介绍的内容属于 MPI-1 标准的一部分，如点对点通信等。实际上，MPI 是一个非常庞大的标准体系，除了这里介绍的，MPI-1 还包括了创建和管理通信子和拓扑结构标准。而标准 MPI-2 中增加了动态进程管理、单向通信以及并行 I/O 等。

2. OpenMP

我们介绍了最重要的一些指令、子句和接口函数。我们也学习了开启多线程计算的基本方法，但是，对于怎么进行并行 for 循环设计、调度循环等还需进一步学习。当然，还有新的知识我们没有涉及，例如，最近引入的 task 指令，它能并行化递归函数调用和 while 循环结构。另外，OpenMP 体系结构审查委员会也在不断推进 OpenMP 的标准制定。

3. GPU

GPU 无疑是最近几年最热门的词汇之一，它已成功应用于不同的数据并行程序，尤其是在计算图形、计算流体等领域。关于 GPU 的并行计算，读者还需要了解 GPU 知识，包括并行 NVIDIA 架构，以及 CUDA 编程技术、OpenGL 等专业知识。

参 考 文 献

Adamczyk J J. 1985. Model equation for simulating flows in multistage turbomachinery. ASME Paper No.85-GT-226.

Adamczyk J J, Celestina M L, Beach T A, et al. 1990. Simulation of three-dimensional viscous flow within a multistage turbine. J. Turbomachinery, 112(3): 370—376.

Busby J, Sondak D, Staubach B, et al. 1999. Deterministic stress modeling of hot gas segregation in a turbine. J. Turbomachinery, 122(1): 62—67.

Courant R, Isaacson E, Rees M. 1952. On the solution of nonlinear hyperbolic differential equations by finite differences. Comm. Pure Appl. Math., 5(3): 243—255.

Dawes W N. 1992. Toward improved throughflow capability: the use of three-dimensional viscous flow solvers in a multistage environment. J. Turbomachinery, 114(1): 8—17.

Dawes W N. 2007. Turbomachinery computational fluid dynamics: asymptotes and para digm shifts. Phil. Trans. R. Soc. A, 365(1859): 2553—2585.

Denton J D. 1975. A time marching method for two and three dimensional blade to blade flows. R & M 3755, Aeronautical Research Council.

Denton J D.1992. The calculation of three-dimensional viscous flow through multistage turbomachines. J.Turbomachinery, 114(1):18—26.

Denton J D, Singh U K. 1979. Time marching methods for turbomachinery flow calculation. Von Karman Institute For Fluid Dynamics.

He L, Ning W. 1998. Eficient approach for analysis of unsteady viscous flows in turbomachines. AIAA Journal, 36(11): 2005—2012.

MacCormack R W. 1969. The effect of viscosity in hypervelocity impact cratering. AIAA Paper: 69—354.

Rhie C M, Gleixner A J, Spear D A, et al. 1998. Development and application of a multistage Navier-Stokes solver. part I: multistage modeling using body forces and deterministic stresses. J. Turbomachinery, 120(2): 205—214.

Saad Y. 1996. Iterative Methods for Sparse Linear Systems. Boston: PWS Publishing Company: 1—464.

Sinha M, Katz J. 1999. Quantitative visualization of the flow in a centrifugal pump with diffuser vanes. part I: on flow structures and turbulence. J. Fluids Eng., 122(1): 97—107.

Sinha M, Katz J, Meneveau C. 1999. Quantitative visualization ofthe flow in a centrifugal pump with diffuser vanes. part II: addressing passage averaged and LES modeling issues in turbomachinery flows. J. Fluids Eng., 122(1): 108—116.

Takemura T, Goto A. 1996. Experimental and numerical study of three-dimensional flows in a mixed-flow pump stage. J. Turbomachinery, 118(3): 552—561.

Thompson J F, Thames F C, Mastin C W. 1974. Automatic numerical generation of body fitted curvilinear coordinate systems for fields containing any number of arbitrary two-dimensional bodies.J. Computational Physics, 15(3): 299—319.

Thompson J F, Warsi Z U A, Mastin C W. 1985. Numerical Grid Generation: Foundations and Applications. New York: North-Holland: 1—483.

Ubaldi M, Zunino P, Barigozzi G, et al.1996. An experimental investigation of stator induced unsteadiness on centrifugal impeller outflow. J. Turbomachinery, 118(1): 41—54.

van der Vorst H A. 2003. Iterative Krylov Methods for Large Linear Systems. Cambridge: Cambridge University Press: 1—236.

Vilmin S, Lorrain E, Hirsch C.2006. Unsteady flowmodeling across the rotor/stator interface using the nonlinear harmonic method. ASME Paper GT-2006-90210.

Wu C H. 1951. A general through flow theory of fluid flow with subsonic or supersonic velocities in turbomachines of arbitrary hub and casing shapes. NACA Paper TN2302.

附录　基本算子及运算

用 (e_1, e_2, e_3) 表示坐标系统，n 阶张量表示为 $a^{(n)} = a_{i_1 i_2 \cdots i_n} e_{i_1} \otimes e_{i_2} \otimes \cdots \otimes e_{i_n}$。例如，0 阶张量温度表示为 T，表示一个标量；1 阶张量，如速度 $\boldsymbol{u}$，表示为 $\boldsymbol{u} = u_i e_i$，它是一个向量；2 阶张量，如应力 $\boldsymbol{\sigma} = \sigma_{ij} e_i \otimes e_j$，它展开后类似于一个方阵。

(1) 梯度。$\nabla^{(n+1)}\left[a^{(n)}\right]$，表示 n 阶张量 $a^{(n)}$ 的梯度，它是 $n+1$ 阶张量，见 ∇ 的上标。简单举例，例如，对一标量 T，其梯度为 $\nabla T = \dfrac{\partial T}{\partial x_i} e_i$，注意到标量为 0 阶张量，其梯度为 1 阶张量，即一个向量。再例如，对速度向量 $\boldsymbol{u}$，其梯度为 $\nabla \boldsymbol{u} = \dfrac{\partial \boldsymbol{u}}{\partial x_j} \otimes e_j = \dfrac{\partial u_i}{\partial x_j} e_i \otimes e_j$，此时它是一个 2 阶张量。

(2) 散度。$\nabla^{(n-1)} \cdot \left[a^{(n)}\right]$，表示 n 阶张量 $a^{(n)}$ 的散度，它是 $n-1$ 阶张量。简单举例，如速度向量 $\boldsymbol{u}$，其散度为 $\nabla \cdot \boldsymbol{u} = \dfrac{\partial u_i}{\partial x_i}$，它表示一个标量。

(3) 旋度。$\nabla \times$，表示作旋度运算，例如，对速度 $\boldsymbol{u}$，有

$$\nabla \times \boldsymbol{u} = \begin{bmatrix} \dfrac{\partial}{\partial x_1} \\ \dfrac{\partial}{\partial x_2} \\ \dfrac{\partial}{\partial x_3} \end{bmatrix} \times \begin{bmatrix} u_1 \\ u_2 \\ u_3 \end{bmatrix} = \begin{bmatrix} \dfrac{\partial u_3}{\partial x_2} - \dfrac{\partial u_2}{\partial x_3} \\ \dfrac{\partial u_1}{\partial x_3} - \dfrac{\partial u_3}{\partial x_1} \\ \dfrac{\partial u_2}{\partial x_1} - \dfrac{\partial u_1}{\partial x_2} \end{bmatrix}$$

(4) 拉普拉斯算子。$\Delta \cdot a^{(n)}$，表示 n 阶张量 $a^{(n)}$ 的拉普拉斯运算，它仍是 n 阶张量。有的场合 Δ 也用 ∇^2 表示，展开为 $\nabla^2 a^{(n)} = \nabla \cdot \nabla a^{(n)}$，即对张量的每一项，先作一次梯度运算后，再作一次散度运算。例如，对标量 T，$\Delta T = \dfrac{\partial^2 T}{\partial x_i \partial x_i}$，还是一个标量。对速度向量 $\boldsymbol{u}$，$\Delta \boldsymbol{u} = \dfrac{\partial^2 \boldsymbol{u}}{\partial x_j \partial x_j} = \dfrac{\partial^2 u_i}{\partial x_j \partial x_j} e_i$，它仍是一个向量。

熟练运用算子运算法则，对于流体方程描述是非常便捷的，下面列出常用的几种算子运算。

(1) 两向量点积的梯度算子：

$$\begin{aligned} \nabla (\boldsymbol{u} \cdot \boldsymbol{v}) &= \nabla (\boldsymbol{u}_c \cdot \boldsymbol{v}) + \nabla (\boldsymbol{u} \cdot \boldsymbol{v}_c) \\ &= (\boldsymbol{u}_c \cdot \nabla) \boldsymbol{v} + \boldsymbol{u}_c \times (\nabla \times \boldsymbol{v}) + (\boldsymbol{v}_c \cdot \nabla) \boldsymbol{u} + \boldsymbol{v}_c \times (\nabla \times \boldsymbol{u}) \\ &= (\boldsymbol{u} \cdot \nabla) \boldsymbol{v} + (\boldsymbol{v} \cdot \nabla) \boldsymbol{u} + \boldsymbol{u} \times (\nabla \times \boldsymbol{v}) + \boldsymbol{v} \times (\nabla \times \boldsymbol{u}) \end{aligned}$$

其中，下标 c 表示暂作常数。当 $\boldsymbol{u}=\boldsymbol{v}$ 时，有

$$\frac{\nabla(\boldsymbol{u}\cdot\boldsymbol{u})}{2}=\nabla\left(\frac{\boldsymbol{u}^2}{2}\right)=(\boldsymbol{u}\cdot\nabla)\,\boldsymbol{u}+\boldsymbol{u}\times(\nabla\times\boldsymbol{u})$$

注意到，$(\boldsymbol{u}\cdot\nabla)\,\boldsymbol{u}$ 经常出现于动量方程的非线性项，此时有

$$(\boldsymbol{u}\cdot\nabla)\,\boldsymbol{u}=\nabla\left(\frac{\boldsymbol{u}^2}{2}\right)-\boldsymbol{u}\times(\nabla\times\boldsymbol{u})$$

(2) 标量与向量积的散度算子：

$$\nabla\cdot(\varphi\boldsymbol{u})=\nabla\cdot(\varphi_c\boldsymbol{u})+\nabla\cdot(\varphi\boldsymbol{u}_c)=\varphi_c\nabla\cdot\boldsymbol{u}+\boldsymbol{u}_c\cdot\nabla\varphi=\varphi\nabla\cdot\boldsymbol{u}+\boldsymbol{u}\cdot\nabla\varphi$$

(3) 散度定理：

$$\int_{\Omega}\nabla^{(n-1)}\cdot\left[a^{(n)}\right]\mathrm{d}\Omega=\int_{\partial\Omega}a^{(n)}\cdot\mathrm{d}S$$

(4) 莱布尼茨定理：

$$\frac{\mathrm{d}}{\mathrm{dt}}\left(\int_{\Omega}a^{(n)}\mathrm{d}\Omega\right)=\int_{\Omega}\frac{\partial a^{(n)}}{\partial t}\mathrm{d}\Omega+\int_{\partial\Omega}a^{(n)}\boldsymbol{u}\cdot\mathrm{d}S$$

其中，$\boldsymbol{u}$ 为单元 Ω 的速度向量。